4차산업혁명시대

스마트팩토리 구현을 위한 디지털 트윈

PART II

S7-1200 PLC를 활용한 물리 시스템과 네트워크 구축

김진광 지음

光文閣
www.kwangmoonkag.co.kr

머리말

4차 산업혁명 시대의 국내외 제조 기업들은 치열한 시장 경쟁 상황 속에서 스마트팩토리 구현을 위해 제품의 기획과 설계부터 생산·유통·판매 및 사후관리까지 모든 가치사슬에 대해 광범위한 디지털화를 추진하고 있다.

디지털 공장으로의 전환 과정에서 스마트팩토리를 도입하려는 움직임이 빠르게 확산하고 있으며, 스마트 제조 시스템의 구축 효과를 극대화하기 위한 주요 기술로서 디지털 트윈(digital twin)이 주목받고 있다.

디지털 트윈은 현실의 물리적 세계(Physical World)를 사이버 공간의 디지털 세계(Digital World)로 복제하고, 물리적 대상과 이를 모사한 디지털 대상을 실시간으로 동기화하는 것을 말한다. 이러한 가상 시스템의 과거와 현재의 정보로 다양한 목적에 따라 현실 물리 시스템의 상황을 분석하고 예측할 수 있다. 이처럼 물리적 대상을 최적화하기 위한 지능형 기술로 제조업 분야에서는 스마트팩토리의 구축을 위한 핵심 기술로 인식되고 있다.

이러한 디지털 트윈의 개념을 빔-엔진 장치라는 소형 자동화 시스템을 제작하는 프로젝트 실습 과정을 통해 학생들이 조금 더 쉽게 이해할 수 있도록 본 교재를 구성하였다. 본 교재의 실습 내용은 Part I과 Part II로 나누어 진행된다.

Part I에서는 현실 세계의 물리 시스템을 사이버 공간의 가상 시스템으로 복제하기 위한 디지털 트윈 기술을 실습하게 된다.

그리고 본 교재의 Part II에서는 제1권의 Part I에서 제작한 디지털 세계의 가상 시스템과 Part II의 실습 과정에서 제작하게 될 현실 세계의 물리 시스템 간의 네트워크 연결을 통해 데이터 수집, 제어 및 모니터링을 위한 디지털 트윈의 기술 수준 2단계까지를 실습하게 된다.

Part II에서의 실습 내용은 다음과 같다.

제1장에서는 Part I에서 언급한 "디지털 트윈 개요"를 다시 한번 더 소개함으로써 학생들이 디지털 트윈의 개념을 이해하는 데 도움이 될 수 있도록 구성한다.

제2장에서는 SIMATIC S7-1200 CPU의 지멘스 PLC와 eXP20의 LS산전 HMI 및 Part I에서 제작한 빔-엔진 장치의 시제품에 장착된 액추에이터와 센서를 전기적으로 연결하는 배선 작업을 실습한다. 그리고 이들을 네트워크로 연결하는 기술을 학습한다.

또한, 지멘스의 통합 자동화 플랫폼인 TIA Portal의 래더 프로그램 작성 방법과 LS산전의 XP-Builder의 작화 프로그램 사용법을 배우게 된다.

이처럼 디지털 트윈의 현실 물리 세계의 자동화 시스템 구축을 위한 요소 기술들을 습득하여 빔-엔진 장치의 설계 요구 조건에 합당한 물리 시스템의 제작을 완성한다.

제3장에서는 Part II의 실습 과정에서 완성된 빔-엔진 자동화 장치의 현실 물리 시스템과 Part I에서 실습한 빔-엔진 장치에 대한 사이버 공간의 가상 시스템을 OPC-UA 통신 프로토콜로 연결하는 기술 내용을 실습으로 배우게 된다.

그리고 본 교과 과정의 제1권인 Part I에서 다루는 실습 내용을 간략히 소개하면 다음과 같다.

제1장에서는 스마트팩토리 구축을 위한 핵심 기술로 주목받고 있는 "디지털 트윈 개요"를 서술한다.

제2장에서는 빔-엔진 장치에 대한 디지털 트윈의 가상 시스템을 구축하기 위한 각 구성 부품을 Siemens NX로 모델링하고, 가상공간에서 조립하여 디지털 모델을 완성하는 과정을 다룬다.

제3장에서는 가상의 디지털 공간에서 자동화 기기의 운전 상태를 검토하고, 성능을 평가하기 위한 메카트로닉스 시뮬레이션을 지멘스 NX-MCD로 수행하는 방법에 관해 학습한다.

이러한 시뮬레이션 기술에 기초하여 2장에서 완성한 빔-엔진 장치의 디지털 모델을 현실 세계의 물리 시스템과 동일하게 제어할 수 있도록 디지털 트윈의 가상 시스템을 완성한다.

제4장에서는 빔-엔진 장치에 대한 가상 시스템의 3D CAD 모델과 3D 프린터를 활용하여 빔-엔진 장치의 구성 부품들을 출력하고, 체결용 기계요소들로 조립하여 기계 구조부의 시제품 제작을 완성한다.

이처럼 프로젝트 실습으로 구성된 본 교재를 학습한 학생들이 스마트팩토리의 핵심 기술로 주목받고 있는 디지털 트윈 기술을 이해하는 데 조금이나마 도움이 될 수 있길 바라며 이 책을 마무리한다.

지은이 김진광

목차

Chapter 01

디지털 트윈 개요 (Digital Twin)

1 디지털 트윈(Digital Twin)이란?

2 디지털 트윈(Digital Twin) 요소 기술

3 실습 순서

01 디지털 트윈(Digital Twin)이란?

1.1 디지털 트윈 개념

현재 전 세계는 디지털 변혁이 급격히 진행되고 있으며, 정보화 사회를 지나서 4차 산업혁명의 와중에 있다. 특히 제조업 분야는 치열한 시장 경쟁 상황 속에서 개인 맞춤형 제작 수요와 신제품의 시장 출시 기간 단축 및 제조설비의 생산성 증대에 대한 압박이 점점 더 거세지고 있다.

따라서 많은 제조 기업이 스마트팩토리 구현을 위해 제품의 기획과 설계부터 생산·유통·판매 및 사후관리까지 모든 가치사슬에 대해 광범위한 디지털화를 추진하고 있다.

이러한 디지털 공장으로의 전환 과정에서 생산 설비의 각종 데이터를 포착하고 분석하기 위해 많은 종류의 스마트 센서들이 활용된다. 또한, 사물인터넷(IoT: Internet of Things), 빅데이터, 인공지능과 같은 첨단 디지털 기술들이 적용되면서 스마트팩토리 관련 산업 분야가 고성장을 지속할 것으로 예상한다.[1]

이처럼 산업 현장에서 스마트팩토리를 도입하려는 움직임이 빠르게 확산하고 있으며, 스마트 제조 시스템의 구축 효과를 극대화하기 위한 주요 기술로서 디지털 트윈(digital twin)이 주목받고 있다.[2]

디지털 트윈은 트윈의 사전적 의미인 쌍둥이라는 뜻에서 알 수 있듯이 현실의 물리적 세계(Physical World)를 사이버 공간의 디지털 세계(Digital World)로 복제한 것으로 보면 된다.

이러한 디지털 트윈은 제품의 설계 내용을 생산에 적용하기 전에 가상의 사이버 공간에서 실제 제품과 똑같이 모사한 시뮬레이션으로부터 최적의 설계안을 도출함으로써 값비싼 시제품 제작과 성능 평가에 드는 비용과 시간을 최소화하는 데 이용되고 있다.

그리고 가상의 디지털 환경에서 실제 물리 공간과 동일하게 구현된 시뮬레이터를 사용하여 간접적으로 실제 운영에 대한 사용법, 운영 절차, 정비 요령 등이 숙달될 수 있도록 교육 및 훈련 목적으로도 사용되고 있다.

이처럼 디지털 트윈은 완전히 새로운 개념은 아니다. 이미 항공, 우주, 건설, 의료, 에너지, 국방, 보안, 스마트시티 등 전 산업 분야에서 시행착오로 인한 비용과 시간을 줄이기 위한 대표적 수단으로 광범위하게 활용되고 있다.[3~5]

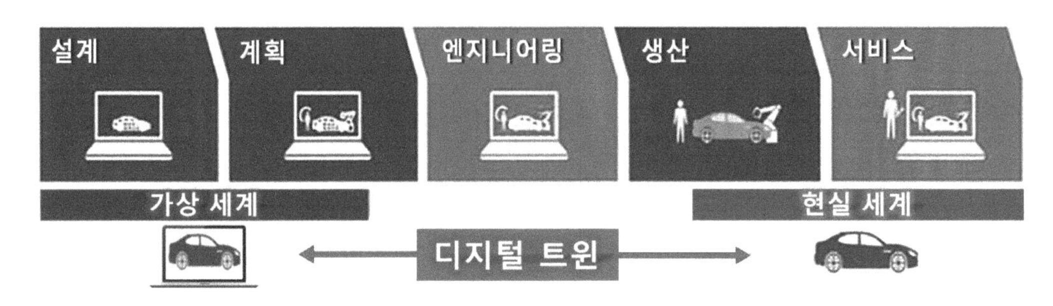

[그림 1-1] 디지털 트윈 개념도 (출처: Siemens)

1.2 디지털 트윈과 사이버 물리 시스템

이러한 디지털 트윈 기술이 IoT와 5G 등 첨단 정보통신기술(ICT: Information & Communication Technology)의 발달로 사이버 물리 시스템(CPS: Cyber Physical System)과 융합되면서 제조 혁신의 스마트팩토리 구현을 위해 그 활용성이 점차 확대되고 있다.

제조업 관점에서 CPS는 자동화 생산설비를 대상으로 한 실제 물리 시스템과 사이버 요소인 산업용 사물인터넷(IIoT: Industrial IoT)에 기반을 둔 디지털 공간의 가상 시스템이 결합한 통합 시스템을 말한다.[6]

가상 시스템은 디지털 공간에서 생성된 데이터를 관리하고 분석하는 가상의 환경을 뜻하고, 물리 시스템은 시간의 흐름 속에서 운용되며 물리 법칙에 따라 지배를 받는 현실 세계를 말한다.

예를 들어 가상의 디지털 공간에서 설비의 이상 유무에 대한 예측 판단 혹은 설비의 예지 정비와 같은 중요한 의사결정이 CPS의 물리적 생산 시스템에 전달됨으로써 실제 물리계의 생산설비가 제어될 수 있다. 이러한 결과는 다시 디지털 공간의 가상 시스템으로 재전송되어 양방향으로 물리 시스템과 가상 시스템이 상호작용하면서 자율적으로 최적의 운용 상태를 도출할 수 있다.[7]

이처럼 스마트팩토리 구현을 위한 디지털 트윈은 가상 공간상의 제어 요소가 현실 세상의 물리 시스템과 연결돼 동작하는 포괄적 의미의 시스템으로 인용되는 CPS의 고급형 기술 유형으로 간주한다.

디지털 트윈은 단순한 복제의 차원을 넘어서 물리적 대상과 이를 모사한 디지털 대상을 실시간으로 동기화하고, 과거와 현재의 정보로 다양한 목적에 따라 상황을 분석하고 예측할 수 있다. 이처럼 물리적 대상을 최적화하기 위한 지능형 기술로 제조업 분야에서는 스마트팩토리를 위한 핵심 기술로 인식되고 있다.[8]

디지털 트윈을 구현하기 위한 기술 단계는 가트너(Gartner)에서 제안한 3단계 모델이 많이 인용된다.[9]

[그림 1-2]를 보면 1단계는 현실 세계의 물리 시스템을 사이버 공간의 가상 시스템으로 복제하는 단계이다. 즉 3D CAD(Computer Aided Design)의 디지털 모델을 완성하고, 물리 세계의 생산설비와 똑같이 가상 세계의 설비에 대한 사전 시뮬레이션이 완성된 단계이다.

2단계는 현실 세계의 물리 시스템과 사이버상의 가상 시스템을 IIoT로 연결해 실시간으로 모니터링하는 단계이다. 물리 시스템에 장착된 센서가 취득한 데이터가 사이버 공간상의 가상 시스템에 반영되는 단계로 물리 시스템과 가상 시스템이 1대1로 연결되어 서로 간에 경험하는 것이 같아지는 단계이다.

그리고 3단계에서는 모니터링으로 축적된 데이터들을 분석하고, 가상 시스템의 시뮬레이션을 통해 예측한 결과들을 현실 세계의 물리 시스템에 반영하는 최적화 단계이다.

본 교과에서는 레버-크랭크 메커니즘으로 제작된 빔-엔진 장치를 활용하여 2단계까지의 디지털 트윈 구현 기술을 Part I과 Part II로 나누어서 학습하도록 구성하였다.

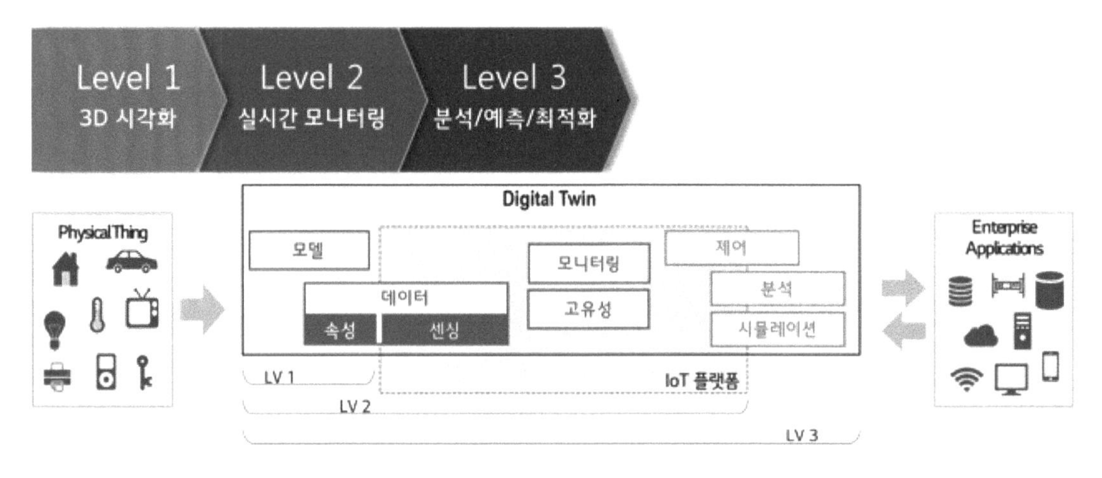

[그림 1-2] 디지털 트윈의 구현 레벨

(출처: Gartner, Use the IoT Platform Reference Model to Plan Your IoT business solutions, '16.09.17, https://blog.lgcns.com/1864)

1.3 디지털 트윈을 활용한 스마트팩토리 구현

디지털 트윈을 활용한 스마트팩토리 구현의 예시로 자동화 라인을 설치하기 전에 그리고 시범 운전을 위한 시제품을 제작하기 전에 설비의 기계 구조와 제어 시스템에 관한 설계 문제점들을 디지털 공간에서 예측해 볼 수 있다. 이러한 예측 결과로부터 생산라인 제작에 투입되는 비용과 시간을 효과적으로 줄일 수 있다.

예를 들어 3D CAD 모델로 이루어진 가상의 디지털 설비에 제어기인 PLC(Programmable Logic Controller)와 HMI(Human Machine Interface)를 네트워크로 연결하여 실제 운영에 필요한 사항들을 점검해 볼 수 있다.

이처럼 디지털 트윈 환경에 실제 자원을 투입하여 실제 제품을 생산하기에 앞서, 가상 시운전으로 자동화 제어 시스템의 문제점들을 조기에 파악하고 해결함으로써 제어 시스템의 논리 연산이나 시퀀스 제어의 문제점들을 사전에 최소화할 수 있다.

그리고 디지털 트윈이 구현하는 모니터링 시스템은 유지보수팀의 엔지니어들 간 소통과 협업 등의 업무 수행 방식에 혁신을 이룰 수 있다.

첫째로 현실 세계의 실제 물리 시스템과 디지털 공간의 가상 시스템이 실시간으로 연동되어 생산라인의 각 설비에 설치된 스마트 센서들이 지속적으로 데이터를 수집하고 공유함에 따라 디지털 트윈은 모든 데이터를 시각화할 수 있다.

따라서 자동화 생산라인이 가동 중에 이상 신호가 감지되면, 그 즉시 고장 장비와 부품을 모니터링 시스템에 표시해 주고, 그 고장 모드를 예측하여 해결 방안까지 엔지니어에게 알려줌으로써 생산 공정을 최적화하고 설비의 가동 중단을 최소화할 수 있다.

이러한 디지털 트윈의 모니터링 시스템으로 제조설비의 고장이 언제 어떻게 발생할지를 사전에 예측 가능하다면 유지보수 일정을 계획하거나 필요한 부품 교체 시점을 사전에 수행할 수 있으므로 생산라인의 유지관리 측면에서 많은 이득이 있을 수 있다.

둘째로 가동이 중단되면 엔지니어는 증강현실(AR: Augmented Reality) 환경에서 현실 세계의 물리적 부품과 디지털 공간의 가상 부품을 결합하여 유지보수에 따른 생산설비의 동작 성능 등을 실시간으로 검증할 수 있다. 따라서 유지보수 작업에 드는 비용과 시간을 최소화할 수 있을 것이다.

셋째로 라인 증설 또는 신규 라인의 설치 및 배치가 완료되기 전에 작업자를 대상으로 한 가상의 생산설비 운영 교육을 디지털 트윈의 시뮬레이터로 시행할 수 있다.

이러한 가상 교육은 물리적으로 재현하기 어려운 극한의 상황과 장애를 시뮬레이션할 수 있음으로 작업자는 현장 교육에서보다 더 다양한 사고에 대한 대비 훈련을 받을 수 있고, 이른 시간 안에 그 사용법을 숙지할 수 있다.

글로벌 기업들의 스마트팩토리 구현을 위한 디지털 트윈의 활용 사례들을 살펴보자.

- 미국의 제너럴일렉트릭(GE: General Electric)은 2016년 세계 최초의 산업용 클라우드 기반 오픈 플랫폼인 '프레딕스(Predix)'를 발표하였다.[10] 프레딕스는 GE가 제조·판매하는 장비에 센서를 장착하여 IoT로 연결해 데이터를 수집·분석하고, 디지털 트윈으로 구현하여 가상의 모니터링을 통해 물리 시스템의 제어가 가능한 서비스를 제공하였다.
- 프랑스의 다쏘시스템(Dassault Systems)은 단일 플랫폼 기반의 "3D 익스피리언스(3D EXPERIENCE)"라는 클라우드 기반 비즈니스 플랫폼을 제공하고 있다.[11] 3D 익스피리언

스는 현실 세계에서 존재하거나 존재할 수 있는 제품, 시스템, 시설 또는 환경을 표현하며, 제품 생애주기의 모든 단계에서 동적 3D 모델을 기반하여 제품과 프로세스, 제조설비, 운영 등에 관한 가상 시뮬레이션을 제공한다.

- 미국의 앤시스(Ansys)는 "트윈 빌더(Twin Builder)"로 다중 물리 시스템의 디지털 트윈 모델을 시스템 레벨의 단일 워크 플로(Work Flow) 안에서 수행할 수 있도록 지원하여 설계·품질·생산 등에 관한 시스템을 빠르게 구축, 검증하고 설치할 수 있도록 다양한 시뮬레이션 기능들을 제공한다.[12]
- 독일의 지멘스(Siemens)는 클라우드 기반 개방형 IoT 운영 시스템을 발표하여 제조업 측면에서 혁신의 수단으로 디지털 트윈의 활용 사례를 보였다.[13] 특히 제품의 기획·설계, 생산의 계획·엔지니어링, 생산·제조, 유통·판매, 서비스에 이르는 전 제조 과정을 통합한 전사적 통합 자동화(TIA: Totally Integrated Automation) 플랫폼을 통해 스마트팩토리에 대한 전방위적인 기술 지원을 가능하게 하였다.

02 디지털 트윈(Digital Twin) 요소 기술

이러한 디지털 트윈을 구현하기 위한 핵심 요소 기술로는

- 먼저 가상의 디지털 모델을 모사하기 위한 시뮬레이션 기술이 필요하다.
- 그리고 사이버 공간의 가상 시스템과 현실 세계의 물리 시스템에 대한 산업용 기기 간의 연결 기술이 요구된다.
- 또한, 제조 공정 단계별로 수집된 빅데이터를 분석하여 실시간 공정 현황으로 시각화할 수 있는 빅데이터 분석 기술이 필요하다.
- 여기에 실시간으로 결함이 있는 항목을 감지하고, 이에 대한 조치를 취할 수 있도록 인공지능 기술이 추가되면, 디지털 트윈을 통해 스마트팩토리의 최적 운영 방안을 도출할 수 있다.

본 교재에서는 사이버 공간에서 디지털 모델을 모사하기 위한 메카트로닉스 시뮬레이션 기술을 학습하고, 레버-크랭크 메커니즘을 활용한 빔-엔진 장치에 대한 현실 세계의 물리 시스템을 제작한다.

이렇게 제작된 현실 세계의 물리 시스템과 디지털 세계의 가상 시스템 간 연결 기술을 활용하여 디지털트윈 구축을 위한 기술 수준의 2단계까지를 실습한다.

2.1 시뮬레이션 기술

디지털 트윈의 가상 시스템은 사이버 공간에서 실제 자동화 설비와 동일한 디지털 모형을 모사하여 그 성능을 사전에 검증해 볼 수 있는 시뮬레이션 기술을 말한다.

이러한 가상 시스템을 구현하기 위해서는 다음과 같은 선행 기술이 필요하다.

- 먼저, 현실 세계의 자동화 설비를 가상공간에 똑같이 재현하기 위해 3D CAD 모델이 필요하다.
- 그리고 산업 현장에서 생산설비의 조립 시에 발생할 수 있는 부품 간의 간섭 문제 및 체결 요소 간의 조립성 문제 등을 디지털 공간에서 검토해 볼 수 있는 CAD 어셈블리 기술이 요구된다.
- 또한, 디지털 공간에서의 가상 시스템이 현실 세계의 물리 시스템과 쌍둥이처럼 구동될 수 있도록 재현하는 해석 기술이 필요하다. 즉 설비의 구성 요소 부품 간의 체결 상태 및 구속 상태를 [그림 1-3]의 산업용 로봇 사례처럼 모사할 수 있는 메카트로닉스 시뮬레이션 기술이 요구된다.

이러한 기술로 실제 현실 세계의 자동화 시스템에 대한 요구 성능 및 설계 목표치를 가상의 사이버 공간상에서 예측함으로써 자동화 설비의 개발 프로세스의 속도를 가속화하고, 제조설비의 설치 기간을 단축하며, 그 비용을 최소화함으로써 경쟁사 대비 우위의 경쟁력을 갖도록 한다.

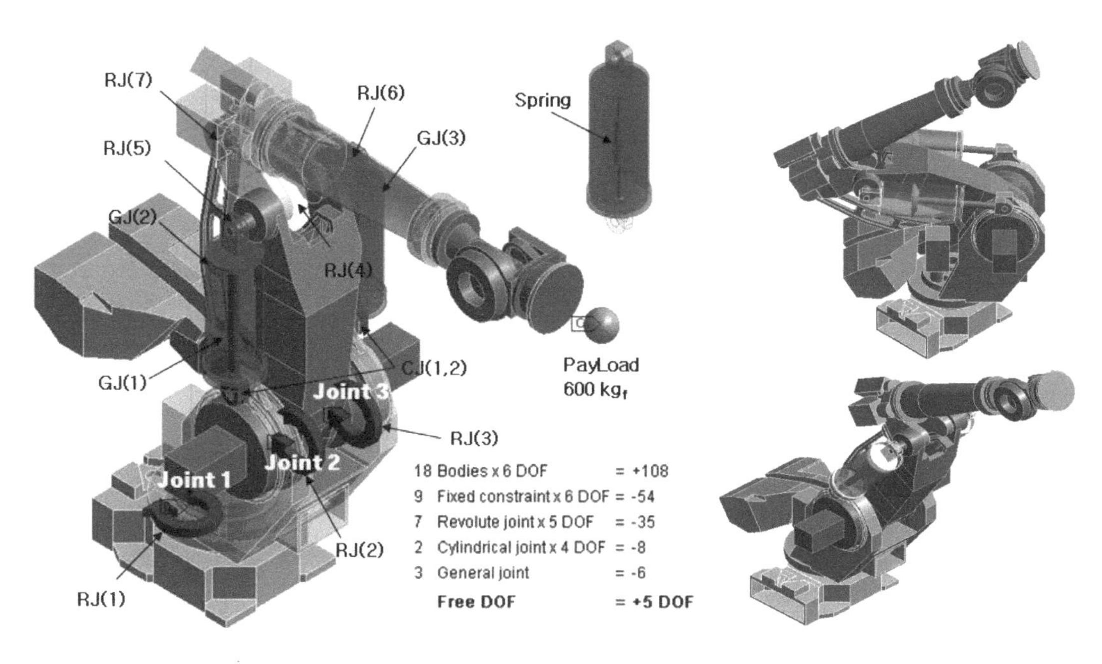

[그림 1-3] 자동화 시스템의 체결 상태 및 구속 상태와 구동 시뮬레이션 예[14]

2.2 기계 구조부 제작 및 운영 기술

앞서 언급된 디지털 공간의 가상 시스템으로부터 자동화 생산설비에 관한 설계 검증이 완료되면, 자동화 시스템의 운전 상태를 실시간으로 감지하고, 그 상태를 진단하기 위한 센서를 선정하고, 설계 목표에 부합한 회전운동과 직선운동이 묘사될 수 있도록 액추에이터를 결정한다.

그다음으로는 가상 시스템의 구성 부품인 3D CAD 모델을 3D 프린터로 출력한다. 그리고 체결용 기계요소로 부품 간의 조립 과정을 거쳐 센서와 액추에이터들이 모두 장착된 현실 세계의 물리 시스템에 대한 시제품을 제작한다.

이러한 시제품 제작 과정에서 산업 현장 실무에서 부딪치게 될 다양한 문제들을 사전에 경험할 수 있도록 유도하고, 또한 그 해결 능력이 배양될 수 있도록 한다.

또한, [그림 1-4]의 공장 자동화 생산설비에 대한 현실 세계의 물리 시스템을 제어하기 위해 센서 혹은 스위치 등으로부터 입력 신호 데이터들을 받아들이고, 연산 처리 과정을 거쳐 설계 의도대로 액추에이터들을 순차적으로 작동시킬 수 있는 PLC 제어와 HMI의 모니터링에 관해 학습한다.

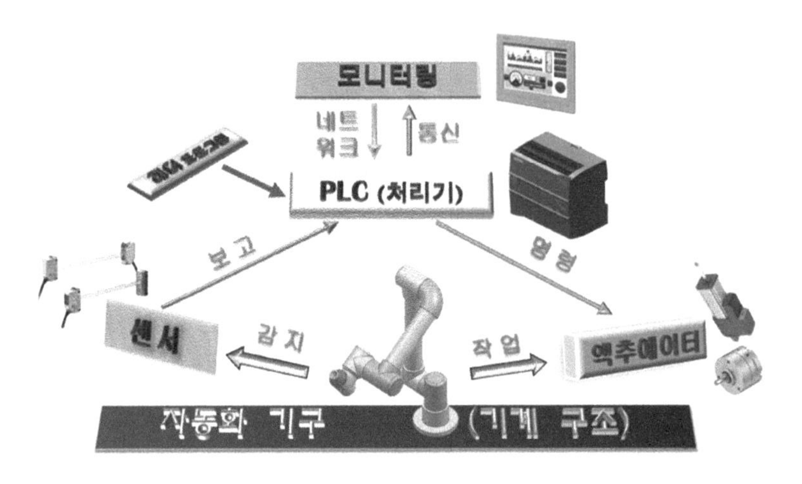

[그림 1-4] 공장 자동화 생산설비

2.3 산업용 기기 간 연결 기술

산업 현장에서 기계나 장비, 통신 신호 간 호환성을 해결해 안정적인 연결을 도와줄 OPC-UA 기술에 기반하여 IIoT 표준에 맞게 이종 기기 간 상호 데이터 호환 및 제어를 할 수 있는 스마트 제조 시스템 구축을 위한 융합 기술을 배운다.

사이버 공간의 가상 시스템과 현실 세계의 물리 시스템 간 데이터 호환을 통해 물리 세계와 가상 세계 간의 동기화 및 상호작용 장치를 구축할 수 있는 디지털 트윈 기술을 실습한다.

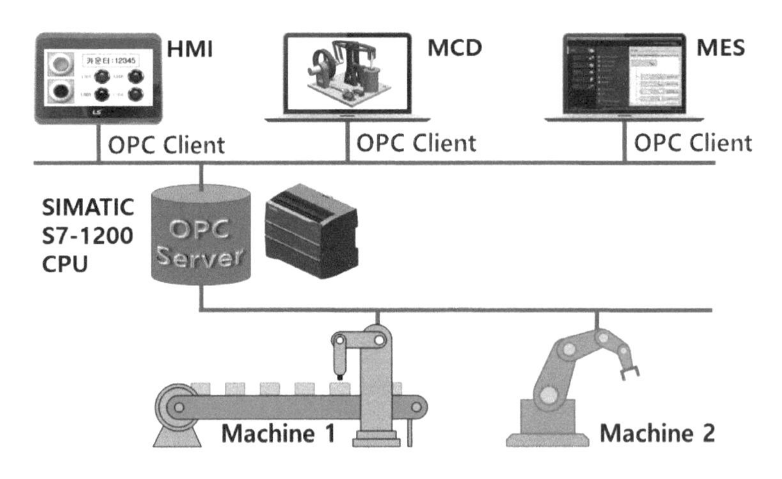

[그림 1-5] 산업용 기기 간 연결 기술

DIGITAL TWIN

03 실습 순서

본 교과에서는 레버-크랭크 메커니즘을 활용한 빔-엔진 장치라는 소형 자동화 시스템을 제작하는 프로젝트 실습 과정을 통해 디지털 트윈을 구현하기 위한 관련 기술들을 Part I과 Part II로 나누어서 학습하도록 구성하였다.

Part I - **디지털 공간의 가상 시스템과 시제품 제작**

- 지멘스 NX-MCD를 활용하여 빔-엔진 장치에 대한 가상의 디지털 모델을 구축하는 과정을 학습한다. 이러한 과정을 통해 디지털 트윈을 구현하는 데 필요한 1단계 기술인 가상 시스템을 제작할 수 있는 능력을 배양한다.
- 가상 시스템의 3D CAD 모델과 3D 프린터로 빔-엔진 장치의 구성 부품을 출력하고 조립하는 시제품 제작 과정을 실습한다.

Part II - **현실 세계의 물리 시스템과 OPC UA 통신**

- 산업 현장에서 널리 사용되고 있는 SIMATIC S7-1200 CPU의 지멘스 PLC와 eXP20의 LS 산전 HMI 사용법을 학습한다.
- PLC와 HMI를 활용하여 Part I에서 시제품으로 제작한 빔-엔진 장치의 기계 구조부에 장착된 액추에이터와 센서를 제어하고 모니터링하는 과정을 실습한다.
- Part II의 실습 과정에서 완성된 빔-엔진 자동화 장치의 현실 세계에 대한 물리 시스템과 Part I에서 완성한 빔-엔진 장치에 대한 사이버 공간의 가상 시스템을 OPC-UA 통신 프로

토콜로 연결하는 기술을 배운다.

이처럼 본 교과 과정을 통해 제1권의 Part I에서 제작한 디지털 세계의 가상 시스템과 제2권의 Part II에서 제작한 현실 세계의 물리 시스템 간의 네트워크 연결을 통해 데이터 수집·제어 및 모니터링을 위한 디지털 트윈의 기술 수준 2단계까지를 학습하게 된다.

3.1 Part I - 디지털 공간의 가상 시스템과 시제품 제작

3.1.1 디지털 모델 제작

Step 명: 디지털 모델 제작

수업 목표:

- 프로젝트의 요구 성능 목표를 달성하기 위한 동력 전달 요소를 설계할 수 있다.
- 주어진 빔-엔진 장치의 2D 도면을 해독하고, 3D CAD 모델을 제작할 수 있다.
- 3D CAD 모델을 어셈블리하여 디지털 장치를 완성할 수 있다.

주요 장비: 작업 테이블, Siemens NX 소프트웨어, 컴퓨터, 2D 도면 …. etc.

주재료: 버니어 캘리퍼스, 줄자, 스틸자…. etc.

안전 및 유의사항:

- 실습 시 사용 기구에 대한 취급 방법을 숙지한 후 사용한다.
- 컴퓨터에 새로운 운영 체제를 설치하거나 업그레이드할 때 중요한 데이터는 반드시 백업해 두도록 한다.
- 불법 소프트웨어를 사용하지 않는다.
- 실습 중에는 불필요하게 이동하거나 장난치지 않는다.
- 실습 후에는 컴퓨터의 전원을 OFF 한다.

최종 결과물 (예시)

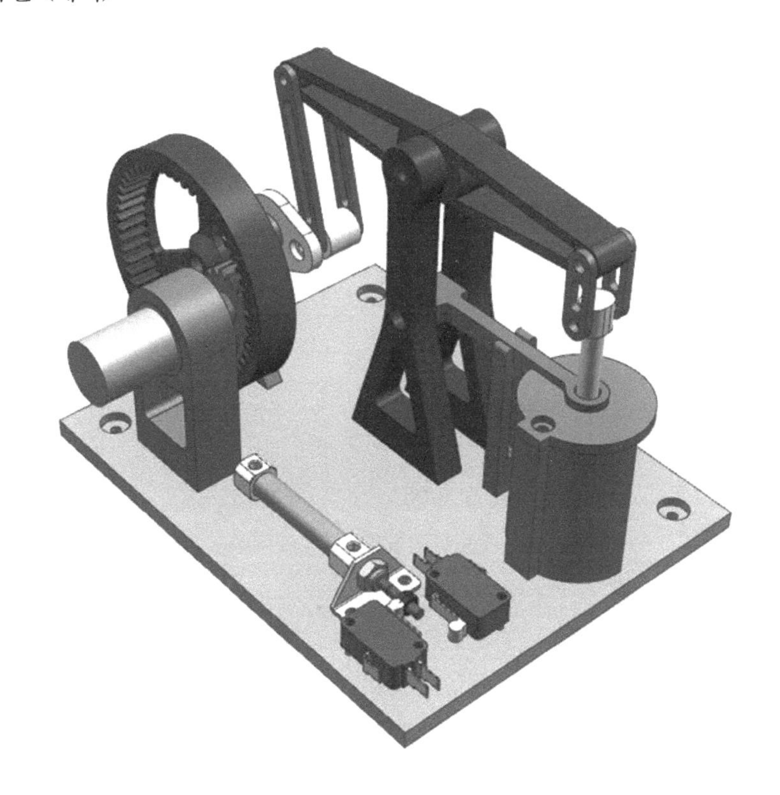

3.1.2 메카트로닉스 시뮬레이션

Step 명: 메카트로닉스 시뮬레이션

수업 목표:

- 자동화 기구의 운전 특성 평가를 위한 시뮬레이션 방법과 특징을 이해할 수 있다.
- 시뮬레이션 관련 용어(조인트 요소, 댐퍼, 하중, 토크, 접촉 등)를 이해할 수 있다.
- 메카트로닉스 시뮬레이션을 수행할 수 있고, 해석 결괏값을 분석할 수 있다.

주요 장비: Siemens NX 소프트웨어, 컴퓨터… etc.

주재료: 버니어 캘리퍼스, 줄자, 스틸자…. etc.

안전 및 유의사항:

- 실습 시 사용 기구에 대한 취급 방법을 숙지한 후 사용한다.

- 컴퓨터에 새로운 운영 체제를 설치하거나 업그레이드할 때 중요한 데이터는 반드시 백업해 두도록 한다.
- 불법 소프트웨어를 사용하지 않는다.
- 실습 중에는 불필요하게 이동하거나 장난치지 않는다.
- 실습 후에는 컴퓨터의 전원을 OFF 한다.

최종 결과물 (예시)

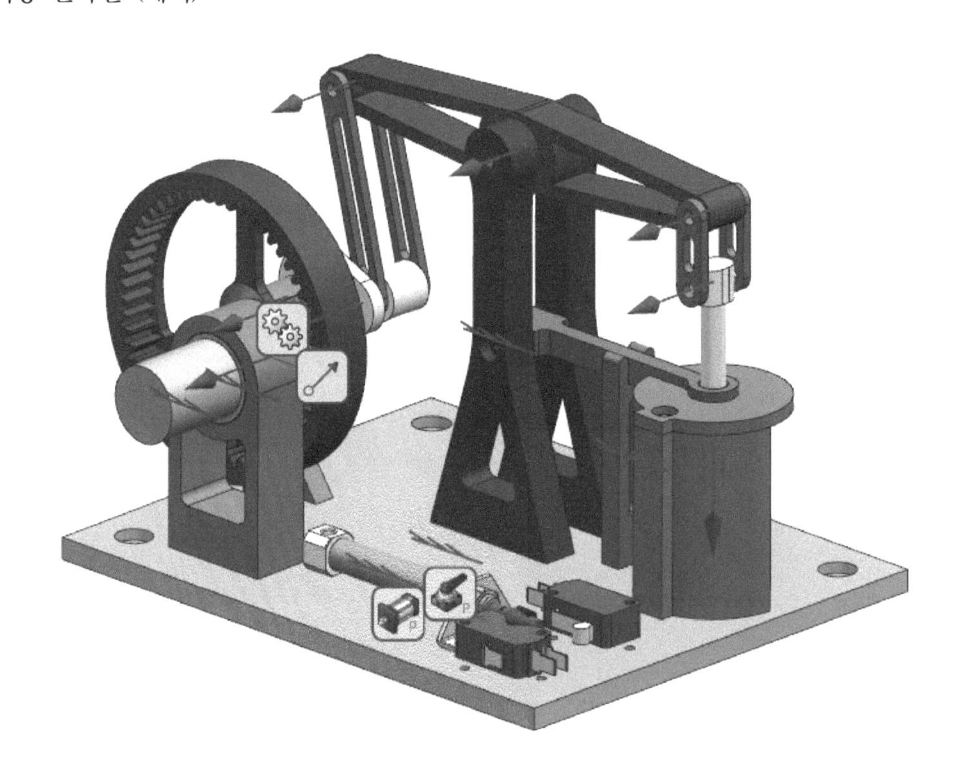

3.1.3 시제품 제작

Step 명: 시제품 제작

수업 목표:

- 3D 프린팅의 개념을 이해하고, 유망 분야 및 적용 기술을 이해한다.
- 3D 프린터 슬라이싱 소프트웨어를 활용할 수 있다.

- 3D 프린터로 빔-엔진 장치의 구성 부품들을 출력할 수 있다.
- 빔-엔진 장치의 기계 구조부 조립을 완성한다.

주요 장비: 작업 테이블, 3D 프린터, 컴퓨터, 3D 프린터 소프트웨어… etc.

주재료: 필라멘트, USB, 기계 체결용 볼트/너트, 버니어 캘리퍼스, 3D 프린팅 후가공 줄….
etc.

안전 및 유의사항:

- 실습 시 사용 기구에 대한 취급 방법을 숙지한 후 사용한다.
- 3D 프린터 작동 중에는 구동부에 손을 대지 않는다.
- 3D 프린터의 수평을 확인한다.
- 실습 중에는 불필요하게 이동하거나 장난치지 않는다.
- 3D 프린팅 후가공 도구 사용 시에 주의한다.

최종 결과물 (예시)

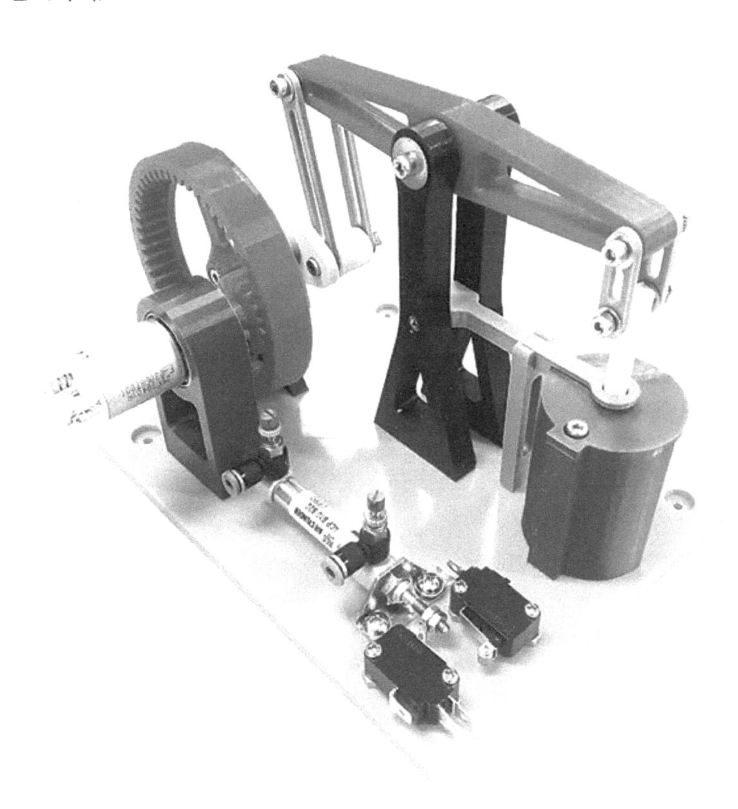

3.2 Part II - 현실 세계의 물리 시스템과 OPC UA 통신

3.2.1 PLC 제어와 HMI 모니터링

Step 명: PLC 제어와 HMI 모니터링

수업 목표:

- 자동화 시스템의 센서 및 제어요소 장치들과 PLC를 결선할 수 있다.
- 지멘스의 통합 자동화 플랫폼 TIA Portal의 래더 프로그램 작성 방법을 이해한다.
- SIMATIC S7-1200 CPU의 PLC를 사용하여 빔-엔진 장치를 제어할 수 있다.
- HMI 장치의 구동 방식을 이해하고 작화 프로그램을 사용할 수 있다.
- HMI_PC 통신 및 HMI_PLC 통신 환경을 설정할 수 있다.

주요 장비: 작업 테이블, PLC, 컴퓨터, Siemens TIA Portal 소프트웨어, 스위칭 허브, XP-Builder 소프트웨어, LS eXP20 HMI, 랜 케이블… etc.

주재료: 전선, USB…. etc.

안전 및 유의사항:

- 실습 시 사용 기구에 대한 취급 방법을 숙지한 후 사용한다.
- 실습 장비 전원 전압을 확인하여 조건에 맞는 전원을 인가한다.
- 실습 시 사용 장비에 대한 취급 방법을 숙지한 후 사용한다.
- 실습 중에는 불필요하게 이동하거나 장난치지 않는다.
- 실습 후에는 컴퓨터와 PLC의 전원을 OFF 한다.
- 전기 감전 사고에 주의한다.

최종 결과물 (예시)

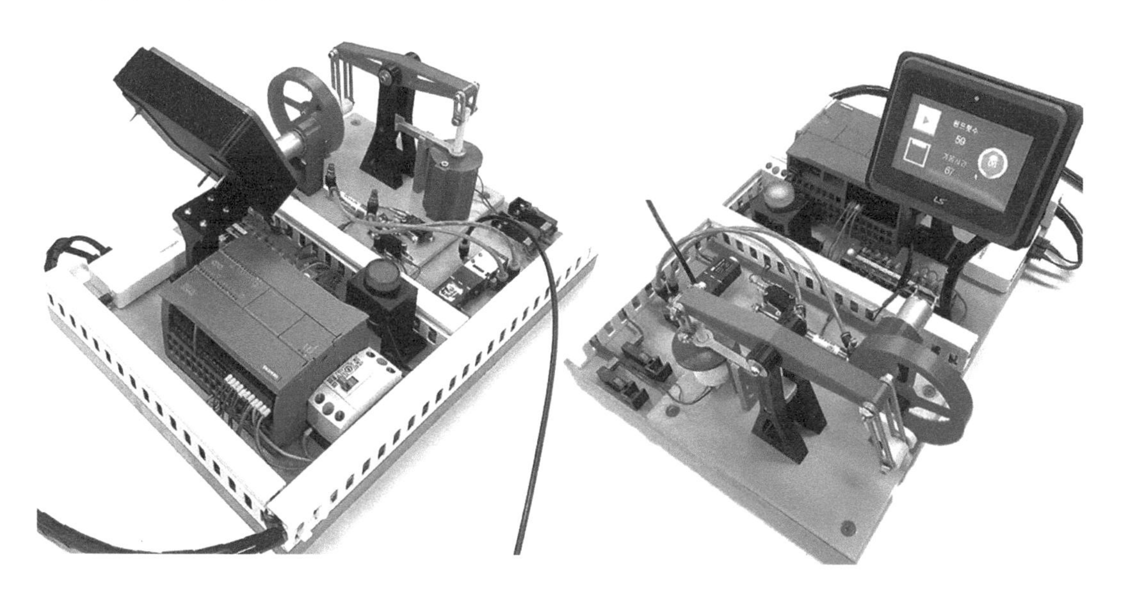

3.2.2 디지털 트윈 구성 실습

Step 명: 빔-엔진 장치의 디지털 트윈 구성 실습

수업 목표:

- OPC 정의와 사용 목적을 이해한다.
- OPC UA의 사용 방법을 숙지한다.
- OPC UA로 디지털 트윈의 가상 시스템과 물리 시스템을 서로 연결할 수 있다.

주요 장비: 작업 테이블, PLC, 컴퓨터, 스위칭 허브, LS eXP20 HMI, 랜 케이블… etc.

주재료: 전선, USB…. etc.

안전 및 유의사항:

- 실습 시 사용 기구에 대한 취급 방법을 숙지한 후 사용한다.
- 실습 시 사용 장비에 대한 취급 방법을 숙지한 후 사용한다.
- 실습 중에는 불필요하게 이동하거나 장난치지 않는다.
- 실습 후에는 컴퓨터와 PLC와 HMI의 전원을 OFF 한다.

- 전기 감전 사고에 주의한다.

최종 결과물 (예시)

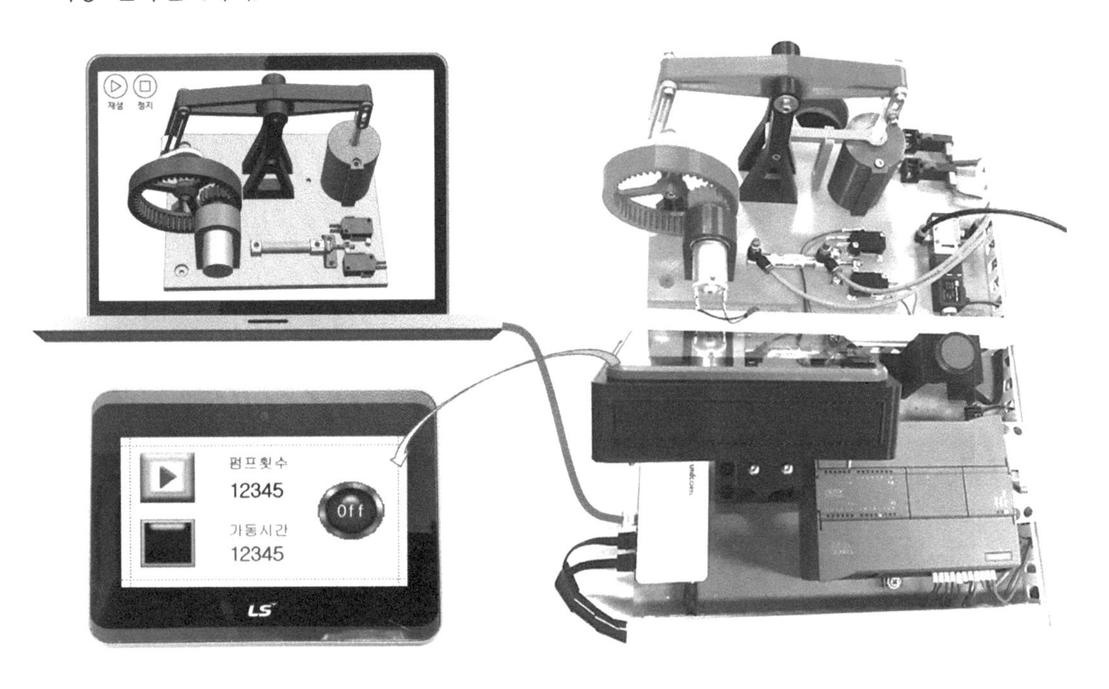

Chapter 02

PLC 제어와 HMI 모니터링

DIGITAL TWIN

01 공압 시스템과 시퀀스 제어

이번 장에서는 빔-엔진 장치에 대한 현실 세계의 물리 시스템을 제어하기 위해 센서 혹은 스위치 등으로부터 입력 신호 데이터들을 받아들이고, CPU의 연산 처리 과정을 거쳐 DC 모터와 공압 실린더를 설계 의도대로 순차적으로 동작시킬 수 있는 PLC 시퀀스 제어를 학습한다.

이러한 자동 제어 시스템으로 산업 현장 실무에서 활용되고 있는 지멘스 SIMATIC S7-1200 CPU의 PLC를 사용하고 그에 대한 활용법을 배운다.

앞서 언급된 바와 같이 시퀀스 제어는 정해진 순서에 따라서 동작을 진행해 나가는 ON/OFF 형태의 제어를 말하며, 시간 기반 시퀀스 제어와 이벤트 기반 시퀀스 제어로 나눌 수 있다.

시간 기반 시퀀스 제어는 작업 또는 동작이 미리 정해진 순서에 의해 단계적으로 이루어지는 제어 시스템으로 교통신호등 제어가 이에 해당한다.

이벤트 기반 시퀀스 제어는 순차적인 작업이 전 단계의 작업 완료 여부를 확인하여 수행되는 제어를 말하며, 전 단계의 작업 완료 여부를 센서 등을 활용하여 확인하고, 다음 단계의 작업이 진행되도록 제어한다.

공장 자동화에서는 이 두 제어 방식이 일반적으로 혼용되어 사용된다. 이번 장에서는 공장 자동화에 적용되는 메카트로닉스 설비를 제어하기 위한 액추에이터로서 가장 널리 사용되는 공압 시스템을 이해하고, PLC 제어를 통해 빔-엔진 장치를 설계 목표대로 구동시키는 과정을 학습한다.

1.1 공압 기초

1.1.1 유체란

유체는 고체와 달리 자기 스스로 형상을 유지할 수 없으며, 주변 고체의 형상에 따라 그 모양이 결정된다. 유체에 가한 전단력(F)이 아무리 미소하다 할지라도 그것에 의한 흐름이 생기고 전단력이 작용하는 한 계속 움직이며, 내부 유동층 사이에는 그 흐름을 방해하는 유체의 끈적한 정도를 나타내는 점성(μ)으로 인한 전단응력(τ)이 발생한다. 이 전단응력과 각 변형 속도 사이의 관계는 다음 식과 같이 표현된다. [15]

$$\tau = \mu\dot{\gamma} = \mu\frac{d\gamma}{dt} = \mu\frac{du}{dy} = \frac{F}{A} \tag{2.1}$$

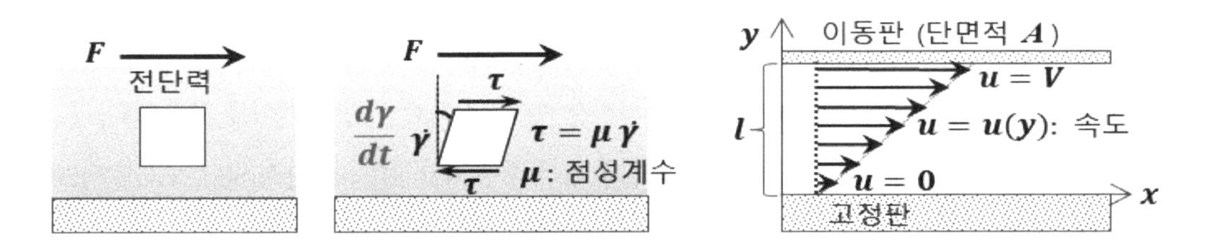

[그림 2-1] 유체의 전단응력

1.1.2 유체의 물리량

- **힘과 중량**

  F = ma　　　　　　　W = mg

  1N = 1kg · 1m/s2　　　　$1kg_f$ = 1kg · 9.8m/s2 = 9.8N

- **압력**: 어떤 물체가 다른 물체를 누르거나 미는 힘으로 단위 넓이의 면에 수직으로 작용하는 힘을 말한다.

  1 atm = 101,325 Pa = 760 mmHg = 1013 hPa

  1 bar = 100,000 Pa = 0.1 MPa

$$P = \frac{F}{A} \ [\text{Pa}] \tag{2.2}$$

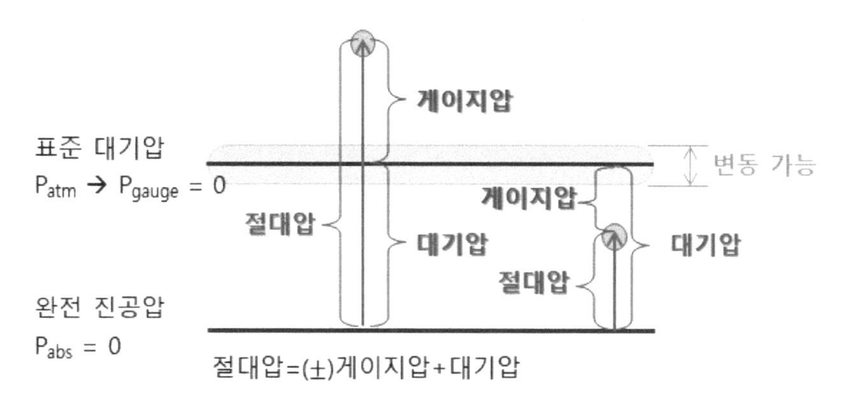

[그림 2-2] 압력의 정의와 압력의 종류

- **유량**: 파이프나 덕트의 단면을 통과하는 유체의 체적 혹은 질량을 시간의 비로 표현한 것을 말한다.
  - 체적 유량(Q): 단위 시간당 흐르는 유체의 체적
  - 질량 유량($\dot{m}$): 단위 시간당 흐르는 유체의 질량

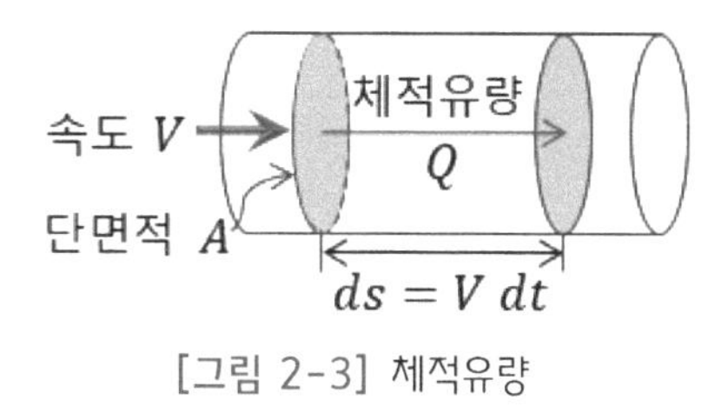

[그림 2-3] 체적유량

$$Q = A \cdot V \ [m^3/s], \quad \dot{m} = \rho A V \ [kg/s] \tag{2.3}$$

1.1.3 파스칼의 원리

"유체역학에서 밀폐 용기 속의 비압축성 유체의 어느 한 부분에 가해진 압력의 변화가 유체의 다른 부분에 전달된다."라는 유체 압력의 전달 원리를 말한다.[15]

$$P_1 = P_2 \text{이면} \ \frac{F_1}{A_1} = \frac{F_2}{A_2} \text{이므로} \ F_1 = \frac{A_1}{A_2} F_2 \tag{2.4}$$

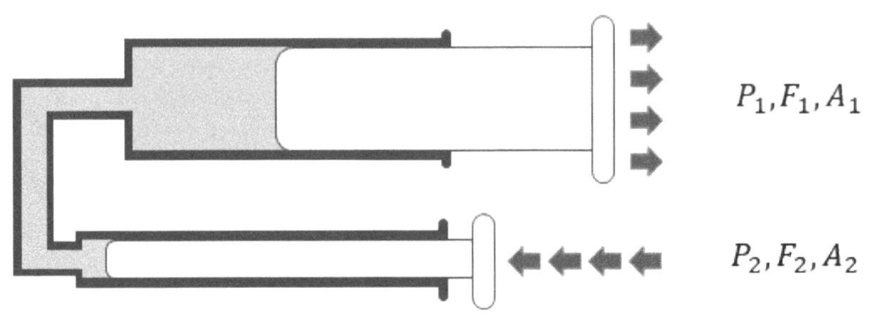

[그림 2-4] 유체 압력의 전달 원리

1.1.4 연속방정식

연속방정식은 질량 보존 법칙을 흐르는 유체에 적용한 것으로 “파이프나 덕트의 어느 단면에서나 흐르는 유량은 같다”를 의미한다. [15]

$$\left(\frac{dM}{dt}\right)_{CV} = \dot{M}_{in} - \dot{M}_{out} = \left(\frac{kg}{s}\right)_{in} - \left(\frac{kg}{s}\right)_{out} \tag{2.5}$$

여기서 검사체적(Control Volume: CV)이란 공간상 어느 경계 내부의 임의로 정해진 영역이며, 검사 체적과 주변을 구분하는 경계면을 검사 표면이라 한다. [그림 2-5]는 검사 체적을 지나는 유동을 나타낸 것이다.

“검사 표면을 통해 검사 체적 안으로 들어가는 유량과 검사 표면으로부터 흘러나가는 유량의 차이는 검사 체적 내의 질량의 시간에 대한 변화율과 같다.”라는 것이 연속방정식으로 질량 보존 법칙이라 한다.

그리고 식 (2.3)에서 밀도가 ρ인 물질이 검사 표면 A를 V의 속도로 지나갈 때의 질량 유량은 $(kg/s) = (kg/m^3)\times(m^2)\times(m/s) \rightarrow \dot{m} = \rho \cdot A \cdot V$으로 표현되고, 검사 체적 내부의 질량은 생성되거나 소멸하지 않으며 단일 물질로 이루어져 있다면, 검사 표면 A_1과 A_2에서의 체적 유량은 다음 식과 같이 표현된다.

$$\rho_1 \cdot A_1 \cdot V_1 - \rho_2 \cdot A_2 \cdot V_2 = dM/dt = 0 \text{ 이고, } \quad \rho_1 = \rho_2 \text{이므로}$$

$$A_1 \cdot V_1 = A_2 \cdot V_2 \tag{2.6}$$

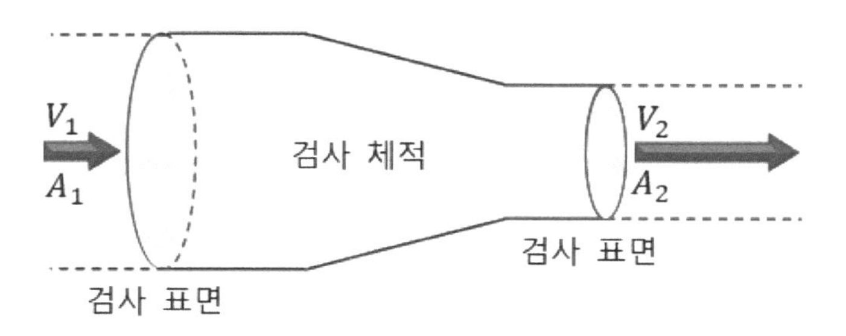

[그림 2-5] 검사 표면과 유동

1.1.5 레이놀즈수

레이놀즈수는 흘러가는 유체의 "관성에 의한 힘"과 "점성에 의한 힘"의 상대적인 비로서 정의되며, 점성력이 지배적인 유동을 "층류"라하고 흐름성이 평탄하면서도 일정한 유동 모양이 나타난다. 그리고 관성력이 지배적인 유동은 와류가 생성되며 무질서한 흐름 양상이 나타난다. 이러한 유동을 "난류"라고 한다. [15]

$$Re = \frac{\rho V l}{\mu} = \frac{\rho V^2 A}{\mu (V/l) A} = \frac{[\rho V A] V}{[\mu (V/l)] A} = \frac{\dot{m} V}{\tau A} = \frac{\text{관성력}}{\text{점성력}} \tag{2.7}$$

1.1.6 운동방정식

뉴턴의 가속도 법칙 "$F=ma$"에서 힘 F는 유체역학 관점에서 압력구배(∇P)를 의미한다. 즉 "유체의 흐름은 바로 이 압력 차이에 의해서 가속 또는 감속된다." 그리고 물질 도함수(D/Dt)를 살펴보면, 어느 공간상의 입자가 가진 물리량(ϕ)의 순간 변화율($D\phi/Dt$)은 시간 변화에 따른 물리량의 변화율과 공간상의 이동에 의한 변화율의 합으로 다음과 같이 표현할 수 있다. [15]

$$\frac{D\phi}{Dt} = \frac{\partial \phi}{\partial t} + u\frac{\partial \phi}{\partial x} + v\frac{\partial \phi}{\partial y} + w\frac{\partial \phi}{\partial z} = \frac{\partial \phi}{\partial t} + (\vec{V} \cdot \nabla)\phi, \quad \phi = \phi(t, x, y, z) \tag{2.8}$$

그리고 단위 부피의 유체에 $F=ma$를 적용하면 다음과 같이 나타낼 수 있다.

$$-\nabla P + \nabla \cdot \sigma + \rho \underline{g} = \rho \underline{a} \tag{2.9}$$

여기서 σ는 유체가 흘러갈 때 흐름을 방해하는 유동층 간에 발생하는 마찰력으로 점성응력($\mu\nabla\vec{V}$)을 의미하고, $\underline{g}$와 $\underline{a}$는 각각 중력 가속도와 가속도를 나타낸다.

식 (2.9)의 우변을 운동량에 대한 물질 도함수로 표현하고, 마찰이 없는 비점성 유동(Frictionless Flow)이라고 가정하면 다음 식과 같은 오일러 방정식을 얻을 수 있다.

$$-\nabla P + \rho\underline{g} = \rho\left(\frac{\partial\vec{V}}{\partial t} + \vec{V}\cdot\nabla\vec{V}\right) \tag{2.10}$$

여기서 벡터 항등식을 이용하면 $\vec{V}\cdot\nabla\vec{V} = 1/2\nabla(\vec{V}\cdot\vec{V}) - \vec{V}\times(\nabla\times\vec{V})$으로 표현되고, 속도 벡터에 curl을 취한 와도(소용돌이)가 영($\nabla\times\vec{V} = 0$)이 되면, 비회전 유동(Irrotational Flow)이 된다.

그리고 유체의 흐름이 안정화된 정상 상태($\partial\vec{V}/\partial t = 0$)의 비압축성 유동을 고려하면, 식 (2.10)은 다음과 같이 나타낼 수 있다.

$$-\frac{\nabla P}{\rho} - gk = \nabla\frac{V^2}{2} \tag{2.11}$$

여기서 중력은 z 방향으로만 작용하고, k는 z 방향의 단위 벡터를 의미하며, g는 중력 가속도 값을 나타낸다.

유체의 흐름을 나타내는 곡선인 유선을 따라 유체가 흘러갈 때, 미소 변위 $d\vec{s}\,(= dx\,i + dy\,j + dz\,k)$만큼 움직인 유체 입자에 대해 식 (2.11)을 적용하여 위치 1에서 위치 2로 바뀐 유체입자를 적분하면,

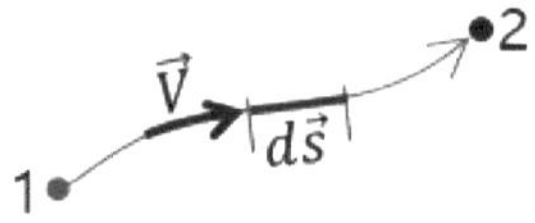

[그림 2-6] 유선

$\int_1^2 \frac{\nabla P}{\rho}\cdot d\vec{s} + \int_1^2 \frac{\nabla V^2}{2}\cdot d\vec{s} + \int_1^2 gk\cdot d\vec{s} = \int_1^2 \frac{dP}{\rho} + \int_1^2 \frac{dV^2}{2} + \int_1^2 g\,dz = 0$이 되고,

$\frac{P_2 - P_1}{\rho} + \frac{V_2^2 - V_1^2}{2} + g(z_2 - z_1) = 0$이므로 $\frac{P_1}{\rho} + \frac{V_1^2}{2} + gz_1 = \frac{P_2}{\rho} + \frac{V_2^2}{2} + gz_2$이다. 결국

$$\frac{P}{\rho} + \frac{V^2}{2} + g\,z = Const. \tag{2.12}$$

베르누이(Bernoulli) 방정식이 유도된다.

베르누이 정리는 유선을 따라 흐르는 이상 유체에 가해지는 일이 없는 경우에 대해, 유체의 속도와 압력, 위치 에너지 사이의 관계를 표현한다. 이 식의 첫 번째 항은 정압을 의미하고, 두 번째 항은 동압을 나타내며, 세 번째 항은 위치 에너지로 정수압을 뜻한다. 그리고 전압이란 정압과 동압을 합을 말한다. [그림 2-7]에 유체가 흐르고 있는 관로에서의 정압과 동압, 그리고 전압을 도시하였다.

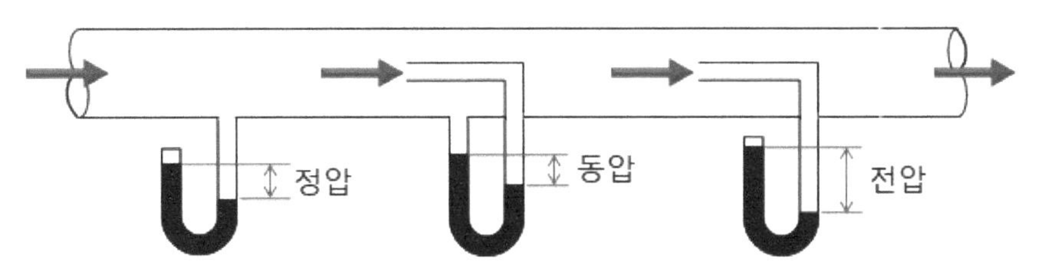

[그림 2-7] 유체가 흐르고 있는 관로에서의 정압과 동압 및 전압

1.2 공압 시스템

1.2.1 전기 공압 시스템의 기본 구조

공압(pneumatic)이란 압축성 기체를 펌프 등으로 압출하였을 때의 토출 압력을 말한다. 고대 그리이스어인 Penuma(호흡, 바람)라는 말에서 유래되었으며 이러한 압축 공기를 이용하여 공압 실린더나 공압 모터 등을 구동하는 액추에이터와 이를 제어하는 밸브 등을 산업 기술에 응용하고 있다. [그림 2-8]에 전기 공압 시스템의 기본 구조를 도시하였다. [16, 17]

작동 순서를 살펴보면,

① 필터를 통과하면서 이물질이 제거된 공기가 공압 펌프에 의해 압축된다.

② 단열 압축 과정 동안에 상승한 온도는 냉각기를 통과하면서 적정한 온도로 조절된 후에 탱크에 저장된다.

③ 탱크의 내부 압력은 릴리프 밸브에 의해 조절된다.

④ 공기탱크를 통과한 압축 공기는 다시 필터를 거치면서 이물질과 수분 등이 제거되어 진다.

⑤ 그리고 압력 제어 밸브에 의해 공급라인의 설정 압력값으로 감압되어 윤활기에서 분무

된 미세한 윤활유와 함께 방향 제어 밸브로 보내어진다.

⑥ 방향 제어 밸브에서 공압 실린더의 전진과 후진이 제어된다.

⑦ 전진 속도와 후진 속도는 유량 제어 밸브를 통과하는 공기의 유량을 조절함으로써 제어한다.

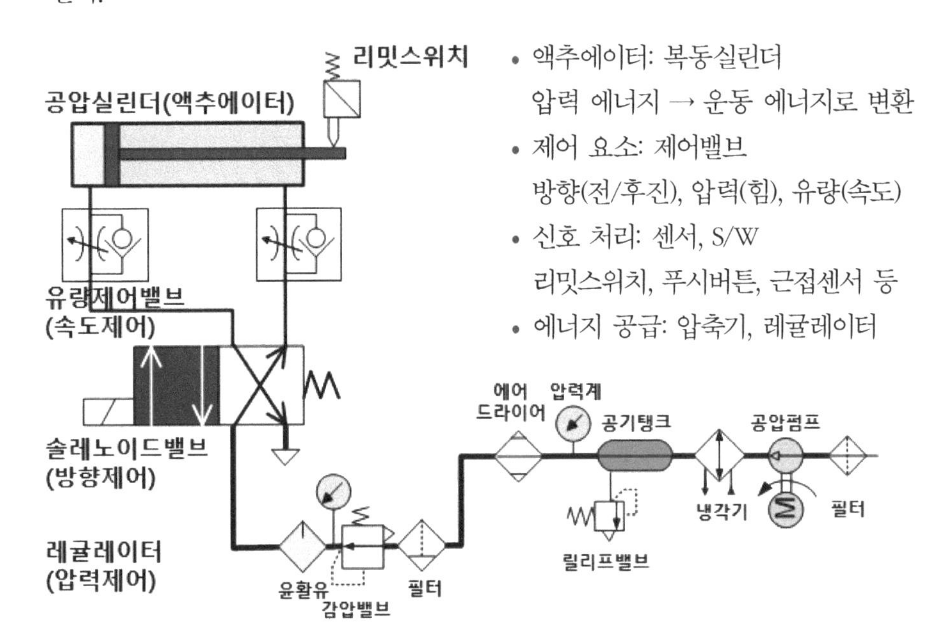

[그림 2-8] 공압 시스템의 기본 구조

1.2.2 공압 액추에이터

공압 액추에이터는 공압 에너지를 기계 에너지로 변환시켜 선형운동을 하는 장치로 실린더 내부의 압력과 유량을 제어하여 직선운동의 힘과 속도를 조절할 수 있다. 실린더 구성 요소 중, 스프링의 장착 유무에 따라 단동실린더와 복동실린더로 구분된다.

단동 실린더의 전진운동은 공기압에 의해 이루어지고, 후진운동은 내장된 스프링의 복원력에 의해 이루어진다. 그리고 복동 실린더는 양방향의 운동이 공기압에 의해서 이루어지는 실린더로 일반적으로 공장 자동화에 널리 사용되고 있다.[16, 17]

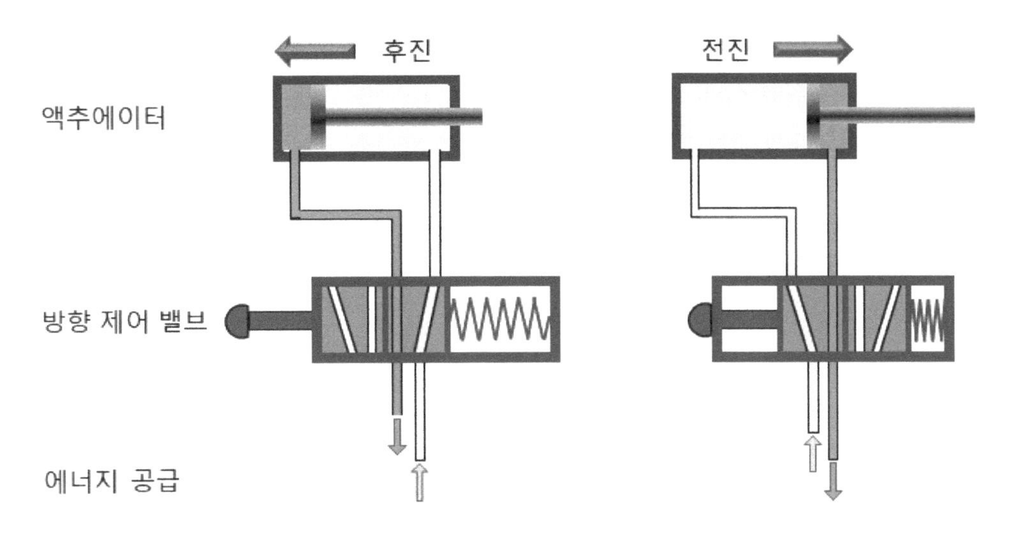

[그림 2-9] 복동 실린더의 전·후진

공압 실린더 액추에이터의 작동력은 다음과 같이 결정할 수 있다.

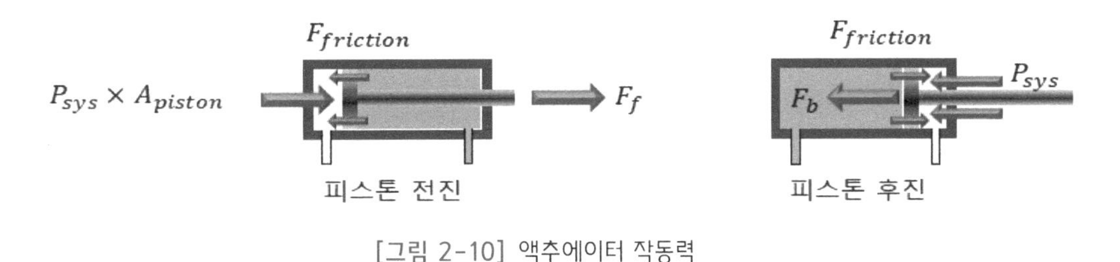

[그림 2-10] 액추에이터 작동력

$$F_f = P_{sys} \times A_{piston} - F_{friction}$$

$$F_b = P_{sys} \times (A_{piston} - A_{piston\,rod}) - F_{friction} \tag{2.13}$$

1.2.3 솔레노이드 방향 제어 밸브

솔레노이드 밸브는 방향 제어 밸브와 솔레노이드를 일체화시킨 것으로 전자석의 힘을 이용하여 밸브를 개폐시켜 유체의 흐름 방향을 제어하는 전환 밸브이며, 전기적인 신호에 따라 작동되므로 산업 기계의 시퀀스 제어에 널리 사용된다.

솔레노이드 밸브도 스프링의 유무에 따라 편측-솔레노이드(편솔)와 양측-솔레노이드(양솔)

밸브로 구분할 수 있다. 편솔 밸브는 전기가 통하고 있는 동안만 작동하고 통전이 해제되면 압축된 스프링의 복원력에 의해 원위치로 복귀한다.

단점으로는 장시간 스위치 ON 상태를 유지하면 스프링의 탄성력보다 더 큰 자기력을 발휘하여야 하므로 전력 소모가 많고, 발열로 인해 코일이 소손될 수 있다.

반면에 양솔 밸브는 메모리 기능이 있어 A-코일에 전기가 공급되지 않아도, B-코일에 신호가 들어오기 전까지는 원위치를 유지한다.

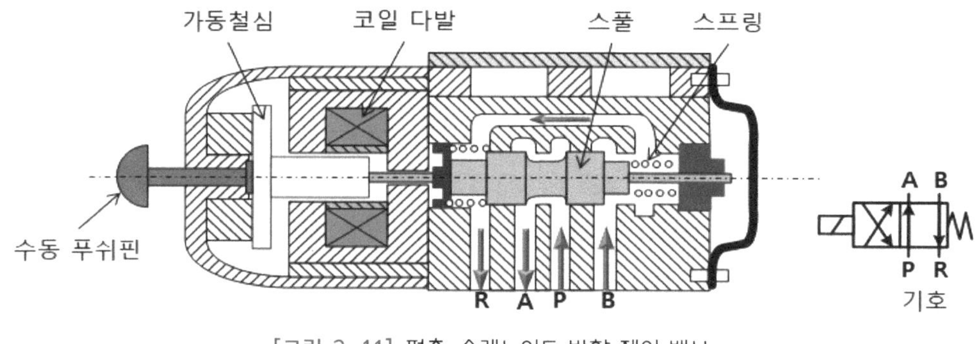

[그림 2-11] 편측-솔레노이드 방향 제어 밸브

이러한 솔레노이드 방향 제어 밸브는 [표 2-1]과 같이 구리선이 원통(Bobbin)에 여러 겹으로 감겨 있는 코일 다발의 솔레노이드에 의한 자력으로 직접 밸브를 움직이는 직동식과 소형 솔레노이드로 파일럿 밸브를 움직여 그 출력 압력에 의한 힘을 이용하여 밸브를 움직이는 파일럿식이 있다.

방향 제어 밸브의 기호는 다음의 [표 2-2]와 같이 구성된다. 밸브의 기능과 작동 원리는 사각형 안에 표시하고, 직선은 유로를 나타내면 화살표는 흐르는 방향을 의미한다. 그리고 차단 위치는 사각형 안에 직각으로 표시하고, 연결구는 사각형 밖에서 직선으로 나타낸다. 또한, 밸브의 방향 전환 방법은 사각형의 좌·우측에 표시한다.

방향 제어 밸브의 기호를 읽는 방법은 먼저 연결구의 포트 수를 읽고, 다음으로 제어 위치의 수를 읽는다. 즉 (포트 수/제어 위치 수)이다. [표 2-2]의 5단계 경우를 예를 들면, "3포트 2위치 밸브"라고 읽으면 된다.

방향 제어 밸브는 문자와 숫자로 표시할 수 있다. 문자의 경우, 작업 라인은 영문자 A, B, C, … 로 표기하고, 공급 라인은 P, 배기구는 R이며, 차단은 S로 표시한다. 그리고 제어 라인은 Z, Y, X, … 로 나타낸다. [16, 17]

1.2.4 압력 제어와 유량 제어 밸브

대표적인 공압 제어 밸브로는 릴리프 밸브와 감압 밸브 등이 있다. 릴리프 밸브는 정상 닫힘 밸브(Normally closed valve)로 시스템 내의 입력 측 압력을 제한하여 시스템을 보호하기 위한 목적으로 사용된다. [그림 2-12 (a)]의 IN 쪽에서 압력이 높아지면 스프링을 밀어서 스풀을 움직이고, OUT 쪽으로 유체를 흘려보내 시스템의 설정 압력을 유지한다.

반면에 감압 밸브는 정상 열림 밸브(Normally open valve)로 출력 측 압력을 감소시켜 시스템 전체 압력보다 낮은 압력을 실린더에 공급하고자 할 때 사용된다. [그림 2-12 (b)]의 OUT 측 압력이 설정 압력에 도달하면 펌프에서 실린더로 가는 유로를 차단하여 실린더 측의 압력이 설정값 이상으로 상승하는 것을 막아 주게 된다.

[표 2-1] 전자 밸브의 그림 기호

직동식	파일럿식
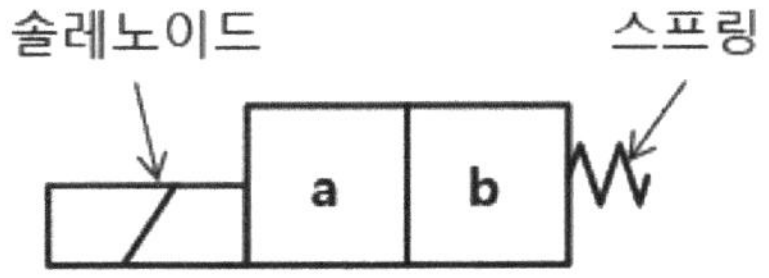 솔레노이드 / 스프링 / a / b	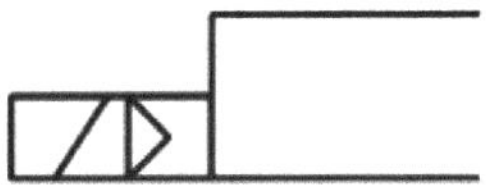
솔레노이드: 직사각형 내에 슬러시(/)로 표시한다. 밸브스풀의 초기 연결 위치는 "b"이다. 솔레노이드를 여자 시키면 밸브 스풀은 "a" 위치로 변환한다.	솔레노이드: 직사각형 내에 슬러시(/)로 표시한다. 파일럿 공압: 옆으로 세워진 삼각형으로 표시한다.

[표 2-2] 방향 제어 밸브 기호의 구성

단계	기호	설명
단계 1		제어 위치는 사각형으로 표시한다.
단계 2	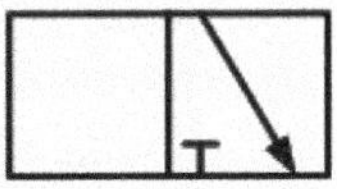	우측 제어 위치에 초기 상태의 유로를 표시한다.
단계 3	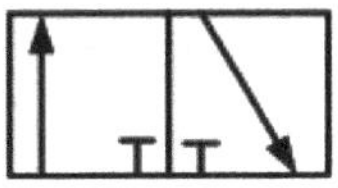	좌측 제어 위치에 방향(위치) 전환 후의 상태를 표시한다.

단계 4		위치 전환 방법과 귀환 방법을 표시한다.
단계 5		열결구와 문자를 표시한다.

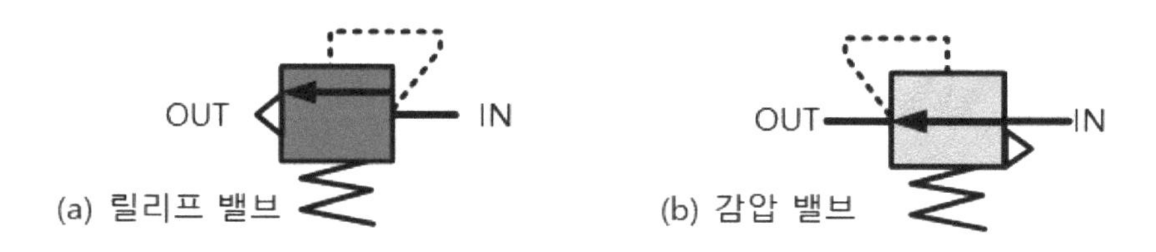

[그림 2-12] 압력제어밸브

그리고 유량 제어 밸브는 공압회로 내의 유량을 조절하여 액추에이터의 운동 속도를 조절하기 위해 사용된다. [그림 2-13]에 교축 밸브와 체크 밸브로 구성된 유량 제어 밸브를 나타내었다.

일반적인 유량 제어 흐름일 때는 체크 밸브가 막히고, 유체는 교축 밸브를 통해 흐르게 되므로 유량이 조절되고, 반대 방향으로 유체가 흐를 때는 체크 밸브가 열려 자유 흐름이 형성된다. 이러한 유량 제어 밸브를 사용하여 공압 실린더의 속도를 제어하는 방법에는 실린더에 공급되는 공기의 유량을 조절하는 미터인(Meter-in) 방식과 배기되는 공기의 양을 조절하는 미터아웃(Meter-out) 방식이 있다.

일반적으로 실린더의 초기 운동에 약간의 동요가 있지만, 초기 상태를 제외하고는 안정감이 있고 부하의 방향에 크게 영향을 받지 않는 미터아웃 방식을 사용하는 것이 추천된다.

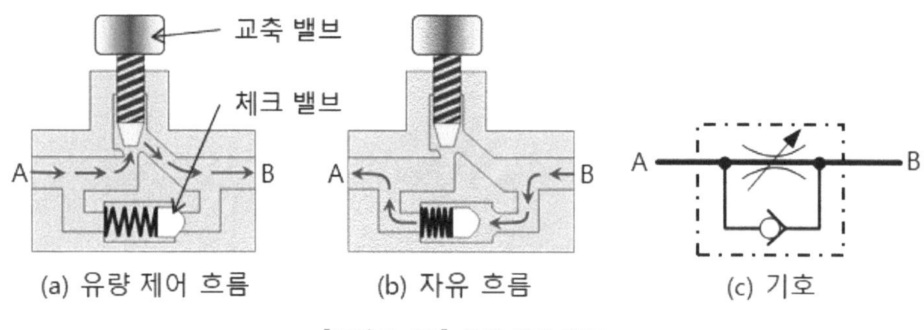

[그림 2-13] 유량 제어 밸브

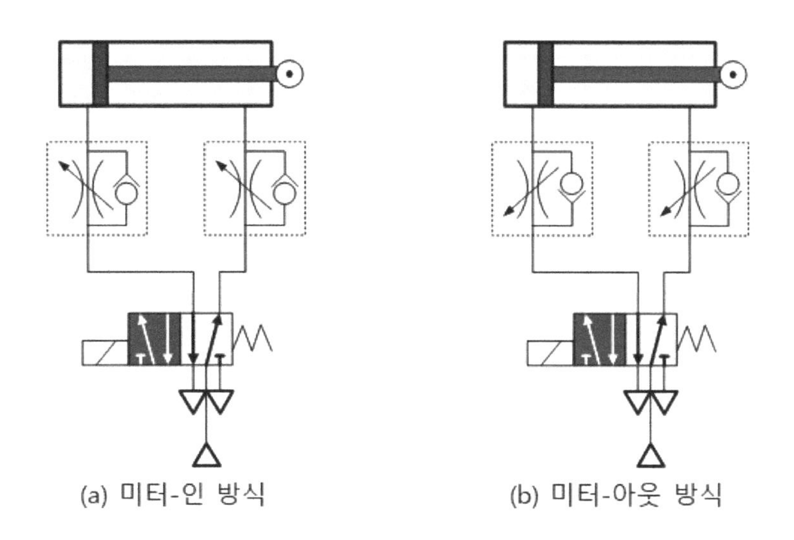

[그림 2-14] 일방향 속도 제어 밸브

1.3 시퀀스 제어 기초

1.3.1 접점의 종류

접점의 특성에 따라 [그림 2-15]와 같이 a 접점, b 접점 그리고 c 접점으로 나눌 수 있고, [표 2-3]에 각 접점에 대한 기호를 나타내었다. [16, 17]

① a 접점: 버튼을 누르면 접점이 닫히고, 손을 떼면 접점이 열리는 것을 a 접점이라 한다. 메이크 접점(Make contact)이라고도 부른다. 손으로 누르기 전에는 항상 열려 있으므로 상시 열려 있는 접점(Normal open: NO)이다.

② b 접점: 버튼을 누르면 접점이 열리고, 손을 떼면 접점이 닫치는 것을 b 접점이라 한다. 손으로 누르기 전에는 항상 닫혀 있는 접점(Normal close: NC)이다.

③ c 접점: 릴레이 코일 단자에 전류가 흐르지 않으면 공통 접점 단자에 공급된 전류가 b 접점을 통해 흐르고, 코일 단자에 전류가 흐르면 a 접점을 통해 전류가 흐른다. c 접점을 가진 릴레이는 a 및 b 접점의 형태로 항상 사용할 수 있으므로 가장 많이 사용되고 있다.

[그림 2-15] 접점의 종류

1.3.2 리밋 스위치

일반적인 전기 스위치는 인간의 손에 의하여 ON/OFF 되지만 리밋 스위치는 기계의 움직임에 의하여 일정한 장소(위치)에 이르면 작동된다. 리밋 스위치의 동작 상태와 기호 표기법에 관한 내용을 [그림 2-16]과 [표 2-3]에 나타내었다.

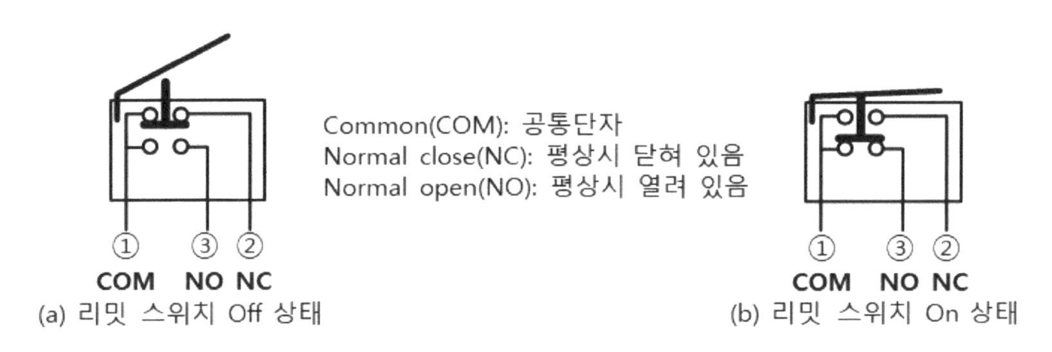

[그림 2-16] 리밋 스위치 동작 상태

1.3.3 릴레이

릴레이는 "스위치"와 같은 역할을 하는 전자기기로 계전기라고도 한다. [그림 2-17]에 표시된 자성체의 철심에 전선이 여러 겹으로 감겨 있는 코일의 양단에 전류가 흐르게 되면 솔레노이드 코일에 전자석이 생성되어(여자) 열린 상태의 a 접점에서 자력의 힘으로 닫힌 상태의 b 접점으로 바뀌게 되므로 결국 스위치가 ON 상태가 되어 부하에 전기가 공급되게 된다.

반대로 코일 다발의 양단에 전류가 흐르지 않으면 솔레노이드 코일의 철심에서 자력이 소멸(소자)하면서 닫힌 상태의 b 접점에서 열린 상태의 a 접점으로 스위치가 OFF 되어, 결국 부하에 공급되든 전기가 차단되게 된다.

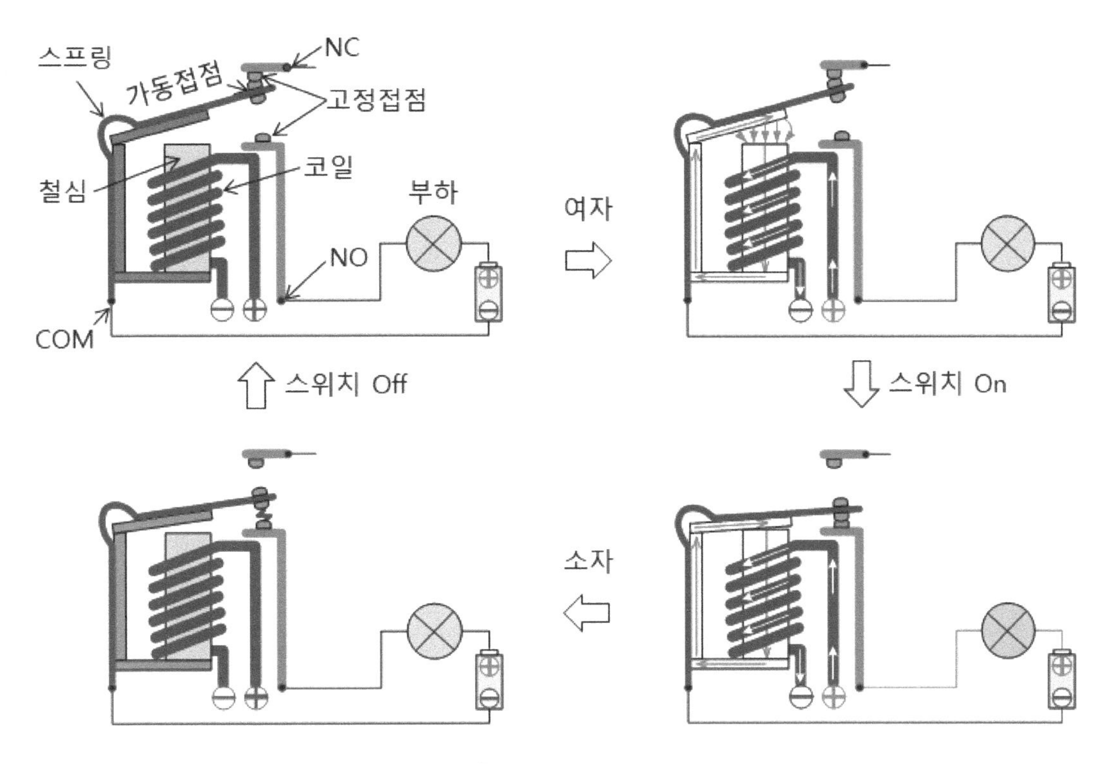

[그림 2-17] 릴레이의 구조 및 동작 원리

[그림 2-18]의 8핀 릴레이에서 접점 1/3/4와 8/6/5에서 1 접점과 4 접점이 붙어 있고, 8 접점과 5 접점이 붙어 있다. 즉 1-4 접점과 8-5 접점 사이에 전류가 흐르고 있다. 혼자 떨어져 있는 3 접점과 6 접점에는 전류가 흐르고 있지 않다. 코일 2-7이 꺼져 있을 때(평상시), 3과 6 접점은 떨어져 있으므로 NO 접점이고, 4와 5 접점은 붙어 있으므로 NC 접점이다. 그리고 1과 8 접점은 a 접점과 b 접점을 모두 가진 COM 접점이다. [표 2-3]에 릴레이의 기호 표기를 나타내었다.

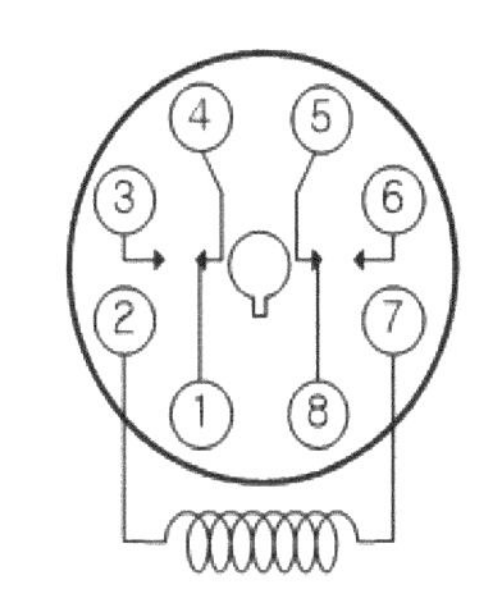

[그림 2-18] 8핀 릴레이

[표 2-3] 주요 제어기기의 기호

제어기기	래더(Ladder) 방식		ISO 방식	
	a 접점	b 접점	a 접점	b 접점
누름 버튼 스위치			E- 3 4	E- 1 2
리밋 스위치			S3 3 4 S3 3 4	S4 1 2 S4 1 2
릴레이	CR1		K1 A1 A2 13 14 23 24 33 34 41 42	
솔레노이드	SOL1		Y1	

1.3.4 자기 유지 회로

앞서 설명된 바와 같이 릴레이의 솔레노이드 코일에 전류가 인가되면 자기력이 생성되어 릴레이 내부에 떨어져 있던 a 접점은 b 접점으로 되고, 붙어 있던 b 접점은 a 접점으로 바뀌게 된다. 자기 자신의 릴레이 코일단과 연결된 내부 접점을 이용하여 릴레이 동작을 제어하므로 한번 입력된 신호는 정지 신호가 있을 때까지 스위치 On의 동작 상태를 유지하게 된다.

[표 2-4]에서와 같이 [시작 버튼] PB1을 누르면 릴레이 K1 코일의 A1에서 A2로 전류가 흐르게 되어 솔레노이드 코일에 전자석이 생성되고, 잡아당기는 자기력에 의해 K1 릴레이의 24 가동 접점이 23 고정 접점으로 이동하여 서로 붙게 된다.

이처럼 릴레이 내부의 23-24 접점 사이가 닫힌 상태로 바뀌게 되고, K1 릴레이의 코일단 A1-A2와 전기적으로 연결된다. 따라서 [시작 버튼] PB1이 자동으로 복귀되어 PB1을 통한 전류 흐름이 차단되더라도 릴레이 내부의 23-24 닫힌 접점을 통해 전력이 계속 공급되어 [정지 버튼] PB2를 누르기 전까지는 릴레이가 On 상태를 유지할 수 있게 된다. 이처럼 전력이 공급되는 한 현 동작 상태를 계속 유지할 수 있도록 구성된 회로를 자기 유지 회로라고 한다.

그리고 릴레이의 코일단 A1-A2에 전류가 통전되면서 생성된 자기력에 의해 또 다른 릴레이의 내부 접점인 13 가동 접점과 14 고정 접점 사이가 열린 상태에서 닫힌 상태로 바뀌면서 부하에 전류가 공급되기 시작하여 액추에이터가 동작하게 된다. 즉 공압 실린더를 전진 혹은 후진시키기 위한 솔레노이드 밸브를 제어하거나, 모터의 회전운동을 제어하게 된다.

[표 2-4] 릴레이 동작과 자기유지 회로도

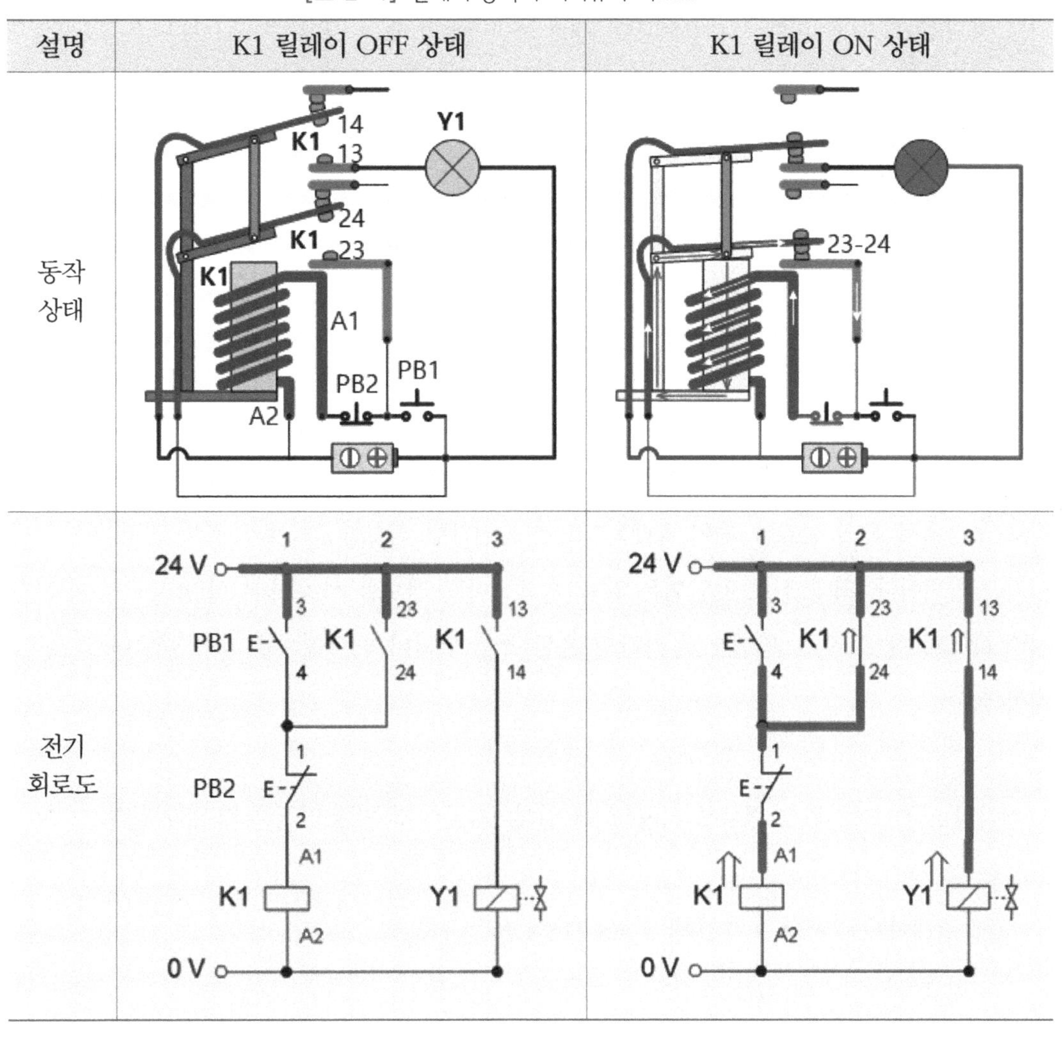

1.3.5 공압 실린더 제어

공압 실린더 제어란 공압 실린더가 여러 개 있을 때 그것의 작동 순서를 미리 부여하고, 그 순서대로 순차 제어하는 것을 말한다. 즉 실린더 여러 개를 순차 제어하는 경우 신호 중복현상이 발생할 수 있다.

"근본적으로 이러한 신호 중복 현상을 차단하면서 시퀀스 프로그램을 만들 수 없을까?"에 대한 답이 바로 시퀀스 회로 설계법이다. 캐스케이드(Cascade) 제어 회로는 간섭 현상이 일어나는 회로 설계 부분을 한 단계씩 폭포가 흐르듯이 제어한다는 뜻으로 하나의 시퀀스가 완결된 후, 또 다른 시퀀스가 시작되게 하는 방식의 회로 설계 방법이다. 그리고 스테퍼(Stepper) 제어 회로 방법은 캐스케이드 방식을 확장한 방법이다. [16. 17]

스테퍼 제어는 계단을 오르듯이 제어한다는 뜻으로 한 계단 한 계단을 순차적으로 오르거나, 한 발로 여러 계단을 확인한 후에 한꺼번에 오르게 되면 순차적인 진행이므로 간섭 현상을 제거할 수 있다. 본 교재에서는 스테퍼 제어 방식을 활용하여 공압 실린더 제어를 설명한다.

이러한 공압 실린더를 제어하는 방안으로 주회로 차단법은 편솔 밸브를 사용하여 실린더의 전·후진을 시킬 때 적용할 수 있는 방법이다. 실린더 전진을 위한 솔레노이드를 구동하는 주회로 구간에서 복귀 신호를 주어 솔레노이드에 통전하던 신호를 차단함으로써 실린더를 후진시키는 방법이다. 최대 신호 차단법은 양측 솔레노이드 밸브를 사용하여 실린더의 전·후진을 시킬 때 적용할 수 있는 방법으로 각각의 운동 스텝에 하나의 릴레이를 각각 할당한 회로 설계법이다.

실린더 A, B 모두 편솔 밸브를 사용할 때 릴레이가 ON 되는 조건식은 다음과 같다. [16. 17]

- 첫 릴레이가 ON 되는 조건식: $K_1=(St \cdot LS + K_{1\_a}) \cdot K_{last\_b}$
- 일반 릴레이가 ON 되는 조건식: $K_n=(LS + K_{n\_a}) \cdot K_{n-1\_a}$
- 최종 릴레이가 ON 되는 조건식: $K_{last}=(LS + K_{last\_a}) \cdot K_{last-1\_a}$

실린더 A, B 모두 양측 솔레노이드 밸브를 사용할 때 릴레이가 ON 되는 조건식은 다음과 같다. [16. 17]

- 첫 릴레이가 ON 되는 조건식: K_1=(St • LS • K_{last_a} + K_{1_a}) • K_{2_b}
- 일반 릴레이가 ON 되는 조건식: K_n=(LS • K_{n-1_a} + K_{n_a}) • K_{n+1_b}
- 최종 릴레이가 ON 되는 조건식: K_{last}=(LS • K_{last-1} + K_{last} + Reset) • K_{1_b}

여기서 등호 왼편 K_1, K_n, K_{last} 등은 릴레이의 전자 코일을 의미하고, +는 병렬 연결, •은 직렬 연결, LS는 바로 앞 단계에서의 신호 조건을 의미한다.

1.3.6 공압 실린더 제어 표현 방식

공압 실린더의 제어 상태를 쉽게 표현하기 위해 실린더의 동작 순서를 그래프로 나타낸 것을 변위-단계선도라 한다. 그리고 실린더의 전·후진 동작을 약호로 표기하면, 전진은 + 기호를 사용하고, 후진은 − 기호를 사용한다.

예를 들어 A, B 두 실린더의 동작 순서가 A 실린더의 전진이 완료된 상태에서 B 실린더가 전진하고, 다음 동작으로 A 실린더의 후진 이 완료되면, B 실린더가 후진하는 동작 순서를 약호로 표시하면 (A+, B+, A-, B-)이 된다.

변위 단계선도는 [그림 2-19]와 같이 원통의 선도를 평면으로 펼친 형태로 실린더의 동작 상태를 그래프로 나타낸다. 세로 선은 두 실린더의 순차적인 동작 과정에서 동작 완료 시에 4개의 리밋 스위치에서 감지되는 신호 상태를 표시한다. 그리고 가로 선에서 0은 후진 상태를 나타내고, 1은 전진 완료 상태를 의미한다.

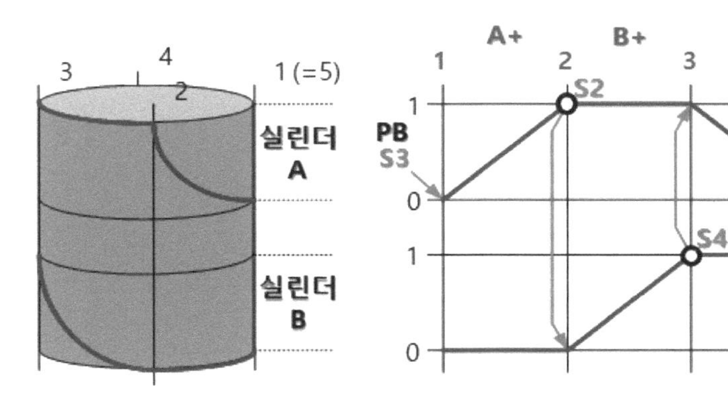

[그림 2-19] 변위-단계선도

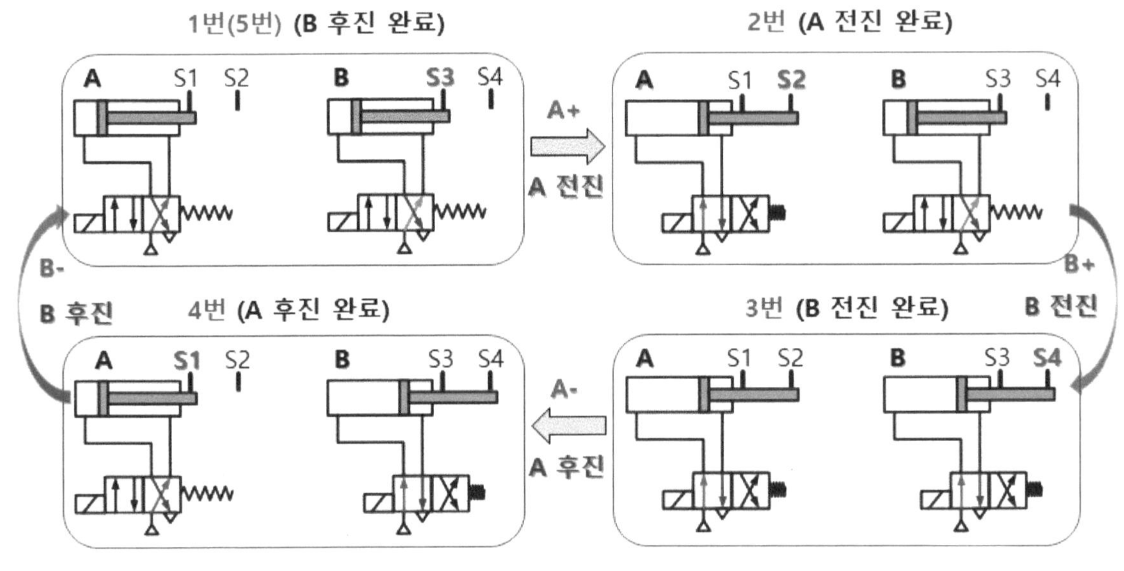

[그림 2-20] 실린더 동작 상태

① 1번 신호선(세로 선): [그림 2-20]에 나타낸 것처럼 A, B 두 실린더의 동작 시작 전의 상태로 실린더 작동의 초기 상태를 나타낸다.

② 2번 신호선: 1번 신호선에서 [그림 2-19]의 시작 버튼(PB)을 누르면, A 실린더가 전진하게 된다. 실린더의 전진이 완료되면 리밋 스위치 S2가 ON 되면서 전진 완료 신호가 감지되게 된다. 이처럼 2번 세로 선은 A 실린더의 전진 완료 신호선이다.

③ 3번 신호선: 2번 신호선에서 A 실린더의 전진이 완료된 확인 신호 S2가 감지되면 빨간색 지시선과 같이 B 실린더에 전진 동작 신호를 보낸다. 이 신호에 따라 B 실린더가 전진하게 되고, 동작이 완료되면 리밋 스위치 S4가 ON 되면서 전진 완료 신호가 감지된다. 이처럼 3번 세로 선은 B 실린더의 전진 완료 신호선이다.

④ 4번 신호선: B 실린더의 전진 완료 확인(S4 ON) 신호가 감지된 후, A 실린더에 후진 동작 신호를 보내고, 실린더의 후진이 완료되면 S1 스위치가 ON 된다.

⑤ 5번 신호선: A 실린더의 후진 완료 확인(S1 ON) 신호가 감지된 후, B 실린더가 후진하게 되고, 후진이 완료되면 S3 스위치가 ON 되면서 초기 상태가 된다.

DIGITAL TWIN

02 PLC 개요

2.1 PLC 정의

대부분 산업 현장에서 기계, 장비, 혹은 프로세스를 운영하기 위해서는 에너지 공급 외에 제어 요소들이 필요하다. 즉 어떤 기계나 프로세스를 구동, 제어, 감시 및 정지를 할 수 있어야 한다.

과거의 배선재만으로 부품을 연결한 제어기에서의 데이터 처리와 조작을 위한 프로그램 로직(logic)은 전자 접촉기(magnetic contactor)와 릴레이에 의해 이루어졌지만, 오늘날에는 자동화 작업을 위해 PLC가 사용된다.

PLC는 Programable Logic Controller의 약자로, 종래에 사용하던 제어반 내의 릴레이, 타이머, 카운터 등의 기능을 대규모 집적회로(LSI: Large Scale Integration), 트랜지스터 등의 반도체 소자로 대체시켜, 기본적인 시퀀스 제어 기능에 수치 연산 기능을 추가한 전자화 제어기기이다. [18, 19]

오늘날 설비의 생산 자동화·유연성·고능률화의 요구에 따라 플랜트 설비와 공장 자동화의 핵심 제어기로 전 산업 분야에서 광범위하게 사용되고 있다.

2.2 PLC 구성

PLC는 다음 [그림 2-21]에 나타낸 바와 같이 입력 모듈, CPU 모듈, 출력 모듈로 구성되어 있다. 과거에는 간단한 입력 장치인 "로더(loader)"라는 장치를 이용하여 직접 데이터 조작과 처리를 위한 로직을 입력했지만, 지금은 PC에서 프로그램하여 PLC에 로딩(loading)하여 사용한다. 자동화 시스템의 메모리에 저장된 프로그램 로직은 장비 구조와 전기 배선에 상관이 없으며, PC로 언제든 수정하여 사용할 수 있다.

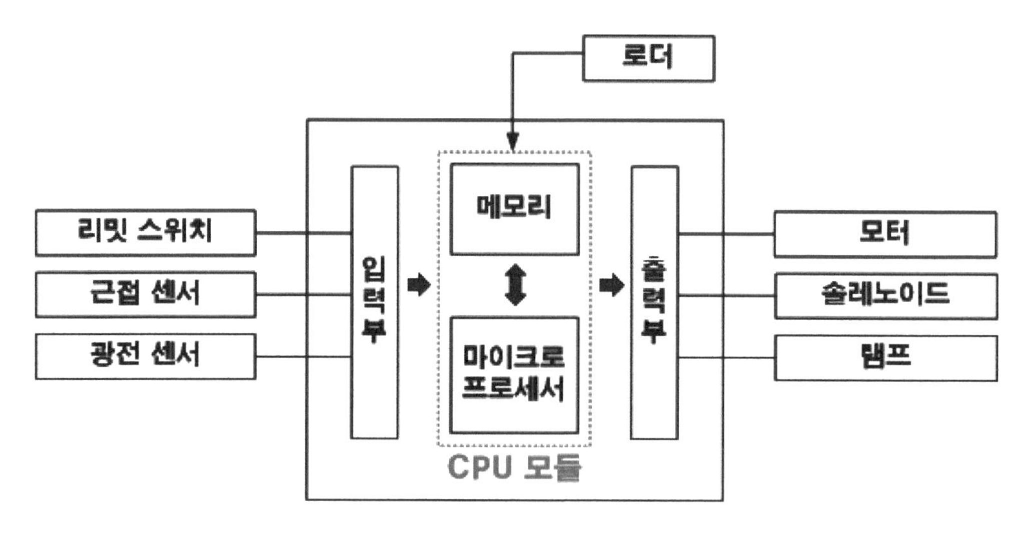

[그림 2-21] PLC 구성도

1) **입력 모듈**: PLC에 연결된 외부 센서나 스위치 등으로부터 입력된 신호를 받아 CPU로 전달해 주는 입력부를 말한다. PLC의 입력 모듈과 내부 CPU 모듈은 전기적으로 절연된다.
2) CPU 모듈: 사용자가 프로그래밍한 대로 정보를 처리하는 CPU 모듈이 있다.
3) **출력 모듈**: 출력부를 통해 CPU의 정보 처리와 연산 처리 결과를 외부로 전달한다. 즉 CPU에서 전달된 출력 신호에 따라 외부에 연결된 부하의 전원을 ON/OFF 시켜 자동화 설비를 제어한다. PLC의 출력부와 내부 CPU는 전기적으로 절연된다.
4) **메모리 종류**: 프로그램을 기억해 두는 장소로서 PLC의 전원이 끊어져도 그 프로그램의 내용이 지워져서는 안 되므로 전원의 ON/OFF 상태와 관계없이 PLC 프로그램을 기억해야 한다. 메모리에는 ROM(Read Only Memory)와 RAM(Random Access Memory)의 2 종류가 있다.

① ROM: 읽기 전용 메모리로 내용 변경이 불가능한 비휘발성 메모리이다. PLC 제조사에서 작성한 시스템 운영과 관련된 프로그램이 저장되는 영역이다.

② RAM: 읽기와 쓰기가 가능한 메모리로 데이터를 일시 저장하는 용도로 사용한다.

- PLC의 프로그램은 정보 처리와 연산 처리를 위한 명령어들로 이루어져 있다. 이러한 PLC 프로그램의 실행 과정에서 생성된 데이터들은 그 크기와 용도에 따라 구분되어, 서로 다른 RAM 공간에 저장된다. PLC는 이러한 데이터를 저장하기 위한 메모리 공간을 그 용도별로 구분해서 사용하며, 필요에 따라 해당 메모리의 저장 위치를 사용자가 지정할 수도 있다.
- 입출력 릴레이, 타이머와 카운터의 접점 상태 및 설정값, 현재값 등의 정보가 저장되는 영역으로 정보가 수시로 바뀔 수 있으므로 RAM에 저장한다.

5) **메모리 내용**: CPU 모듈은 다음과 같이 사용자 프로그램 데이터와 구성 등을 저장하는 메모리 영역을 제공한다.

① 로드 메모리는 PLC의 실행에 필요한 프로그램과 유지, 보수를 위한 데이터 및 파일들을 저장하는 비휘발성 메모리 영역이다. 사용자가 작성한 프로젝트 프로그램을 PLC의 CPU에 내려받게 되면 이 로드 메모리 영역에 저장된다. 로드 메모리는 메모리 카드나 CPU 내에 위치하므로 전원 차단 시에도 데이터가 소실되지 않고 유지된다.

② 워크 메모리는 PLC 프로그램을 실행하는 중에 사용자 지정 데이터들을 저장하기 위한 휘발성 메모리 영역으로, CPU는 프로젝트를 실행하기 위해 구성 요소들을 로드 메모리에서 워크 메모리로 복사한다. 이 휘발성 메모리는 전원이 차단되었을 때 소실되며 전원이 다시 들어오면 CPU에 의해 회복된다.

③ 유지 메모리는 일정한 양의 워크 메모리값을 저장하기 위한 비휘발성 영역이다. 유지 메모리 영역은 전원이 차단될 때 일부 사용자 메모리 영역의 값들을 저장할 때 사용된다. 전원이 차단되면 CPU는 지정된 영역의 데이터값을 유지할 충분한 시간을 제공한다. 이 유지 값들은 전원 인가 때 다시 회복된다.

2.3 SIMATIC S7-1200 PLC

4차 산업혁명 시대의 자동화 프로세스는 더는 별도로 운영되는 프로세스가 아니라 전체 통합 생산 프로세스의 한 부분으로 되어가고 있다. 따라서 지멘스는 공장 자동화 관련 SIMATIC 제품군의 하드웨어와 소프트웨어 등의 모든 기기와 시스템에 대한 전체 자동화 통합(Totally Integrated Automation: TIA) 작업으로 하나의 소프트웨어로 모든 구성 요소와 작업을 하나의 단일 시스템으로 통합시킨 "TIA portal" 프로그램을 사용한다. 그리고 모든 자동화 구성 요소 사이에서 이루어지는 공통 통신 산업용 이더넷으로 "PROFINET"을 활용하고 있다. [20, 21]

지멘스 PLC는 "SIMATIC"이라는 상표로 S7-1200과 S7-1500의 두 종류가 출시되고 있다. S7-1200은 낮은 사양의 CPU로 기본적인 성능을 갖고 있으며, S7-1500은 높은 사양의 CPU로 추가적인 성능을 갖추고 있다.

[표 2-5]와 같이 프로그램을 위한 소프트웨어로는 PLC 프로그램 작성 툴인 "STEP 7"과 프로세스 제어와 모니터링을 위한 HMI 관련 작화 툴인 "WinCC", 그리고 모터 드라이브 파라미터 설정 및 시운전용 툴인 "StartDrive"가 하나의 단일 시스템인 "TIA portal"로 통합되어 사용되고 있다. [20, 21]

[표 2-5] 스마트 자동화 통합 시스템 구성도 (출처: Siemens)

통합 소프트웨어	TIA Portal		
개별 소프트웨어	StartDrive	STEP 7	WinCC
하드웨어	Servo Drive	SIMATIC S7-1200	SIMATIC HMI
스마트 자동화 통합 시스템 구성	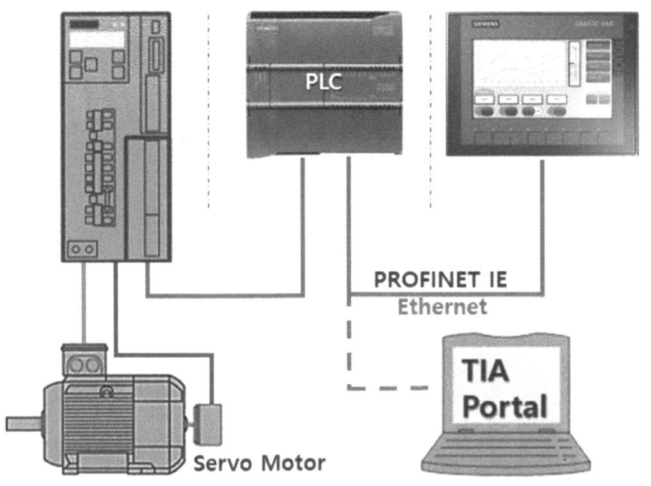 PLC PROFINET IE Ethernet TIA Portal Servo Motor		

본 교과에서 사용될 S7-1200 PLC의 CPU는 마이크로프로세서, 전원 공급 장치, 입력과 출력 회로, 이더넷 통신 PROFINET, 고속 모션 제어 I/O, 온보드 아날로그 입력 등이 내장된 일체형 케이스로 구성되어 있다.

사용자 프로그램이 다운로드되면 CPU가 로직을 모니터링할 수 있고, 자동화 시스템에 사용되는 장치들을 제어할 수 있게 된다. PLC의 CPU는 사용자 프로그램에 따라 입력을 모니터링하고 출력을 제어하며 사용자 프로그램 안에는 이진 연산, 카운팅, 타이밍, 복잡한 수학 연산과 다른 기기와의 통신 등이 포함된다.

프로그래밍 장치와의 통신을 위해 CPU에는 PROFINET 포트가 내장되어 있다. CPU는 PROFINET 네트워크를 통해 HMI 패널이나 다른 PLC와 통신할 수 있다. [20, 21]

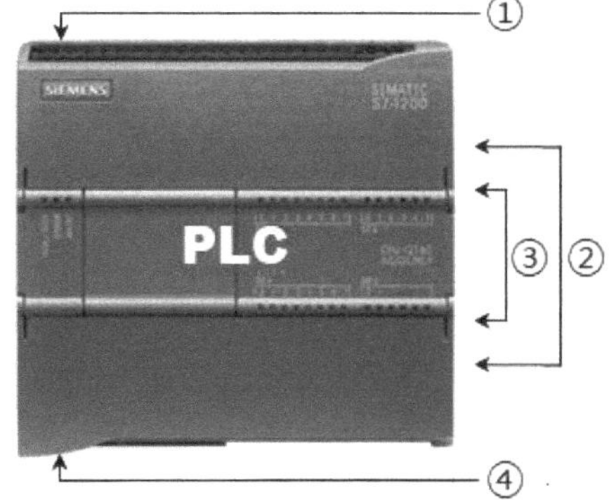

[그림 2-22] S7-1200 PLC

① 전원 커넥터
② 제거가 가능한 사용자 배선 단자
(모듈 커버 안에 있음)
③ 온 보드 I/O를 위한 상태 LED
④ PROFINET 커넥터 (PLC 하단부)

S7-1200 PLC는 CPU 성능 확장을 위해 다양한 I/O 모듈과 보드를 제공한다. 통신 프로토콜을 지원하기 위해 별도의 통신 모듈을 설치할 수도 있다.

2.4 메모리와 어드레싱

S7-1200 PLC의 메모리는 [그림 2-23]과 같이 Byte를 기본 단위로 하여 구성되고, 데이터 유형에 따라 Bit, Byte, Word, 그리고 Double Word로 구분된다.

1) **비트 (Bit)**: 메모리 단위 중에서 가장 작은 크기로 0(방전) 또는 1(충전)의 값을 갖는다. 컴퓨터는 전원을 이용한 장치이기 때문에 비트는 전구와 같다. 즉 전구가 ON(켜짐/1) 되

었을 때, 혹은 전구가 OFF(커짐/0) 되었을 때의 두 가지 상태만을 감지할 수 있다. 따라서 n개의 비트는 2^n개의 정보를 표현할 수 있다.

2) 바이트(Byte): [그림 2-23]에서와 같이 0부터 7까지의 8개 비트가 모여 1바이트가 된다. 즉 8개의 전구가 모여 한 층의 바이트가 되고, 첫 번째 행의 Byte 0부터 시작하여 마지막 행의 N+1번째 Byte로 메모리가 구성된다. 1바이트는 8개 전구(비트)의 ON/OFF 상태를 조합하여, 모든 전구에 불이 커진 상태부터 시작하여 8개 전구의 불이 모두 켜진 상태까지, 총 2^8 = 256개의 정보를 저장할 수 있다. 한 개의 영문자를 표현하는데 1바이트가 사용된다.

3) 워드(Word): 2 Byte로 구성되며, 1 Word로 한 개의 한글 문자를 표시한다.

4) 더블 워드(Double Word): 4 Byte로 구성되며, 2 Word에 해당한다.

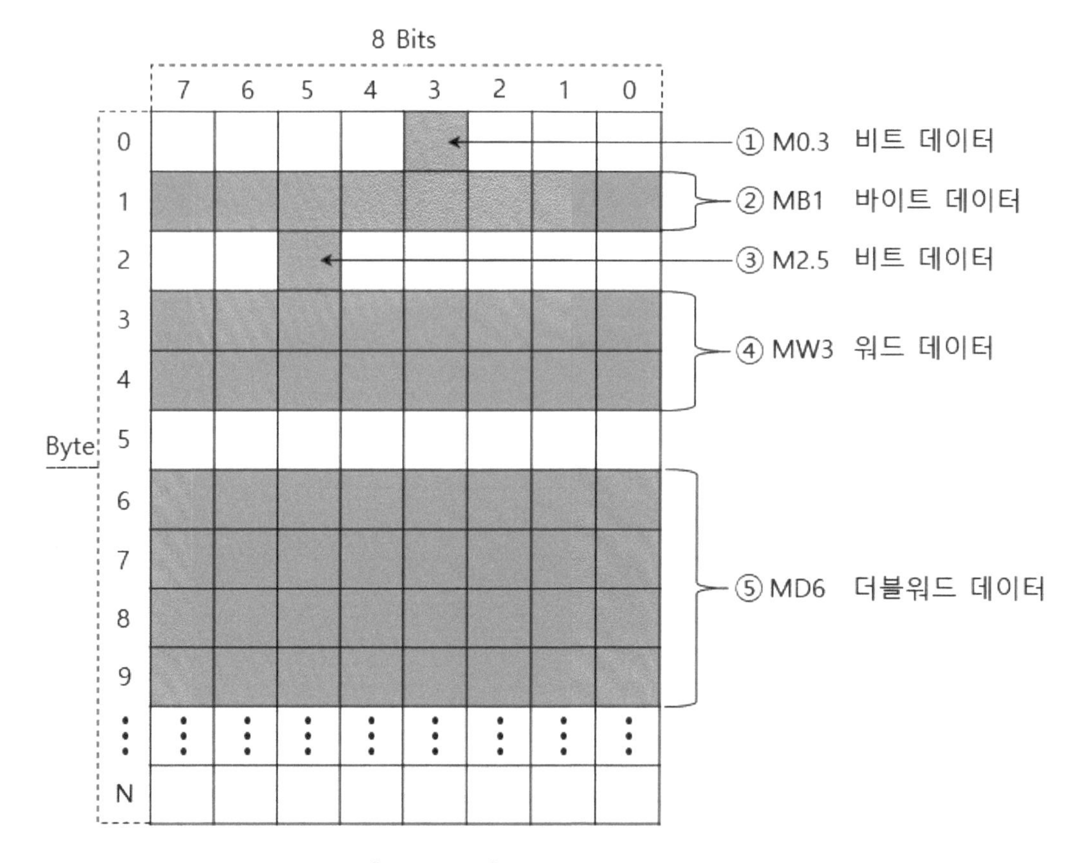

[그림 2-23] PLC 메모리 구조

S7-1200 PLC에서는 메모리의 크기와 함께 해당 메모리의 데이터 유형까지 지정한다. 프로그램에서 사용되는 각 명령어의 파라미터는 최소 하나의 데이터 유형을 지원하며, 어떤 파라미터는 여러 데이터 유형을 지원한다. [표 2-6]에 S7-1200 PLC에서 지원하는 기본적인 데이터 유형을 나타내었다.

[표 2-6] S7-1200 PLC에서 지원하는 기본 데이터 유형

데이터 유형	크기 (비트)	범위
Bool	1	0, 1
Byte	8	B#16#0 ~ B#16#FF
Word	16	W#16#0 ~ W#16#FFFF
DWord	32	DW#16#0 ~ W#16#FFFFFFFF
Char	8	'W', '@' 등
Int	16	-32,768 ~ +32,767
Dint	32	-2,147,483,648 ~ +2,147,483,647
Real	32	최대: ±3.40282346e+38, 최소: ±1.17549435e-38
Time	32	T#-24D20H31M23S648MS ~ T#24D20H31M23S648MS
Date	16	D#1990-01-01 ~ D#2168-12-31
Time_Of_Day	32	TOD#0:0:0 ~ TOD#23:59:59.999

앞서 언급한 바와 같이 S7-1200 PLC의 CPU 모듈은 프로그램의 명령어를 처리하는 과정에서 필요한 데이터를 메모리에 저장하여야 한다. 따라서 CPU 모듈 내의 메모리 영역은 사용자가 이용할 수 있도록 변수명(주소)이 지정되어 있어야 한다. 이처럼 PLC 제조사에서 사용자 메모리 영역에 미리 할당해 놓은 변수명이 직접 변수이다.

S7-1200 CPU의 직접 변수에는 I(입력), Q(출력), M(비트 메모리), L(임시 메모리) 그리고, DB(데이터 블록) 등이 있다. Tag는 직접 변수에 사용자가 이름을 부여한 변수명이 된다. S7-1200 PLC는 프로그램의 실행 중에 데이터를 저장하기 위한 몇 가지 옵션을 제공한다.

1) **글로벌 메모리**(Global Memory): S7-1200 CPU는 입력(I), 출력(Q) 그리고 비트 메모리(M)을 포함하는 여러 메모리 영역들을 제공한다. 이 메모리 영역들은 모든 코드 블록(FB/FC)에서 제한 없이 접근할 수 있다.

- **입력(I)**: 입력 모듈의 스위치나 디지털 센서의 신호를 입력받기 위한 메모리 할당 영역으로 다른 메모리 영역과 구별하기 위해 "I" 식별 문자를 사용한다.
- **출력(Q)**: 출력 모듈의 액추에이터나 램프 등을 제어하기 위한 출력 신호를 보내기 위한 메모리 할당 영역으로 "Q"라는 식별 문자를 사용한다.
- **비트 메모리(M)**: PLC의 내부 메모리에 해당하고, 메모리 영역을 구분하기 위한 식별 문자로 "M"을 사용한다.

2) 데이터 블록(Data Block): 사용자 프로그램은 코드 블록(FB/FC)의 데이터를 저장할 수 있는 데이터 블록(DB) 메모리 영역을 사용할 수 있다. 저장된 데이터는 관련된 코드 블록 실행이 종료될 때까지 유지된다. 글로벌 DB는 모든 코드 블록에서 사용될 수 있는 데이터를 저장하며, 인스턴스 DB는 특정 펑션 블록(FB)을 위한 데이터를 저장하고, 이 DB의 구조는 FB의 파라미터에 의해 이루어진다. 그리고 사용자가 필요에 따라 DB 메모리 영역을 직접 할당하여 사용할 수도 있다. 해당 메모리의 할당 영역으로 "DB"라는 식별 문자를 사용한다.

3) 로컬 메모리(Local Memory): 코드 블록(FB/FC)이 호출될 때마다 CPU의 운영 시스템은 블록 수행 중에 임시 메모리 혹은 로컬 메모리(L)을 사용한다. 코드 블록의 실행이 종료되면 CPU는 다른 코드 블록의 실행을 위해 로컬 메모리를 다시 할당한다. 어드레스 식별 문자는 "L"을 사용한다.

이처럼 S7-1200 PLC의 CPU 모듈에 있는 사용자 메모리 영역은 제조사에서 할당해 놓은 직접 변수로 지정되어 있다. 따라서 PLC 프로그램에서 이러한 메모리에 데이터를 저장하기 위해서는 제조사에서 할당해 놓은 직접 변수를 이용하여야 한다. 사용자가 프로그램 실행 과정에서 명령어의 파라미터 값이 저장될 메모리 위치를 지정하는 것을 "어드레싱"이라 한다.

[그림 2-24]에 글로벌 메모리에 대한 어드레싱 방법을 나타내었다. 먼저 사용할 데이터가 입력 신호(I)인지 출력 신호(Q)인지 아니면 내부 릴레이 신호(M)인지에 따라 사용하는 메모리의 영역이 달라진다.

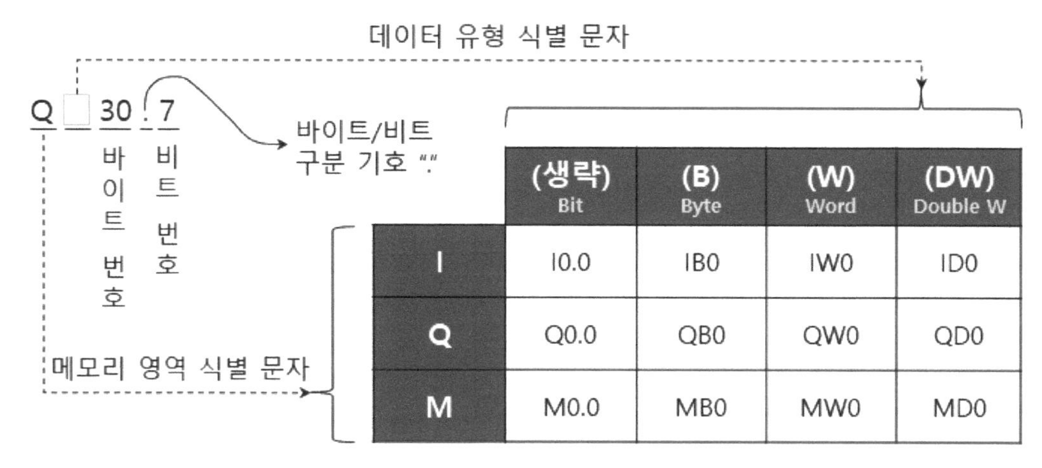

[그림 2-24] 글로벌 메모리 어드레싱 방법

따라서 첫 번째로 사용할 데이터의 메모리 영역을 결정한 다음, 두 번째는 사용할 데이터의 메모리 유형을 지정한다. 만약 비트 단위로 어드레싱을 하면 데이터 유형 표시 문자를 사용할 필요가 없고, 해당 접점의 바이트 번호와 비트 번호만을 입력한다. 이때 바이트 번호와 비트 번호 사이의 구분 기호로는 마침표(".")를 사용한다.

비트 이외의 데이터를 어드레싱을 할 때는 데이터 유형을 표시한 다음에 바이트 번호만 기재한다. 바이트와 워드 그리고 더블워드 데이터의 기본 단위가 바이트이기 때문에 비트 번호와는 무관하다.

[그림 2-23]은 CPU 모듈의 비트 메모리(M) 영역에 어떻게 PLC 프로그램의 명령어 데이터값을 지정할 것인지를 보여 준다.

예제 ①은 내부 릴레이 코일의 ON/OFF 상태에 대한 비트 데이터 정보를 "M0.3" 메모리 영역에 할당한 사례이다. 여기서 M은 내부 메모리 영역을 의미하고, 0은 바이트 번호이며, 3은 비트 번호를 나타낸다. 그리고 마침표(".")로 바이트와 비트의 주소들을 분리한다.

예제 ②는 8개의 비트로 이루어진 바이트 데이터 정보에 대한 어드레싱 예이다. 첫 번째 바이트(Byte 0)의 4번째 비트 메모리 영역(M0.3)이 이미 할당되어 사용되고 있으므로 Byte 0번에 새로운 바이트 데이트 정보를 저장할 수 없고, 두 번째 "MB1" 메모리 영역에 새 바이트 데이터 정보를 저장할 수 있다. "MB1"에서 M은 비트 메모리 영역을 의미하고, B는 데이터 유형이 바이트임을 나타낸다. 그리고 숫자 1은 비트 메모리 영역에서 두 번째 바이트를 의미한다.

예제 ⑤는 더블워드 데이터 정보를 저장할 메모리 영역을 지정한 사례를 보여 준다. "MD6"

는 Byte 6부터 Byte 9까지 4개의 바이트 메모리 영역에 더블워드 데이터를 저장하도록 지정한다. 따라서 이들 메모리 영역을 다른 용도로 사용할 때는 "MD6"에 의해 이미 할당되어 사용되고 있는 데이터와의 충돌로 인해 프로그램 오류가 발생하게 된다.

이러한 이유로 인해 사용자 프로그램을 작성하기 전에 항상 사용할 메모리 영역의 유형과 크기를 사전에 정리하여 프로그램 실행 과정에 오류가 발생하지 않도록 주의해야 한다.

[그림 2-25]에 사용자가 데이터 블록(DB)에 대한 메모리 영역을 정의하고자 할 때, 어떻게 어드레싱하는지를 나타내었다. 데이터 블록의 어드레싱 방법은 글로벌 메모리의 어드레싱 방법과 동일하다. 단 글로벌 메모리의 경우는 제조사에서 이미 입력 데이터 정보는 (I) 메모리 영역을 사용하고, 출력 데이터 정보는 (Q) 메모리 영역을 활용하며, 내부 릴레이나 타이머 등의 정보는 (M) 비트 메모리 영역을 사용할 것을 미리 지정해 놓았다.

이처럼 데이터 블록의 메모리 영역을 정의하기 위해서는 먼저 I, Q 그리고 M 메모리 영역에 대한 식별 문자에 해당하는 "DB블록번호.DB"를 지정하여야 한다. 그런 다음에 글로벌 메모리의 어드레싱과 동일하게 데이터 유형을 정의하고, 바이트 번호와 비트 번호를 입력하여 필요한 메모리 영역을 할당하여 사용하면 된다.

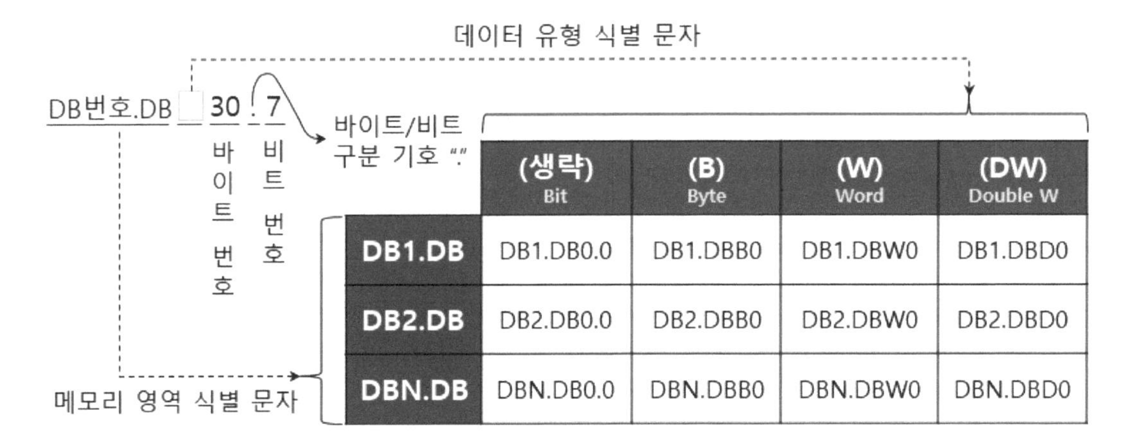

[그림 2-25] 데이트 블록 어드레싱 방법

2.5 PLC 프로그램 언어

PLC로 자동화 설비를 제어하기 위해서는 우선 그 제어의 내용을 PLC가 이해할 수 있는 언어로 프로그램을 작성하여야 한다. PLC용 언어는 도형 기반 언어(LD, FBD)와 문자 기반 언어(IL, ST), 그리고 순차 함수 차트(SFC) 언어가 있다.

- **래더도**(Ladder Diagram: LD): 제조회사와 관계없이 기호가 거의 일치하고, 접점과 코일 같은 기호들이 시퀀스 회로도와 매우 유사하여 PC와 소프트웨어 사용법만 이해하면 프로그램 작성이 쉽다. 따라서 본 교과에서는 이러한 래더도를 사용한 빔-엔진 장치의 시퀀스 제어 프로그램을 설명한다.
- **기능 블록도**(Function Block Diagram: FBD): 박스 형태의 도형 기반 언어를 사용함으로 전문 지식이 없어도 쉽게 사용할 수 있다.
- **명령어**(Instruction List: IL): 어셈블리 형태의 언어로 PLC 동작을 이해하는 데 편리하지만, 제조회사마다 다르게 표기되는 명령어를 기억하여야 한다.
- **구조체**(Structured Test: ST): 선택, 반복 등의 언어 구조를 가지는 구조화 텍스트 언어이다.
- **순차 함수 차트**(Sequential Function Chart: SFC): 제어 동작을 그래픽 기호로 표현하여 프로그램의 실행 순서와 실행 조건을 표현하는 방법이다.

2.6 PLC 입력부와 출력부

2.6.1 입력 모듈

[그림 2-16]에서와 같이 외부 기기(조작 입력/검출 입력 장치)로부터 신호(접점의 ON/OFF 상태)를 CPU 내 메모리로 전달해 주는 역할을 한다. 좌측 회로(외부 기기와 입력부)와 우측 회로(내부 기기)의 두 회로는 포토커플러를 통해 연결된다.

① **접점**: 입력 모듈에 연결된 스위치나 센서의 접점을 말한다.

② LED: 접점(스위치/센서)이 ON 되어 외부 전원으로부터 전류가 흐르면 표시 LED에 불이 들어온다.

③ R: 회로에 저항이 없으면 대전류가 흘러 회로가 단락(short)될 수 있다. 즉 적절한 전류가 흐르도록 반드시 저항(R)이 필요하다.

④ 포토커플러: 포토다이오드와 포토트랜지스터로 구성되어 있다. 포토다이오드는 전류가 통전되면 발광하는 소자로, 불빛이 포토트랜지스터에 비추어지면 전자와 정공이 형성되면서 광전류에 의해 내부 회로에 전류가 흐르게 된다. 즉 포토다이오드에 전류가 통전되면 발광하여 우측 회로의 포토트랜지스터가 그 빛을 받아 ON 되어 전류를 통전한다. 이렇게 좌측 회로와 우측 회로를 전기적으로 완전히 절연시킴으로써 외부와 연결된 좌측 회로에 서지(surge)와 같은 전기적인 노이즈(Noise)가 섞여 있다 하더라도 그 노이즈는 내부 회로에 아무런 영향을 미치지 못한다.

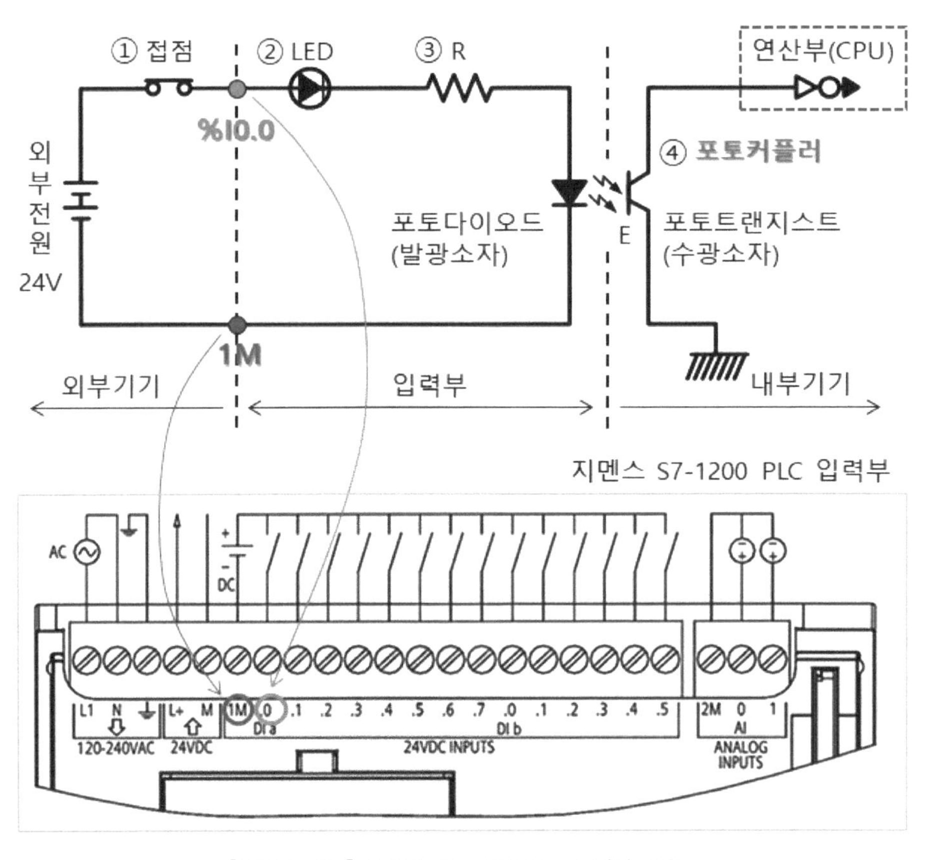

[그림 2-26] 지멘스 S7-1200 PLC 입력 모듈

2.6.2 출력 모듈

"%Q0.3이라는 비트 데이터 정보가 CPU 모듈에 있는 출력 메모리에 1(ON)이라는 값으로 저장되어 있다."라고 가정하면, 1이라는 값을 "출력하라"라는 출력 지시가 있을 때, 5V 상태에서 전류가 빨간색 선을 따라 CPU 모듈에서 출력 모듈로 흘러가게 된다.

따라서 빨간색 선상에 있는 포토다이오드에 전류가 통전되면 발광하게 되고, 포토트랜지스터가 포토다이오드로부터 빛을 받으면 파란색 선의 오른쪽 회로가 닫혀 24V 상태에서 전류가 통전 되고, 그 전류는 저항 R2를 통과하여 Tr 트랜지스터의 베이스에 작용하게 된다. Tr 트랜지스터의 베이스에 전류가 인가되면 Tr 트랜지스터가 닫혀 외부 회로에 전류가 통전된다. 즉 24V 외부 전원으로부터 전류가 부하를 거쳐 출력 모듈 회로로 들어온 다음 다시 1L을 통해서 외부 회로로 흘러가게 된다.

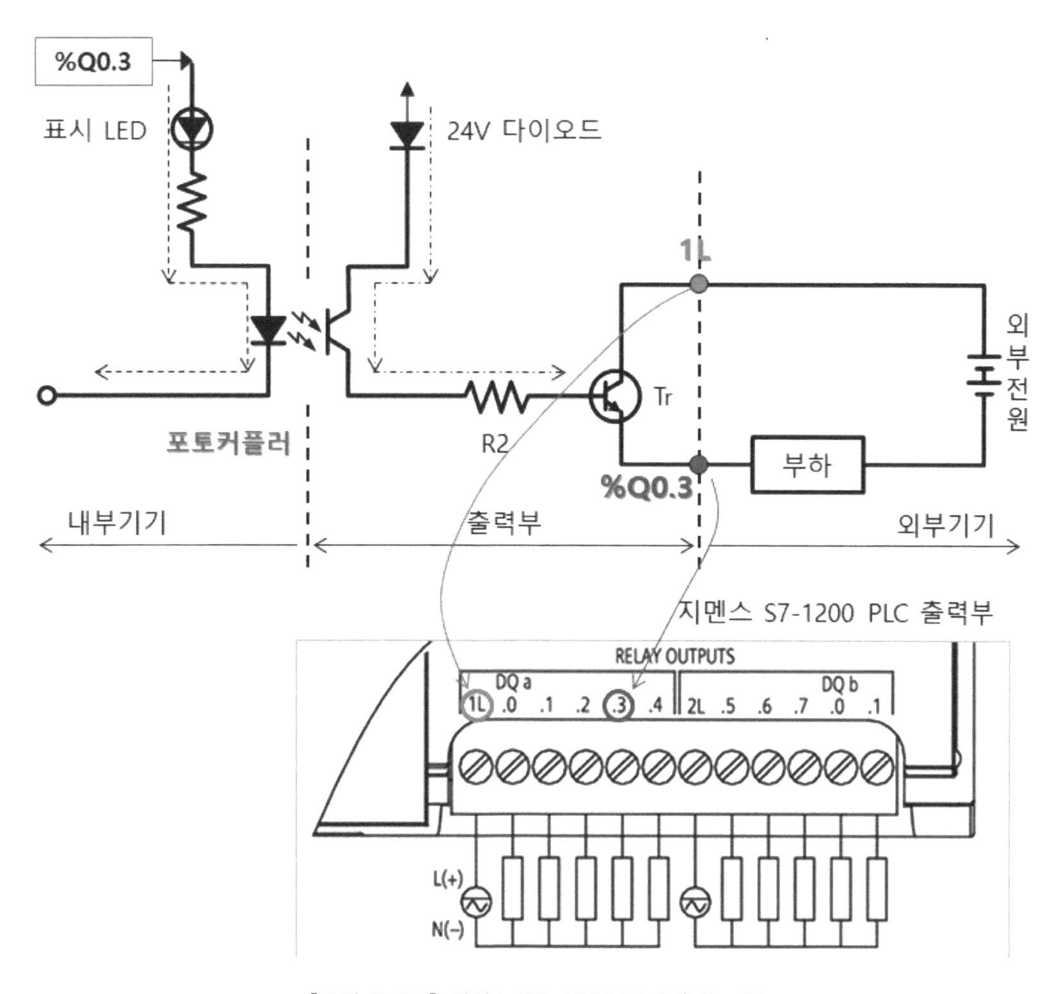

[그림 2-27] 지멘스 S7-1200 PLC 출력 모듈

2.6.3 PLC 입출력 신호 결선

PLC의 디지털 입출력 신호 결선에는 "싱크(Sink)" 타입과 "소스(Source)" 타입의 두 가지 유형이 있다. 싱크 입력은 PLC 입력 모듈의 공통 단자(COM)가 DC 0V (-)에 연결되는 것을 의미하고, 소스 입력은 반대로 공통 단자가 DC 24V (+)에 연결된다.

SIMATIC S7-1200 PLC에는 여러 종류의 CPU 모델이 출시되고 있다. 그중에서 본 교과에서는 CPU 1215C AC/DC/Relay 모델을 사용한다. CPU 1215C는 디지털 입력 14점과 디지털 출력 10점을 갖추고 있으며, 아날로그 입출력 접점 수는 각각 2점이다.

[그림 2-28]에 CPU 1215C 모델에 대한 전원부 배선도를 나타내었다. 220V 단상 2선식을 그림과 같이 결선하여 PLC에 공급한다. 갈색 전선을 L1에 파란색 전선(중성선)을 N에 연결하고 초록색의 접지선을 그라운드에 배선한다. 그리고 PLC에서 출력되는 24VDC의 (L+)를 출력부의 (1L)에 연결하고, (M)을 입력부의 (1M)에 연결한다. 이처럼 본 교재에서는 싱크 입력으로 결선을 하였지만, CPU 1215C는 소스 입력 결선도 허용한다.

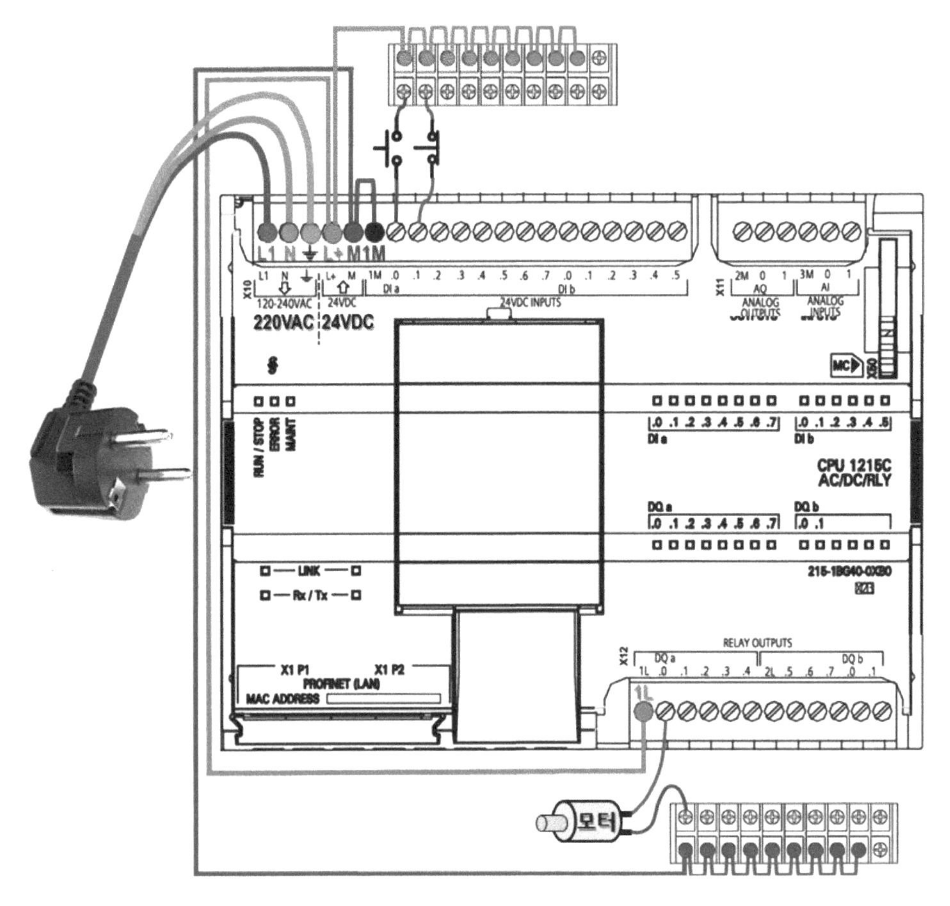

[그림 2-28] 지멘스 S7-1200 CPU 1215C AC/DC/RLY 전원부 배선도

2.7 PLC 연산 처리

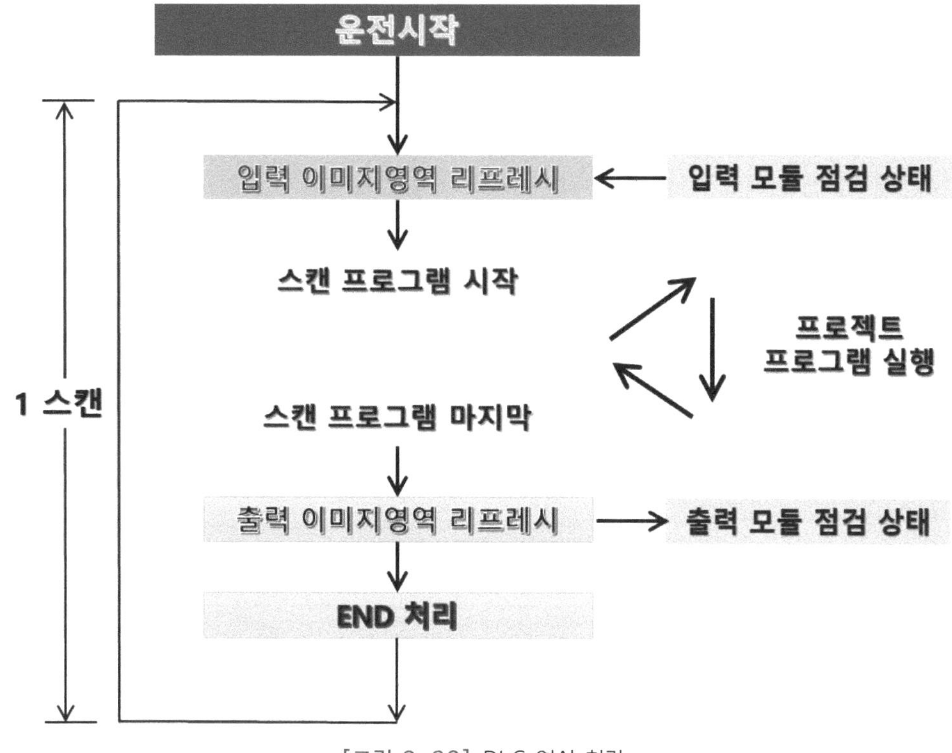

[그림 2-29] PLC 연산 처리

① **입력 이미지 영역 리프레시**: CPU 모듈 내에 입력 모듈과 연결된 입력 메모리 영역을 입력 이미지 영역이라 한다. "입력 모듈의 접점에 스위치나 센서들이 연결되어 있다."라고 가정하면 입력 모듈의 접점 상태(ON/OFF)를 지정된 입력 메모리로 읽어 와서 저장한 다음 프로그램 연산을 하게 된다. 연산을 위해 입력 메모리에 저장된 값을 읽어 오는 것을 입력 이미지 영역 리프레시라고 한다.

② **스캔 프로그램**: 사용자가 작성한 제어 프로그램을 의미한다. 프로그램의 로직을 처리하기 전에 현재 입력 모듈에 연결된 스위치/센서의 접점 ON/OFF 상태에 관한 정보를 입력 메모리로부터 읽어 오는 것을 입력 이미지 영역 리프레시라고 한다. 이 값들을 사용하여 사용자의 프로그램 로직에 따라 처리를 수행한다.

③ **출력 이미지 영역 리프레시**: 사용자 작성 프로그램의 로직에 따라 연산을 수행할 때 출력 모듈과 연결된 출력 메모리 영역이 있고, 연산 결괏값들이 이 출력 메모리 영역에 저

장된다. 이 연산 결과를 출력 모듈을 통해 외부 기기로 전달하는 것을 출력 이미지 영역 리프레시라고 한다.

④ 1 **스캔 타임**: 입력 모듈을 통해 외부 기기의 ON/OFF 상태에 관한 정보를 입력 메모리로부터 읽어 오고, 사용자 프로그램 로직에 따라 연산 처리를 한 다음, 그 결과를 출력 메모리에 저장하고 출력 모듈을 통해 외부 기기로 출력할 때까지 걸리는 시간을 의미한다. 이것을 "1 스캔 타임"이라 한다.

3.1 TIA Portal 시작하기

TIA Portal은 PLC 로직, HMI 시각화 구성, 네트워크 통신 설정을 위해 두 가지 방식의 편리한 사용자 환경을 제공한다. 첫 번째는 툴 기능 중심으로 이루어지는 태스크 기반의 포털-뷰(Portal view)이고, 다른 하나는 프로젝트 내에서 이루어지는 프로젝트 기반의 프로젝트-뷰(Project view)이다.

3.1.1 포털-뷰

포털-뷰는 프로젝트 작업을 위한 도구들로 구성된 태스크 중심의 뷰를 제공한다. 이 뷰에서 신속하게 원하는 작업을 선택하고 주어진 태스크에 필요한 도구들을 열어볼 수 있다. 선택된 태스크에 따라 필요할 때는 프로젝트-뷰로 자동 변경이 된다.

① 포털은 개별 작업 영역을 위한 기본 기능을 제공한다.

② 선택한 포털에서 사용할 수 있는 작업을 찾을 수 있다. 상황에 따라 도움말 기능을 불러올 수 있다.

③ 모든 프로젝트를 선택할 수 있는 선택 패널이 제공된다.

④ 프로젝트-뷰 화면으로 전환할 수 있다.

⑤ 현재 열린 프로젝트에 대한 정보를 확인할 수 있다.

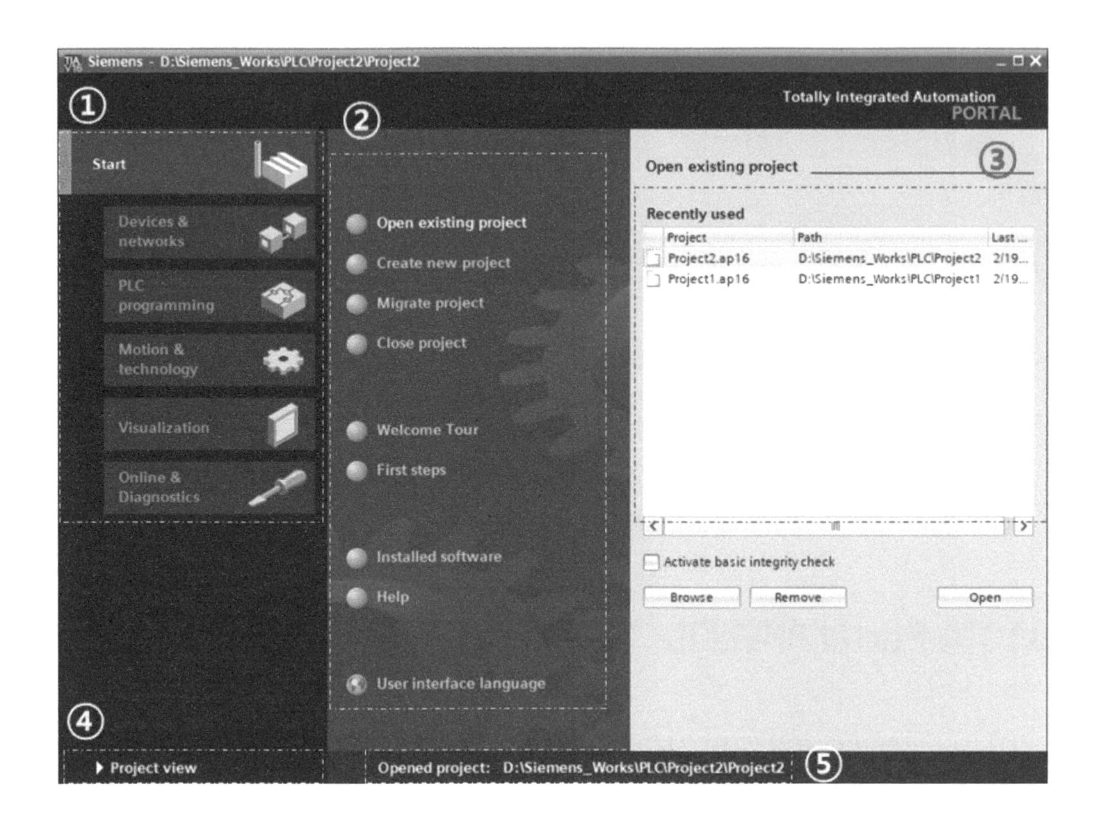

3.1.2 프로젝트-뷰

프로젝트-뷰에서 하드웨어 구성, 프로그래밍, 시각화 솔루션 구축 및 기타 다양한 작업을 수행할 수 있다.

① 프로젝트 이름이 제목-표시줄에 표시된다.

② 메뉴-표시줄에는 작업에 필요한 가장 중요한 명령이 표시된다.

③ 도구-표시줄은 자주 사용하는 명령에 해당하는 버튼들을 제공한다.

④ 프로젝트-트리 기능을 이용하여 모든 컴포넌트와 프로젝트 데이터에 액세스할 수 있다.

⑤ 상세 정보-보기는 개요 창이나 프로젝트-트리에서 선택한 개체의 구체적인 내용을 표시한다.

⑥ 디바이스-보기는 하드웨어 및 네트워크 편집기의 세 가지 작업 영역 중 하나로 장치 파라미터와 모듈 파라미터의 구성 및 할당 작업을 수행할 수 있다.

⑦ 검사-창에는 선택한 개체 또는 실행한 작업에 대한 추가 정보가 표시된다.

⑧ 편집 또는 선택한 개체에 따라 작업-카드를 이용하여 추가 작업을 수행할 수 있다.

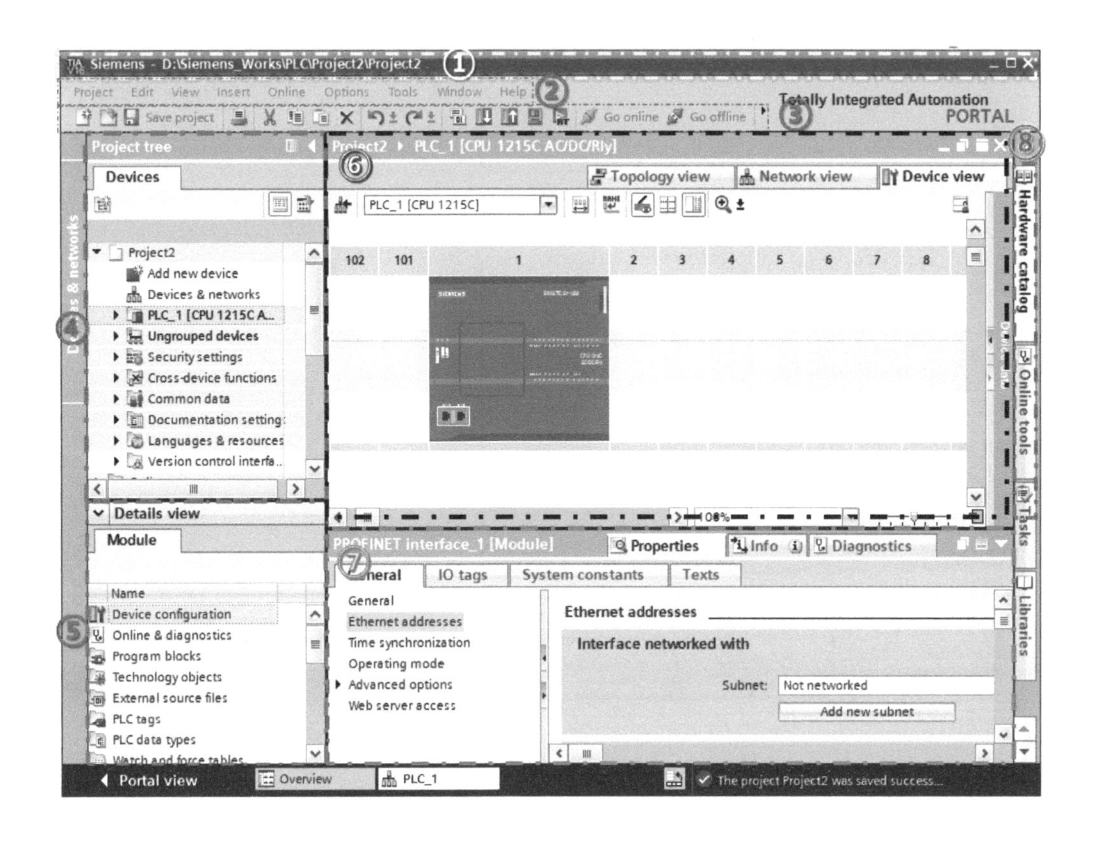

3.1.3 CPU 포맷

① CPU 메모리 카드 포맷

- IP 주소를 지정할 수 없는 경우에는 CPU의 프로그램 데이터를 삭제해야 한다.
- [Project Tree] → [Online access] → [이더넷 네트워크 연결 장치] 선택 → PLC_1 [192.168.0.1] → [Online & diagnostics] 선택 → [Functions] → [Format memory card] 기능을 선택하고 [Format]을 클릭한다.

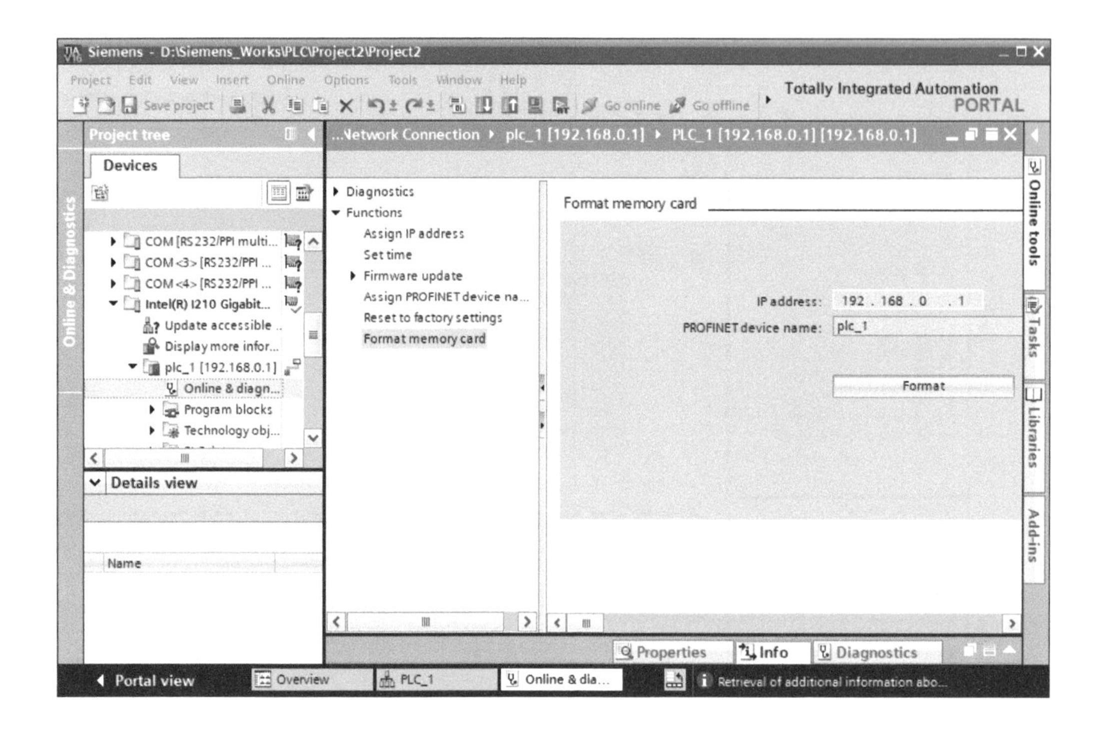

• 메모리 카드 포맷 여부를 묻는다. 포맷하려면 [YES], 포맷하지 않으려면 [NO]를 클릭한다.

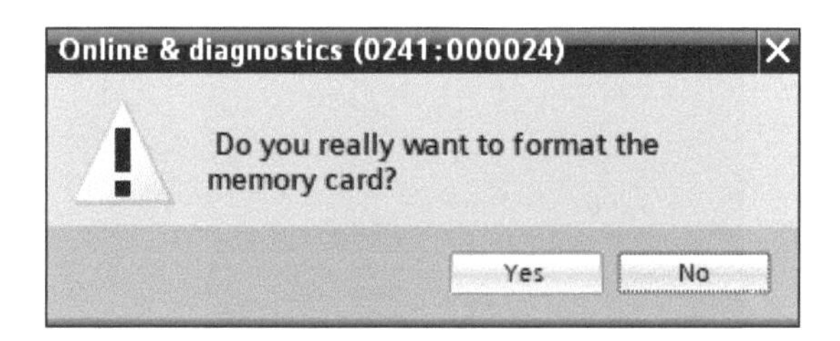

• 필요한 경우 CPU 작동을 정지한다. 정지하려면 [YES], 포맷하지 않으려면 [NO]를 클릭한다.

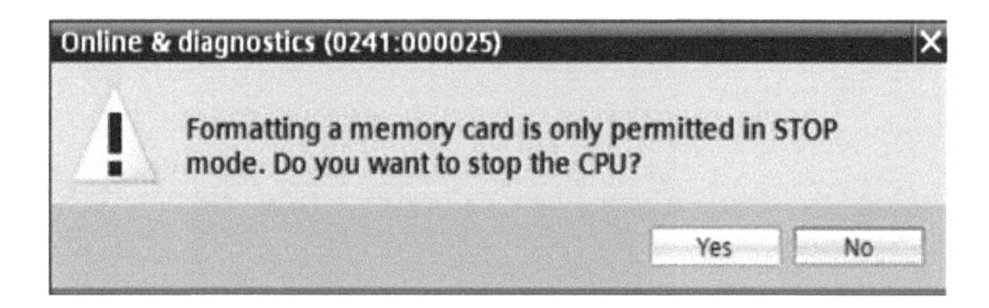

② CPU 공장 초기화

- CPU를 초기화하려면 CPU에서 포맷이 완료될 때까지 기다려야 한다. 그다음 [Update accessible devices]를 선택하고 해당 CPU의 [Online & diagnostics]를 선택한다.
- 초기화하려면 [Reset to factory settings]를 선택하고 [Reset]을 클릭한다.

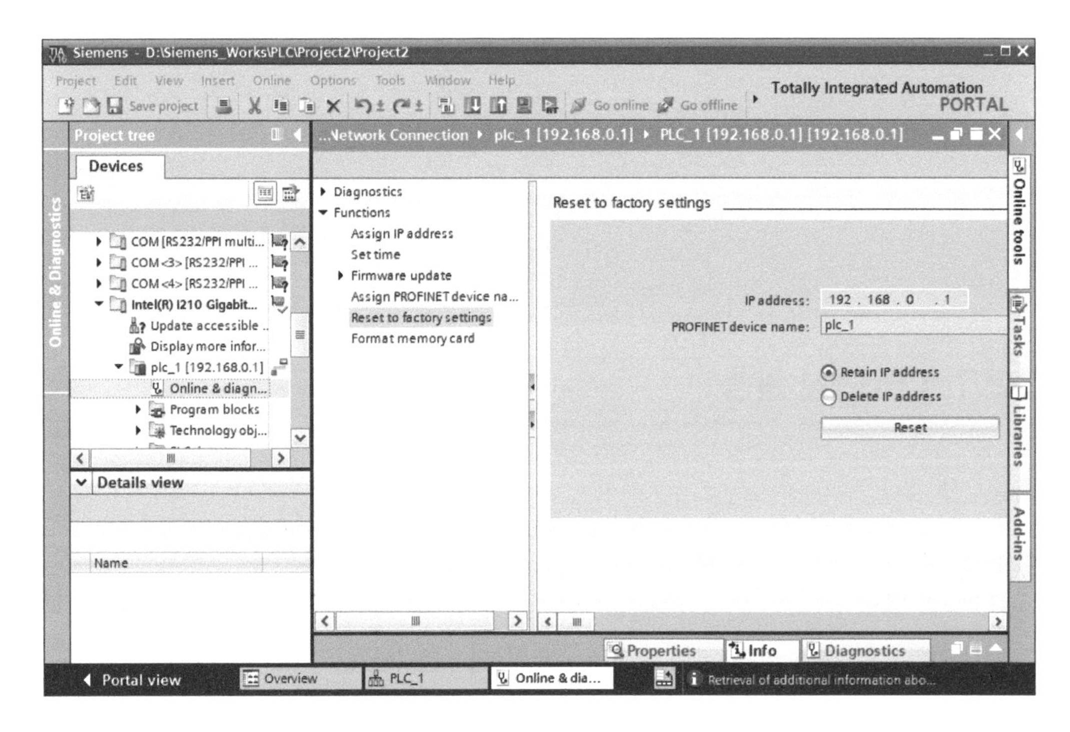

- 메모리 카드 포맷 여부를 묻는다. 포맷을 하려면 [YES], 포맷을 하지 않으려면 [NO]를 클릭한다.

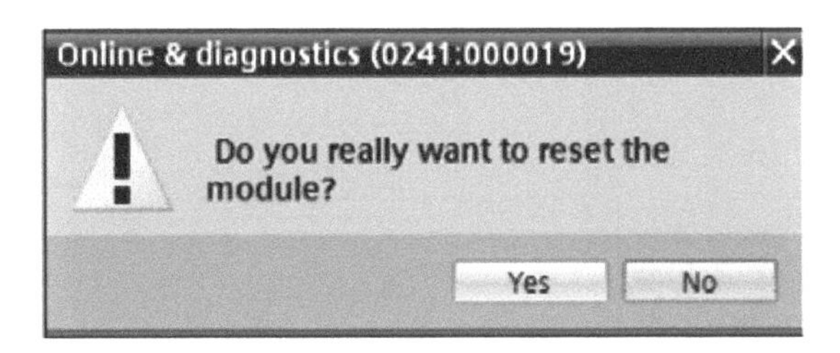

• 필요한 경우 CPU 작동을 정지한다. 정지를 하려면 [YES], 포맷을 하지 않으려면 [NO]를 클릭한다.

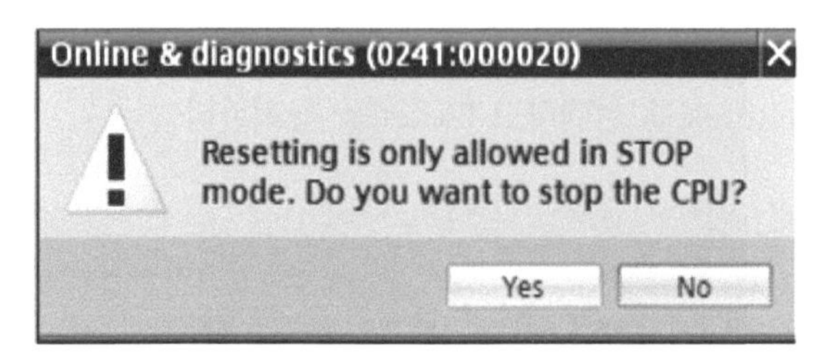

3.2 TIA Portal 실행

3.2.1 새 프로젝트 작성

1) [Start] 메뉴 아래로 가서 [Create new project]를 선택한다. 그리고 [Project name], [Path], [Author], [Comment]를 작성 후 [Create] 버튼을 클릭한다.

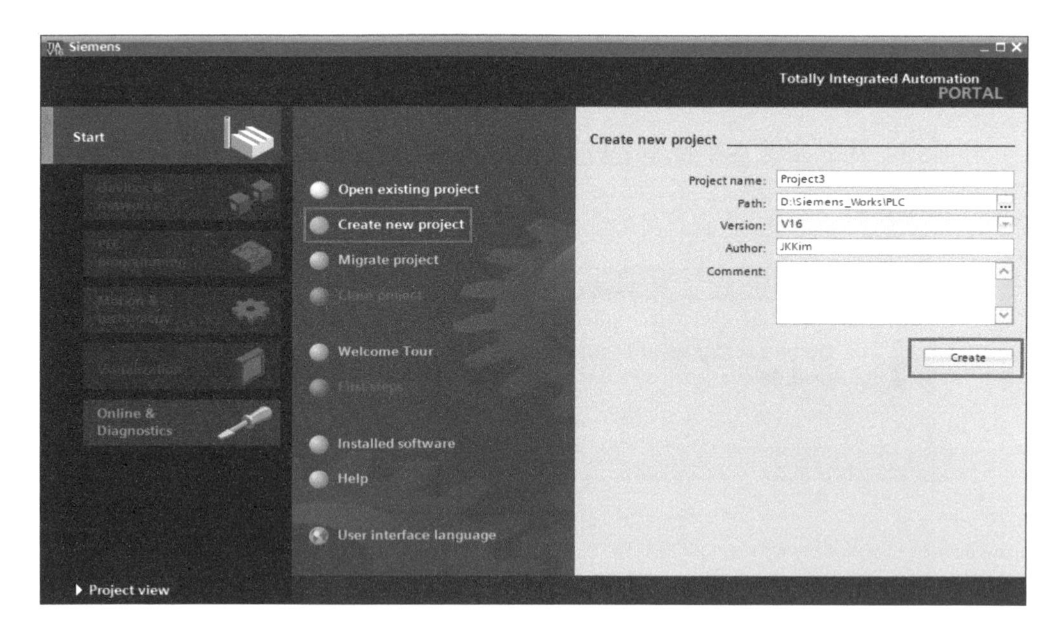

2) [Start] 포탈에서 순차적으로 [First steps]과 [Devices & Networks], [Configure a device]를 순서대로 선택한다.

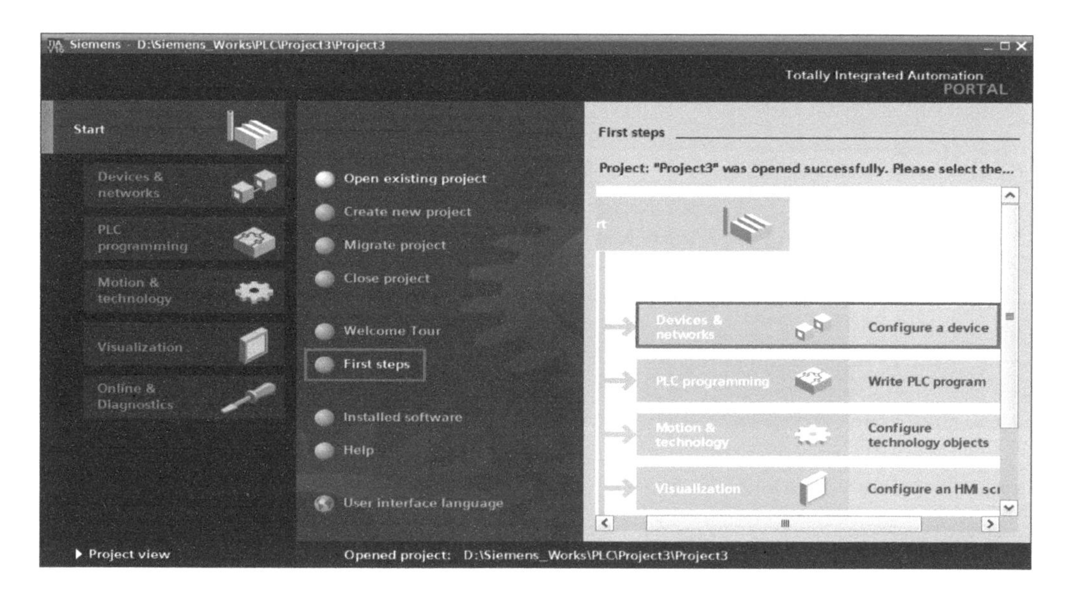

3) [Devices & Network] 포털에서 메뉴가 열리면 [Add new device] 메뉴를 선택한다. CPU 모델을 추가하기 위해서 [Controllers] → [SIMATIC S7-1200] → CPU → [CPU 1215C AC/DC/Rly] → [6ES7 215-1BG31-0XB0 → V4.0]을 선택하고 Add를 클릭하면 CPU 장치 추가가 완료된다.

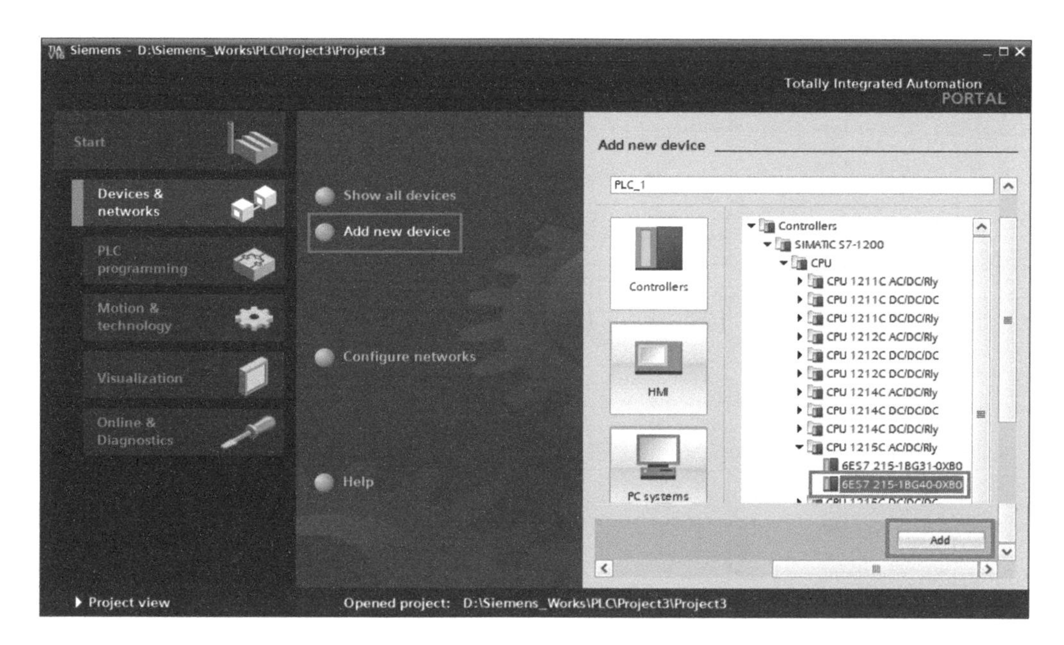

4) Add를 클릭하면 Project View로 자동 전환되고 장치 구성에서 선택한 CPU가 레일 슬롯 1에 표시된다. 레일 슬롯에 있는 CPU의 [PROFINET-interface]를 더블클릭한다.

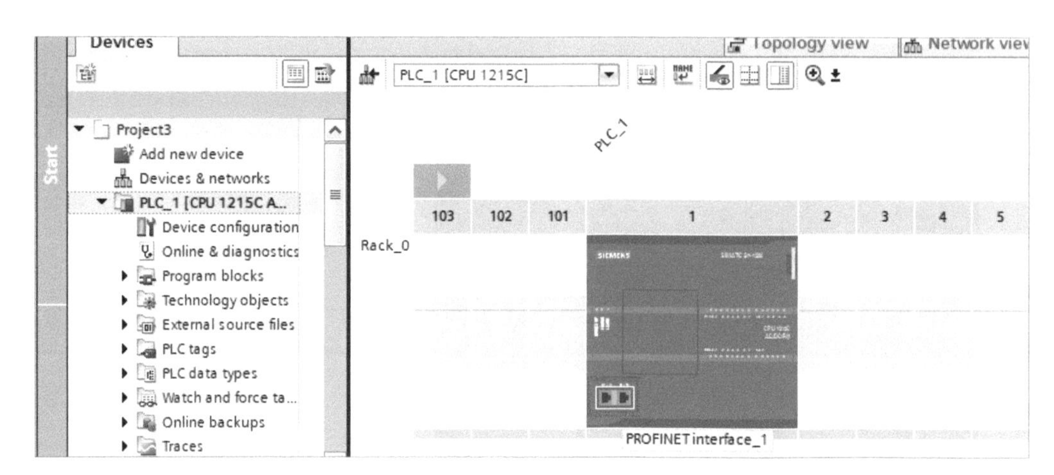

5) [PROFINET-interface_1] [Module]의 Properies에서 [Ethernet addresses] 항목을 선택하고, IP address를 192.168.0.1로 설정한다. [Interface networked with]에서는 Subnet: [Not networked]로 되어 있다. [Add new subnet] 버튼을 클릭해서 Ethernet Subnet을 추가한다.

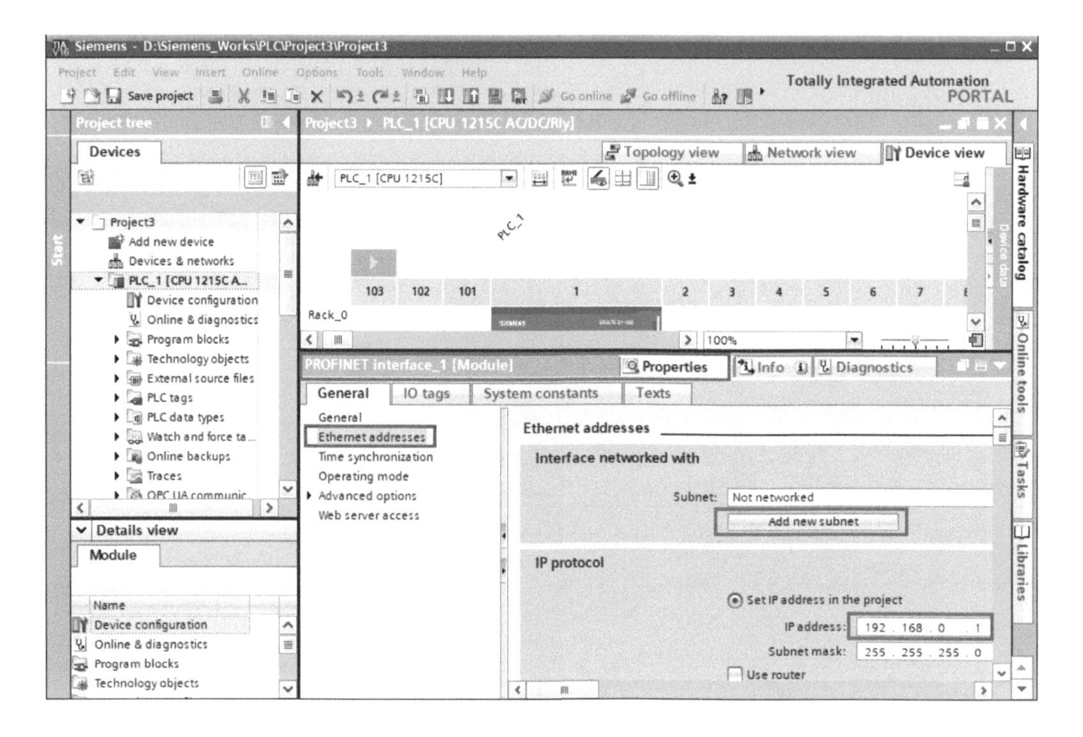

6) 레일 슬롯 1에 있는 CPU를 다시 클릭한다. [Properties] → [General] → [Protection & Security]를 클릭한다. 그리고 [Connection Mechanisms]에서 "Permit access with PUT/GET communication from remote partner" 항목을 활성화해 준다. ⇒ 지멘스 PLC와 LS 산전의 HMI를 네트워크로 연결하여 통신을 수행하기 위해 이 옵션을 선택해 준다.

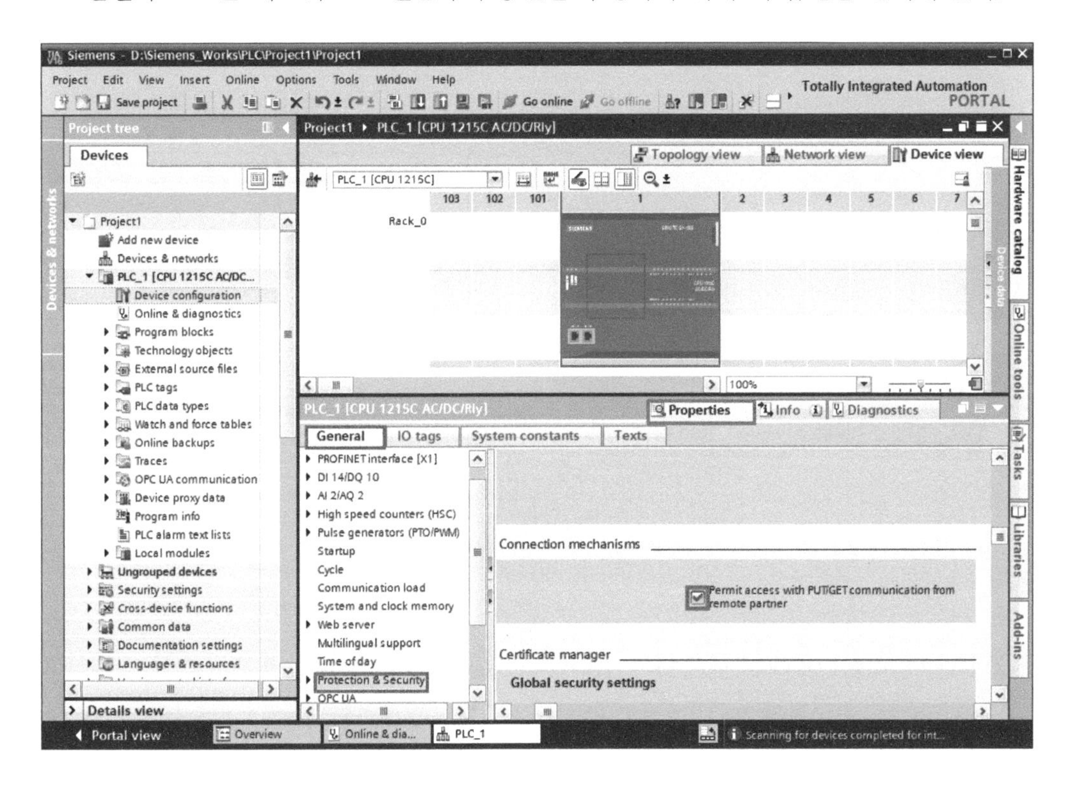

3.2.2 온라인 연결

1) 진단 기능을 시작하려면 PLC_1 [CPU1215C]를 선택하고 [Go online]을 클릭한다. [Go online] 창이 켜지면 [Connection to interface/subnet] 항목에서 "PN/IE_1"을 선택하고 [Start Search]를 클릭한다.

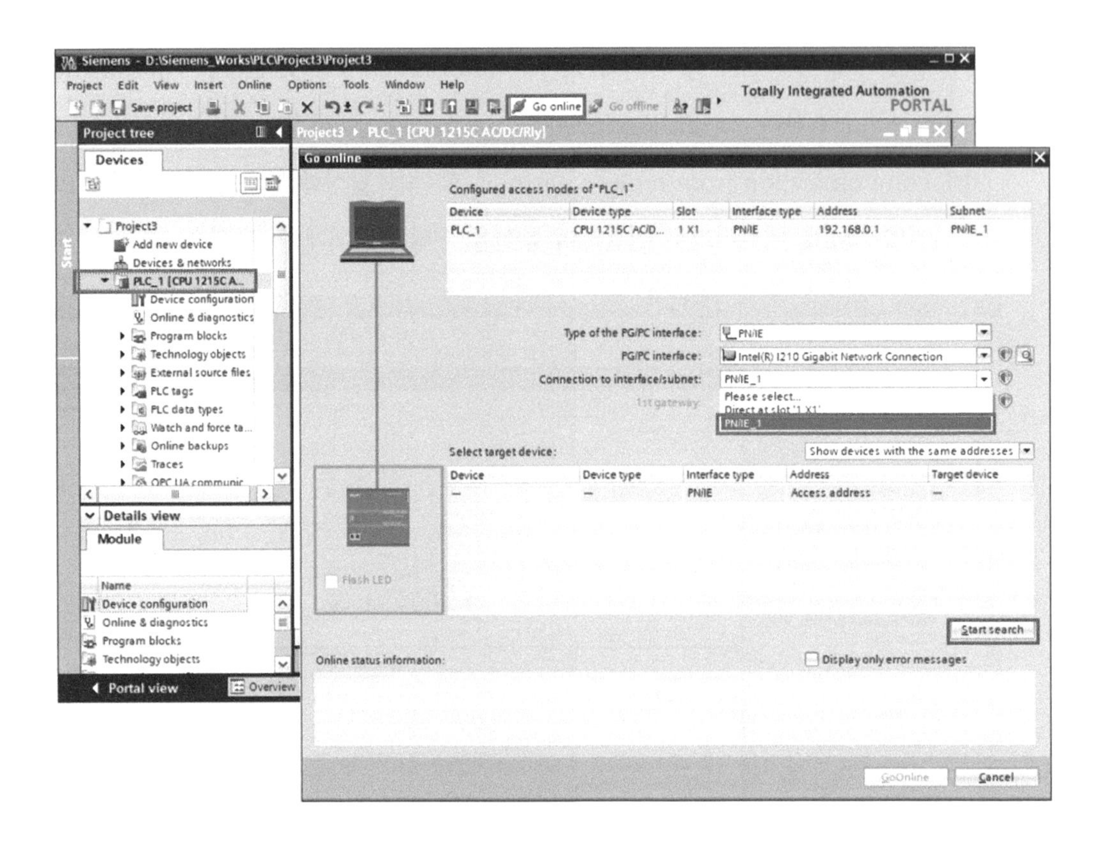

2) [Select target device] 목록에서 접속할 수 있는 PLC가 나타나면 마우스로 선택하고 [Go Online]을 클릭한다.

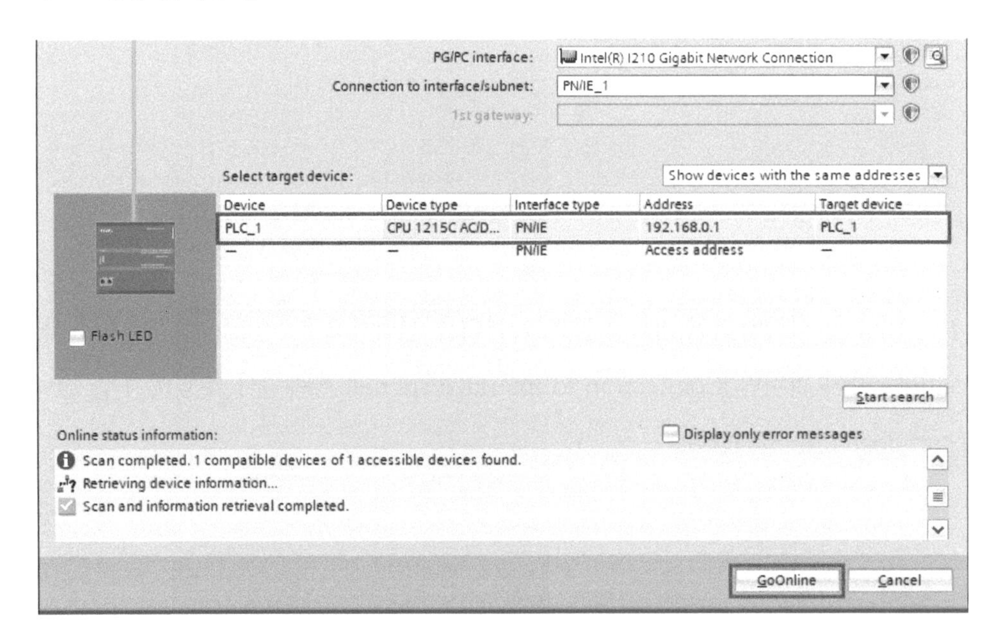

3) 온라인 연결이 완료되면 다음 버튼들을 이용해 CPU를 시작 또는 정지시킬 수 있다. 또한, 심볼 형태의 진단 정보가 프로젝트 트리와 진단 창에 보인다.

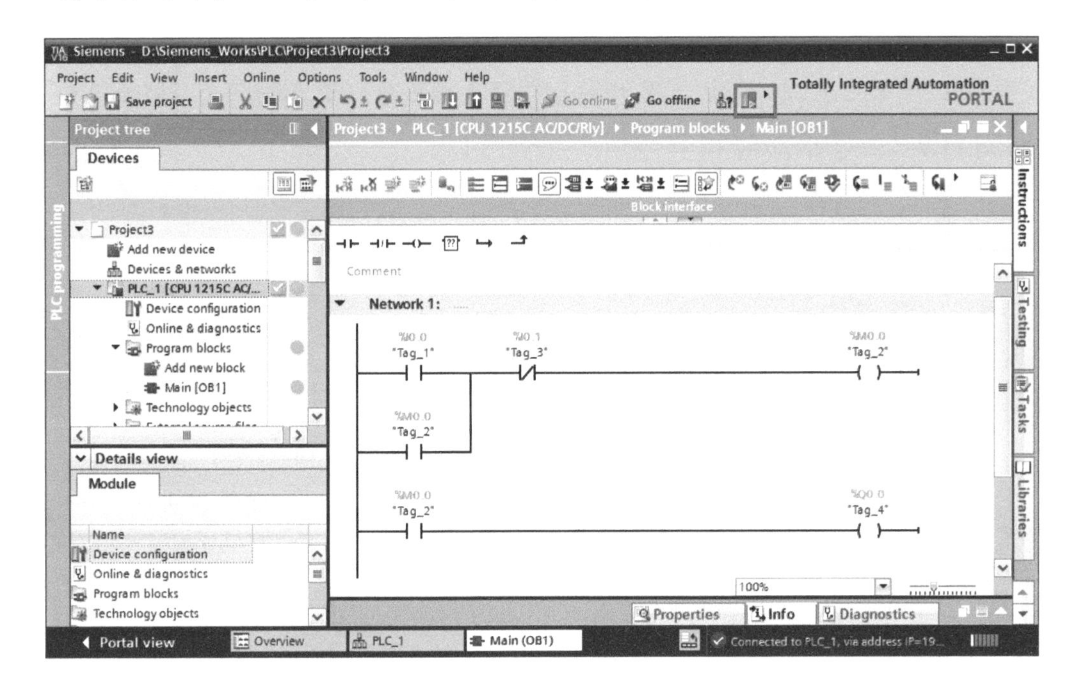

- 프로젝트 트리의 진단 심볼은 비교 상태를 통해 프로젝트 구조의 온라인/오프라인 비교 결과를 보여 준다.

심 볼	의미
	온라인과 오프라인의 하위 구성 요소에서 링크/노드의 정보가 다름
	해당 객체의 온라인 버전과 오프라인 버전이 서로 다름
	해당 객체가 온라인에서만 존재
	해당 객체가 오프라인에만 존재
	해당 객체의 온라인 버전과 오프라인 버전이 일치함

3.3 PLC 래더 프로그램 작성과 다운로드

STEP7 프로그램의 기본 사용법을 학습하기 전에 "PLC의 내부 릴레이1을 사용하여 시작 버튼을 누르면 램프가 ON 되고, 정지 버튼을 누르면 램프가 OFF 되는 프로그램을 작성"하여 PLC의 다운로드 방법을 배운다.

3.3.1 PLC I/O 구성

[표 2-7] 램프 ON/OFF를 위한 PLC I/O 할당표

입력		릴레이/출력	
%I0.0	시작 버튼	%M0.0	내부 릴레이1
%I0.1	정지 버튼	%Q0.0	램프

3.3.2 래더로직 프로그램 작성

래더로직 프로그램은 전기 시퀀스 회로의 세로 선에 배치된 접점과 릴레이를 가로 선에 배치하고 좌측에서 우측으로 전달되는 신호 흐름을 도식화하여 표현한 것을 말한다. 래더 로직에서 하나의 선을 렁(Rung)이라 부른다. 래더(Ladder)는 래더 로직의 모양이 사다리 모양 같아서 붙여진 이름이다.

지멘스의 래더 로직 프로그램은 사다리의 렁을 닮은 네트워크들을 차례대로 모아 놓은 것으로 각 네트워크에 제목 및 설명문을 추가할 수 있도록 구성되어 있다. 다음의 램프 ON/OFF에 관한 래더 로직을 STEP 7에서 작성하는 과정을 간단히 설명한다.

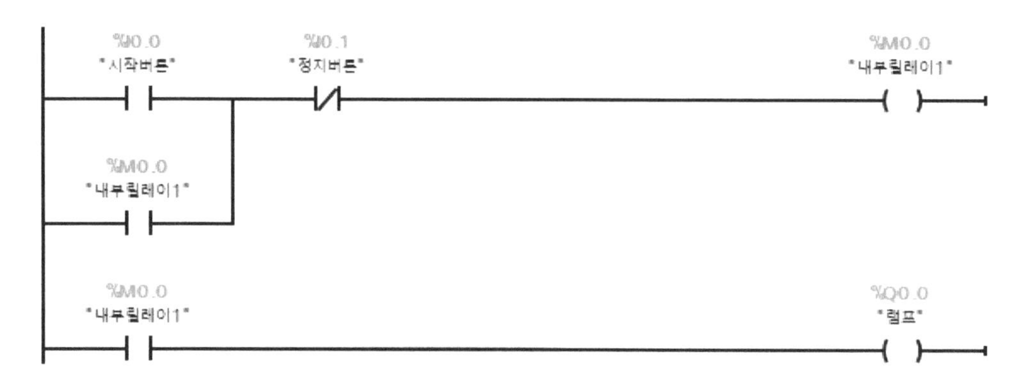

1) 프로젝트 트리(Project tree)의 Projects에서 PLC_1 [CPU 1215C AC/DC/Rly] → [Program blocks] → Main [OB1]을 더블클릭하면 래더 로직 프로그램을 작성할 수 있는 창이 다음과 같이 나타난다.

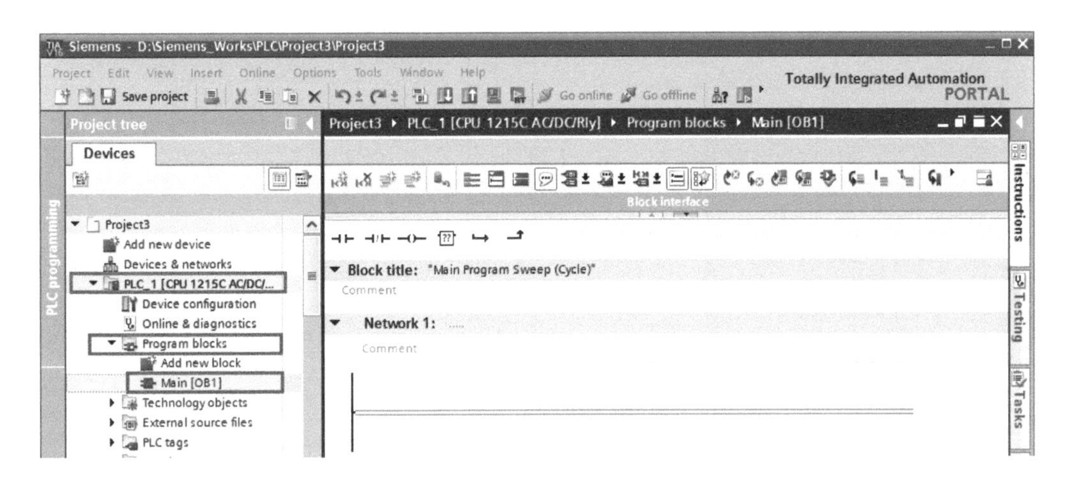

2) [Network 1]의 라인을 클릭 후 NO 접점과 코일(Assignment)을 추가한다. NO 접점에 [시작 버튼]의 입력 메모리 어드레싱값 [%I0.0]을 입력하고, 코일에는 [내부 릴레이 1]의 비트 메모리 어드레싱값 [%M0.0]을 입력한다.

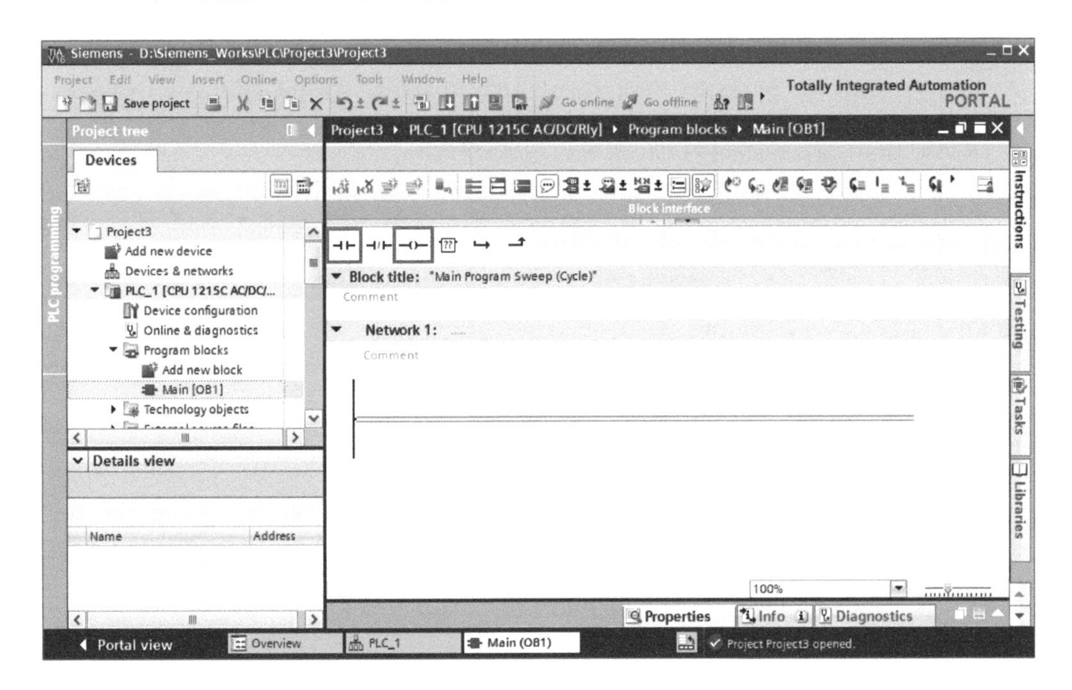

3) [Network 1]의 왼쪽 라인을 클릭 후 [Open branch]를 클릭하면 다음과 같이 기존 라인 아래에 새로운 라인이 추가된다.

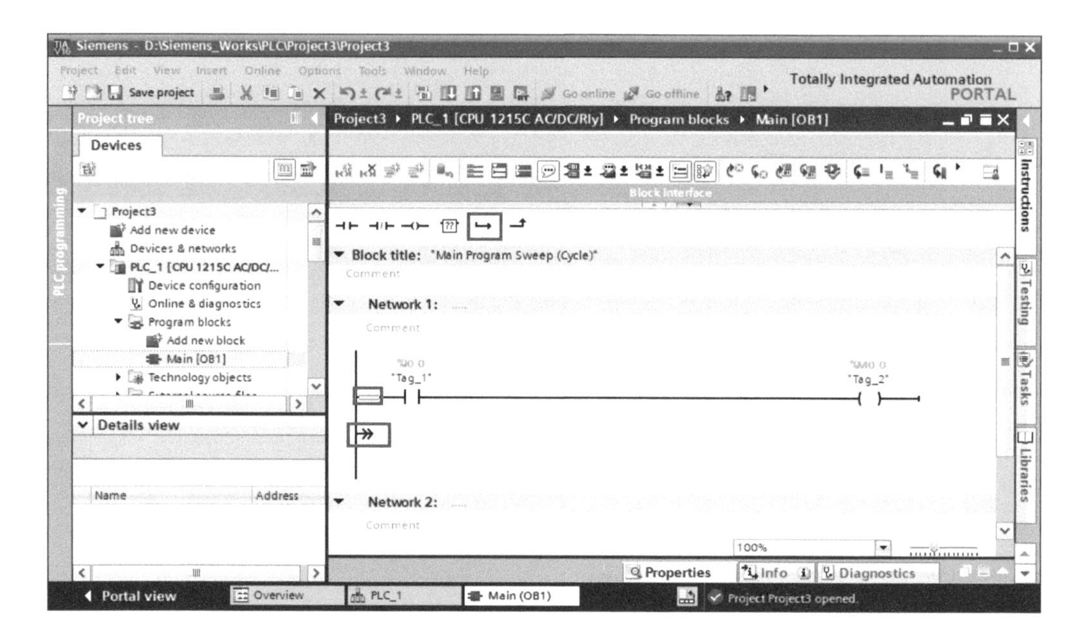

4) [Network 1] 추가된 라인에 [내부 릴레이 1]의 a 접점에 해당하는 NO 접점을 추가하고, 비트 메모리값 [%M0.0]을 입력한다. 그리고 자기 유지 회로를 위한 OR 형태의 래더를 작성하기 위해서는 화살표를 드래그하여 위쪽 라인으로 끌어와 연결할 수 있으며, 또한 [Close branch]를 이용하여 OR 형태로 만들 수 있다.

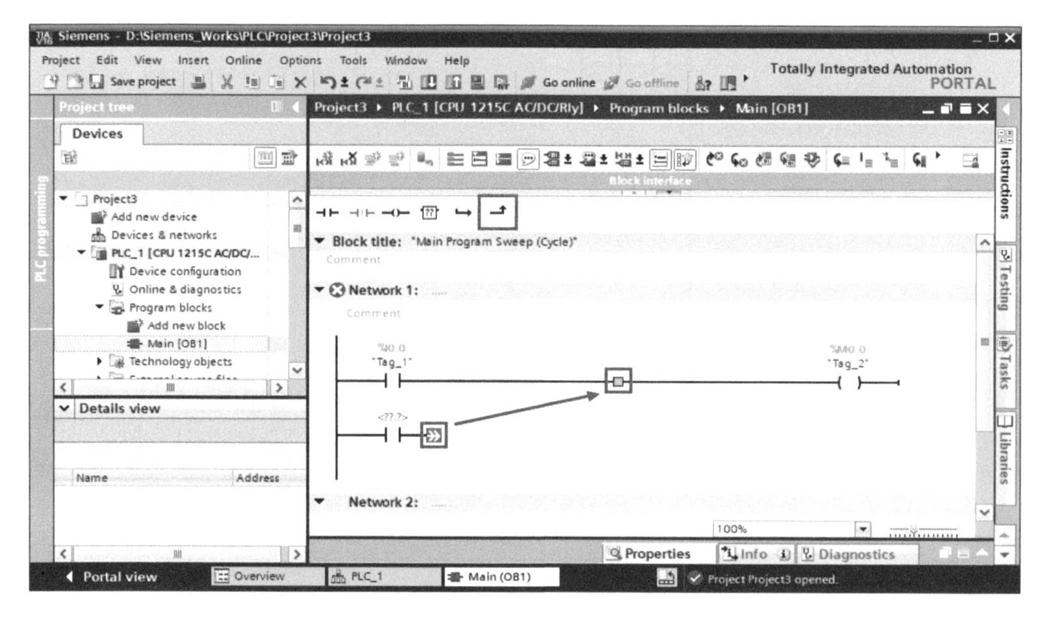

5) [Network 1]의 라인을 클릭 후 NC 접점을 추가하여 [정지 버튼]에 해당하는 입력 메모리 어드레싱값을 [%I0.1]으로 할당한다.

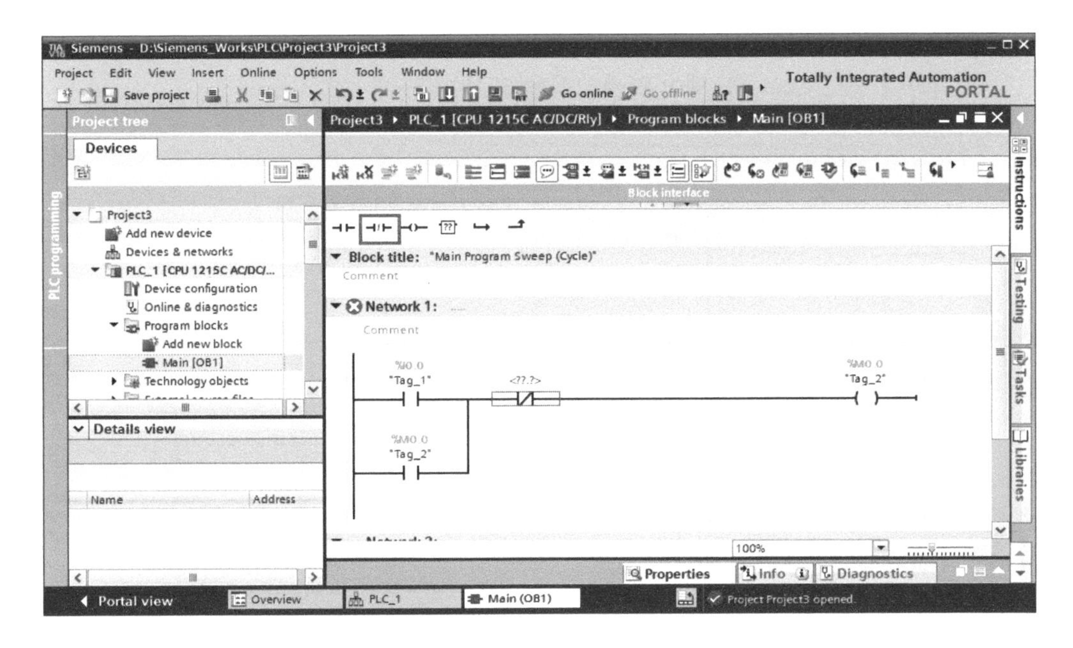

6) [Network 1]의 왼쪽 라인을 클릭 후 [Open branch]를 클릭하여, 렁(Rung)을 하나 더 추가한다.

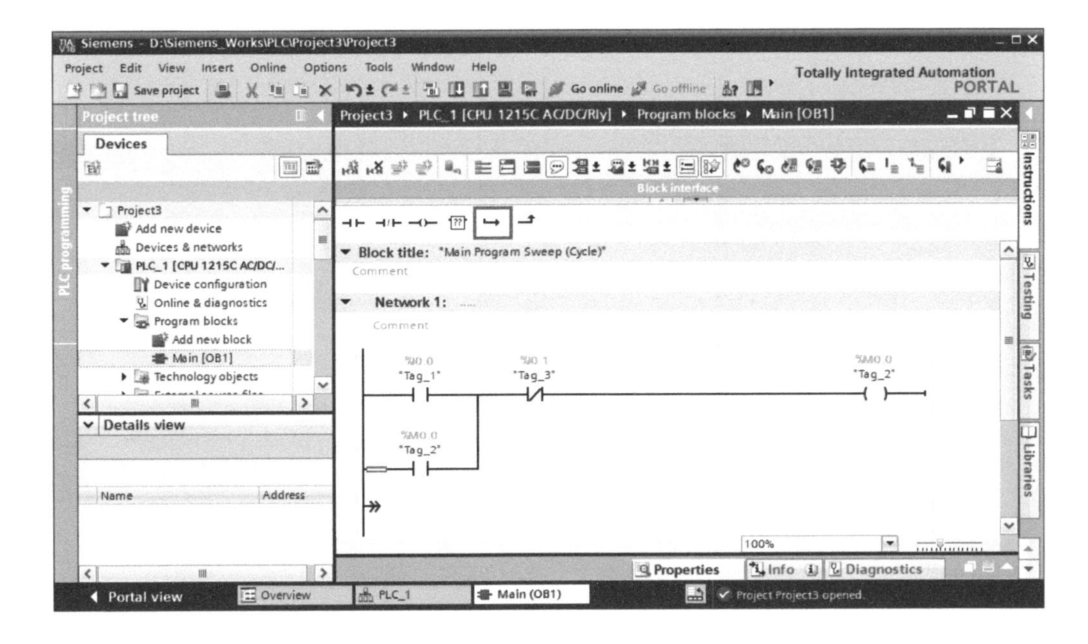

7) [Network 1]의 두 번째 라인을 클릭 후 NO 접점과 코일을 차례대로 추가한다. NO 접점에는 [내부 릴레이 1]의 a 접점에 해당하는 비트 메모리값 [%M0.0]을 할당한다. 그리고 코일에는 램프의 ON/OFF 신호를 출력할 수 있도록 출력 메모리의 어드레싱값 [%Q0.0]을 입력하여 램프 ON/OFF 제어 프로그램을 완성한다.

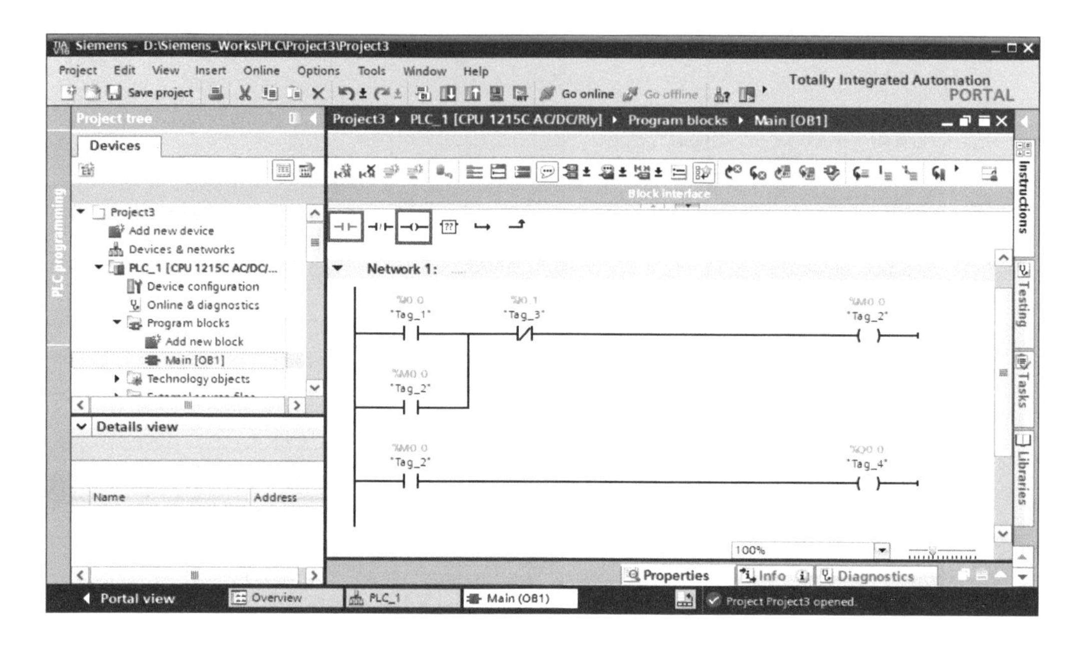

8) 프로젝트-트리에 PLC_1 [CPU 1215C AC/DC/Rly] 폴더를 선택한 다음 [Compile] 아이콘을 클릭한다.

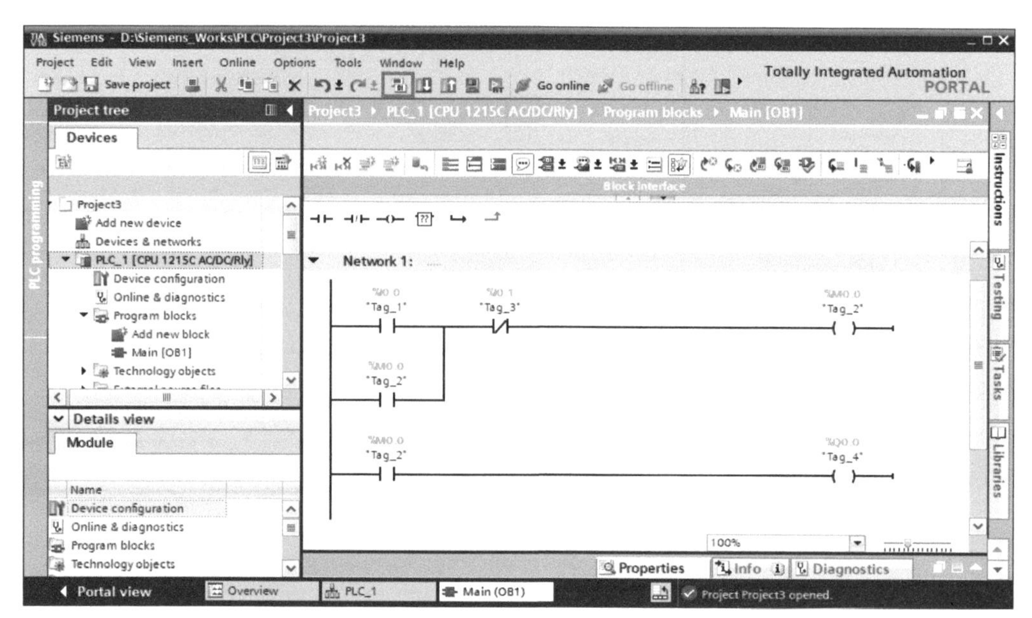

9) 프로젝트가 오류 없이 Compile이 완료되면 다음과 같은 화면이 나타난다.

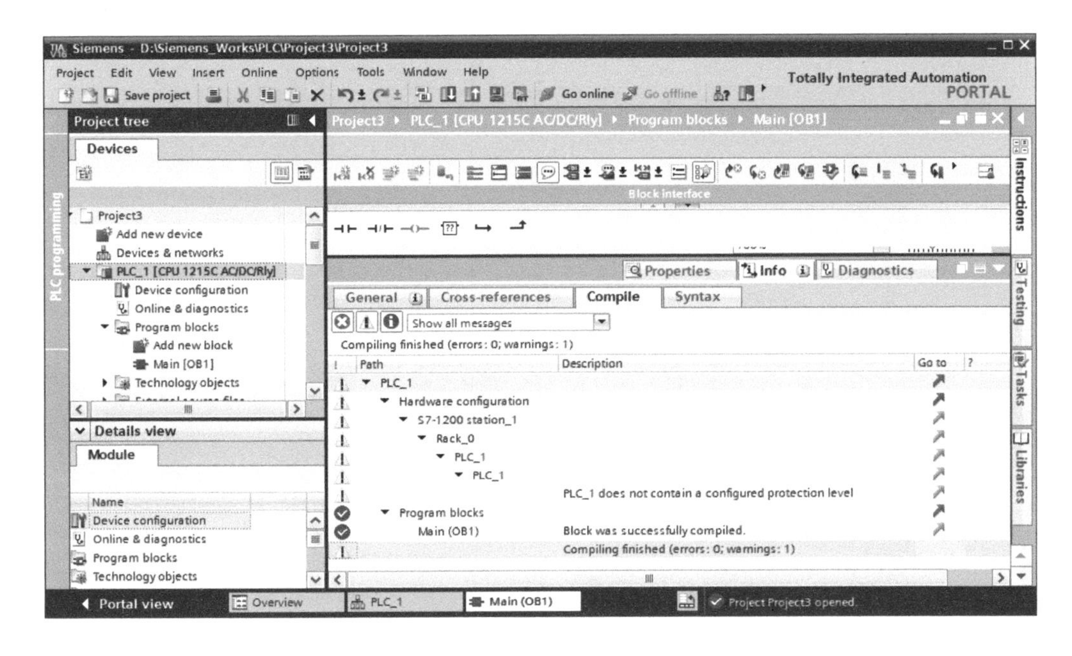

10) 전체 CPU를 [다운로드]하려면 PLC_1 [CPU 1215C AC/DC/Rly]를 선택하고 [Download to device] 아이콘을 클릭한다.

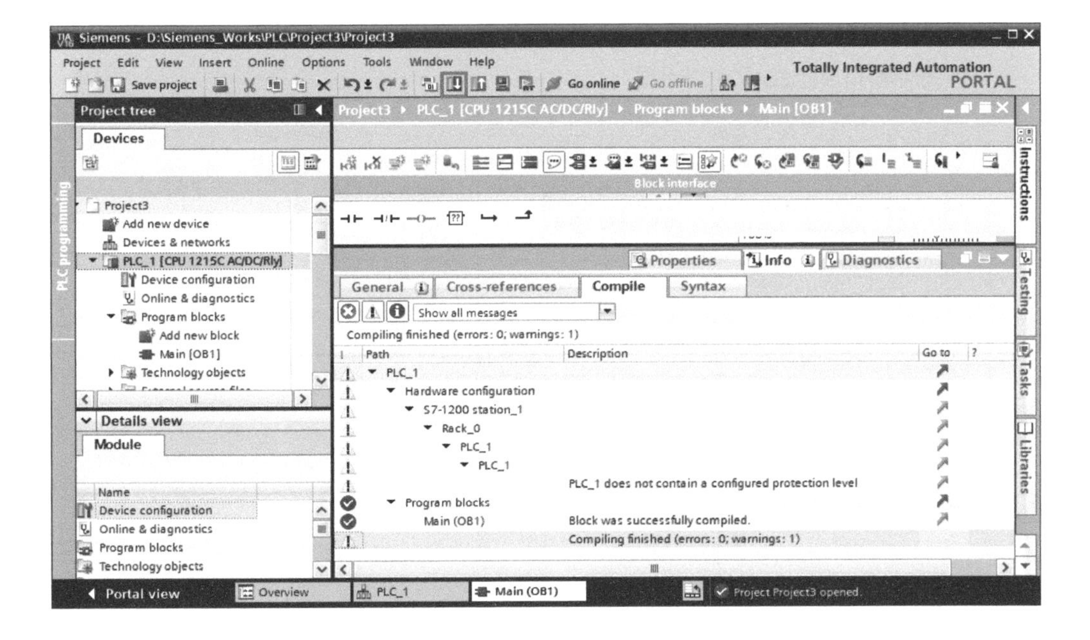

11) 연결 속성 구성 관리자가 열린다. [Connection to interface/subnet:]에서 PN/IE_1을 선택하고 [Start search] 버튼을 클릭하여 네트워크 장치를 검색한다.

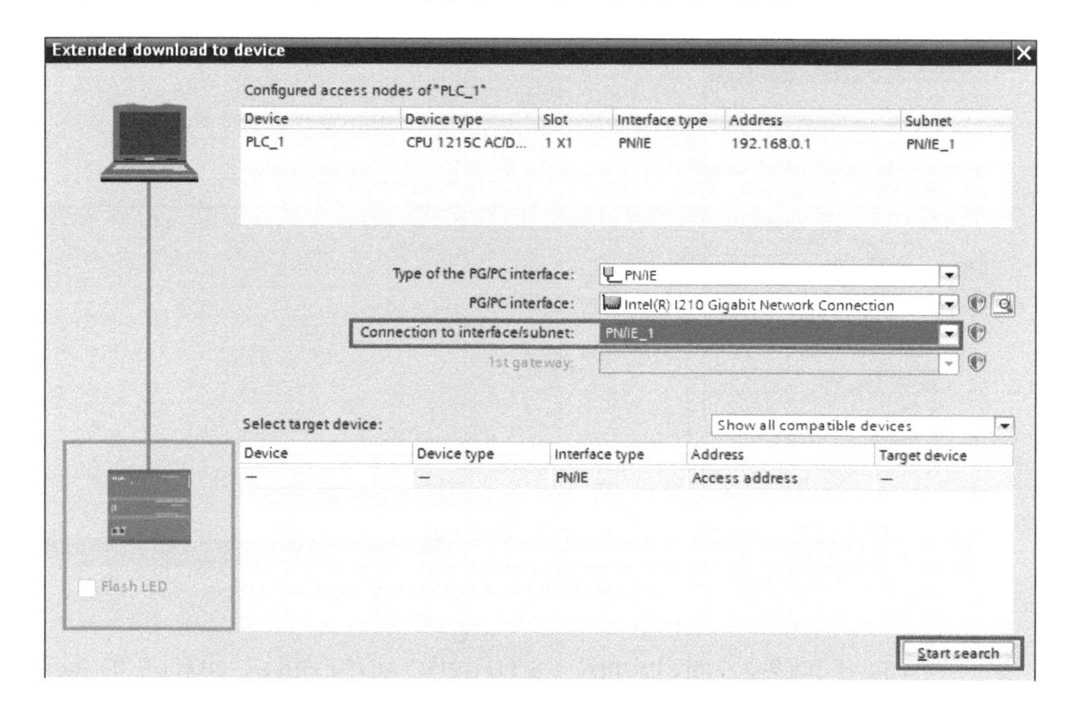

12) [Select target device:] 목록에 [CPU 1215C AC/DC/Rly]가 나타나면 선택하여 [Load]를 클릭하여 다운로드를 시작한다.

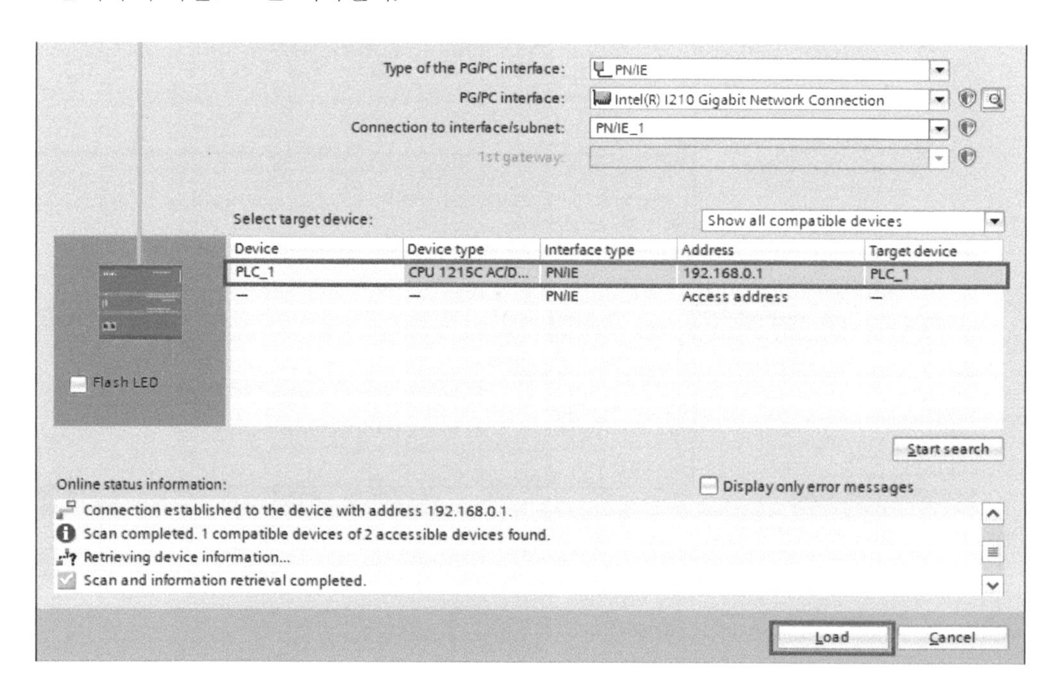

13) 먼저 미리보기가 나타나며 확인 후 [Load]를 클릭하여 계속 진행한다.

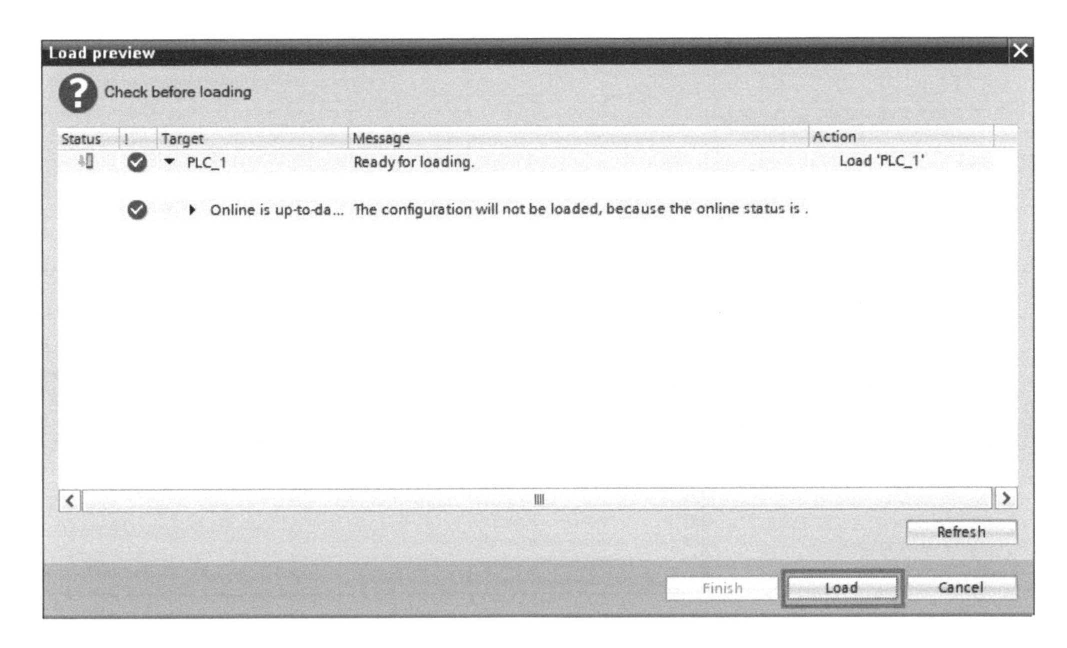

14) [Finish]를 클릭하면 다운로드 작업을 마칠 수 있다.

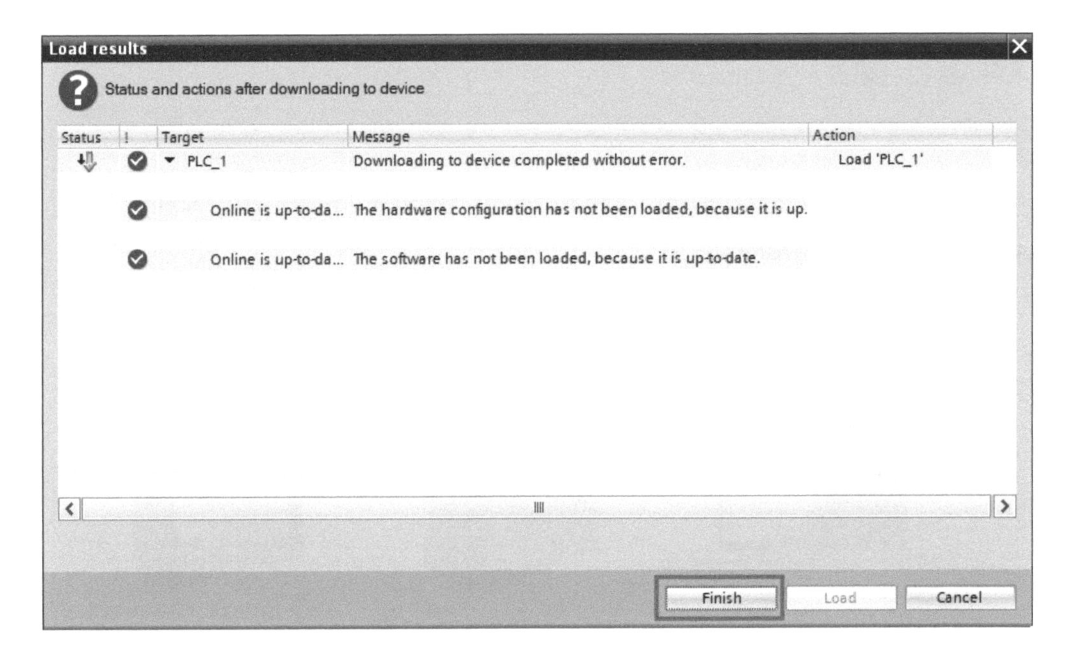

15) 다운로드를 정상적으로 성공했을 시 아래와 같은 창이 나타난다.

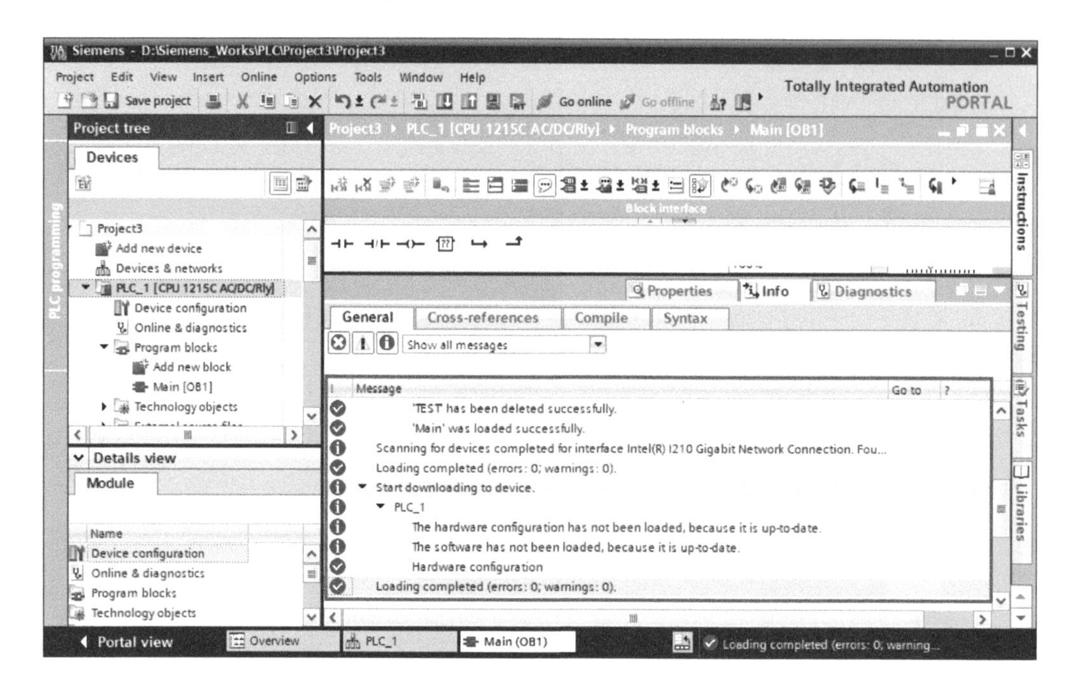

3.4 통신 설정

PC와 SIMATIC S7-1200 CPU 및 LS eXP20 HMI 장치들을 다음과 같이 스위칭 허브에 이더넷 케이블을 활용하여 연결한다.

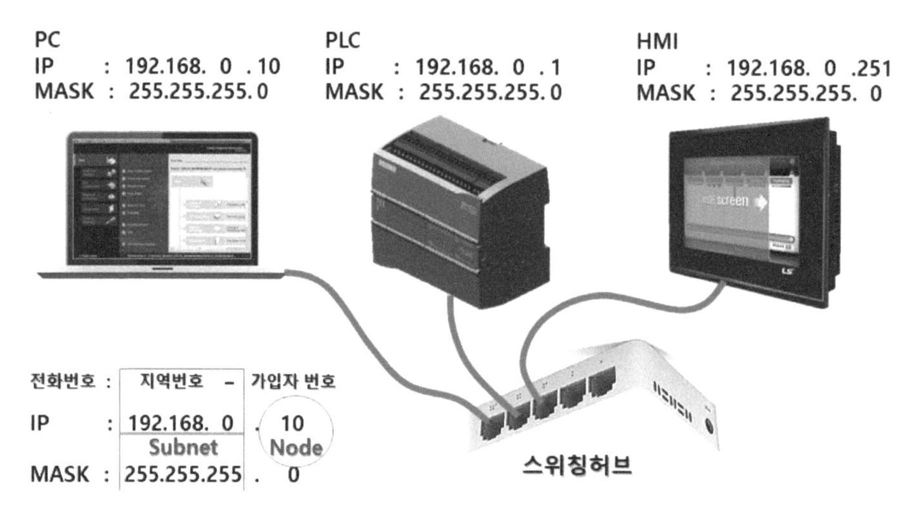

[그림 2-30] 통신 설정

3.4.1 PC IP 주소 설정하기

- PC에서 TIA Portal을 사용하여 PLC 제어 프로그램을 작성하고, PLC와 HMI 기기에 업로드하기 위해서는 네트워크 연결이 필요하다.
- TCP/IP를 통해 PC와 PLC, HMI 간 네트워크 연결을 통한 통신이 가능하도록 하기 위해서는 반드시 IP 주소가 적절하여야 한다.
- PC의 IP 주소를 설정하는 방법:

  시작 → 제어판 → 네트워크 및 인터넷 → 네트워크 연결 → 이더넷 3

- 이더넷 상태 창이 열리면 속성을 클릭하고 [인터넷 프로토콜 버전 4(TCP/IPv4)]를 클릭한다. [다음 IP 주소 사용]을 선택 후 IP 주소를 다음과 같이 입력한다.

  IP 주소: 192.168.0.10

  서브넷 마스크: 255.255.255.0

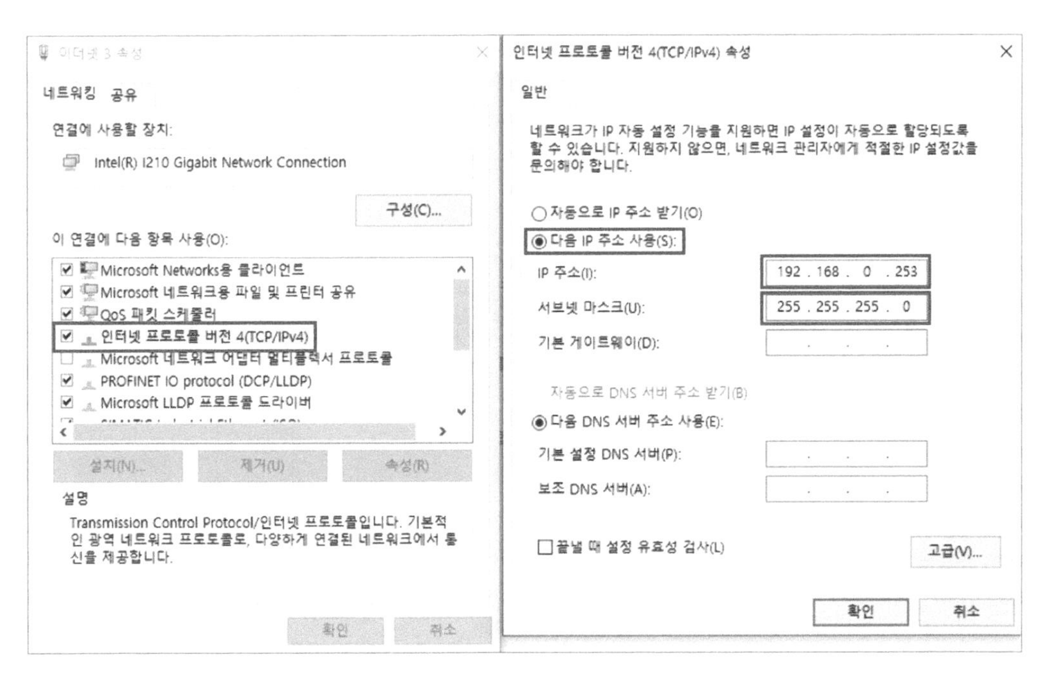

※ TCP(Transmission Control Protocol): 서버와 클라이언트 간에 데이터를 신뢰성 있게 전달하기 위해 만들어진 프로토콜(통신규약)이다.

※ IP(Internet Protocol): IP는 컴퓨터들의 네트워크상에서 구분되기 위한 것으로 예를 들면 실생활의 우편 주소와 같은 주소이다.

※ 프로토콜(protocol): 복수의 컴퓨터 사이나 중앙 컴퓨터와 단말기 사이에서 데이터 통신을 원활하게 하는 데 필요한 통신규약을 말한다.

3.4.2 PLC IP 주소 설정하기

1) PC에서 TIA Portal 실행한 후 [Online & Diagnostics]를 선택하고 [Accessible devices] 실행한다.

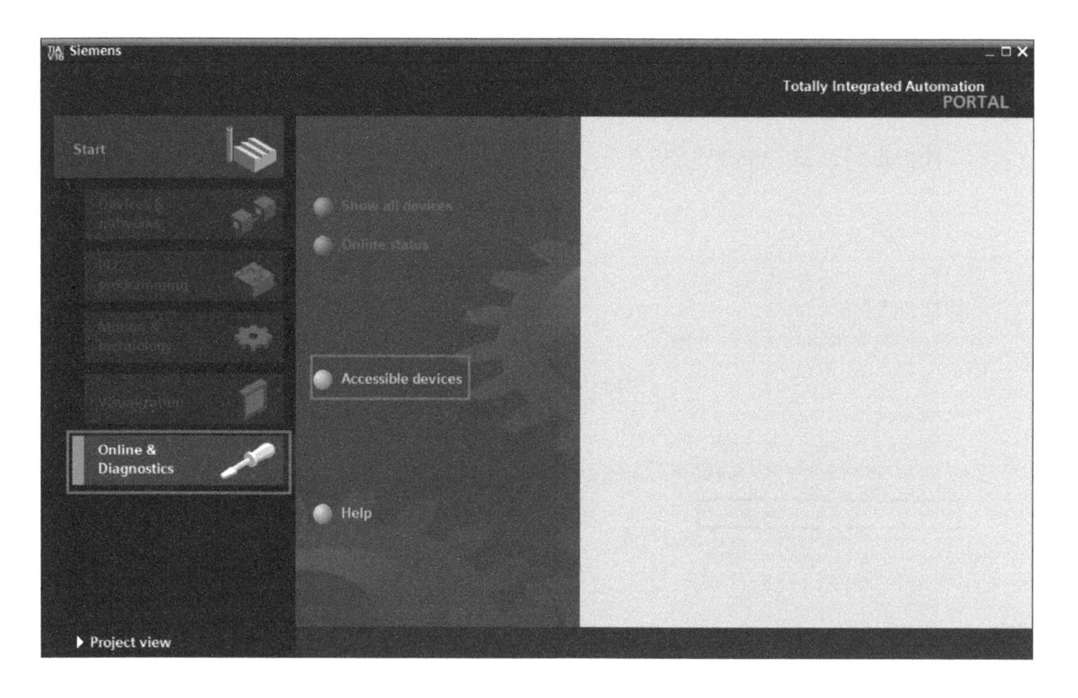

2) [Accessible devices] 창이 실행되면 [Type of the PG/PC interface], [PG/PC Interface]를 확인 후 [Start search]를 클릭한다.

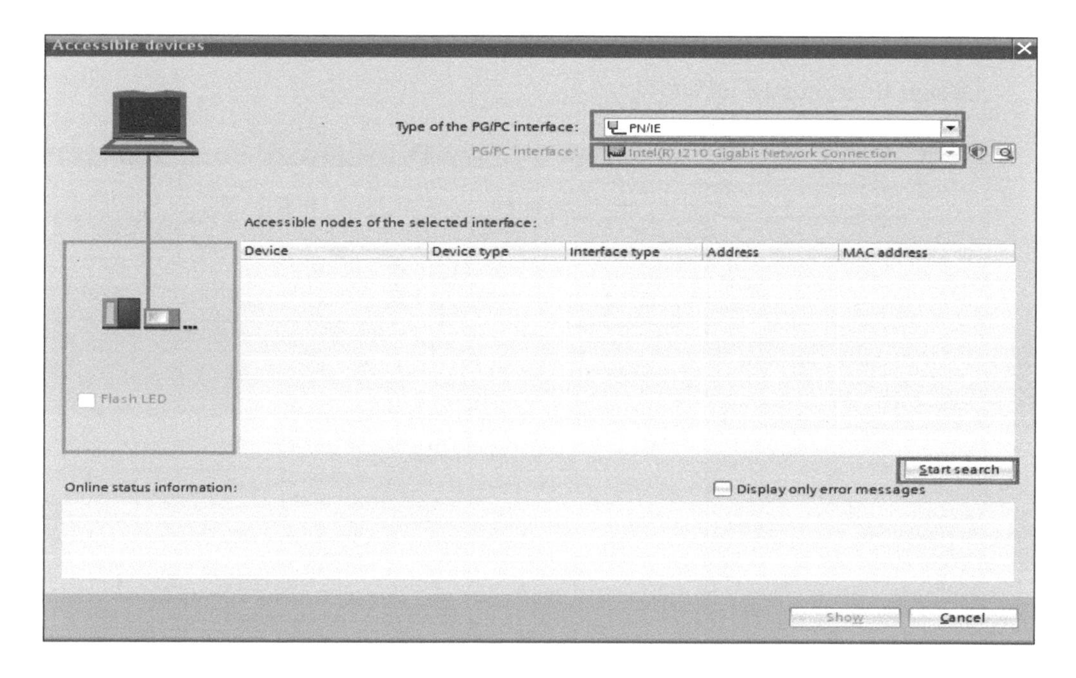

3) device를 찾게 되면 리스트가 나타나게 된다. 리스트에 나타난 디바이스를 선택 후 [Show]를 클릭한다.

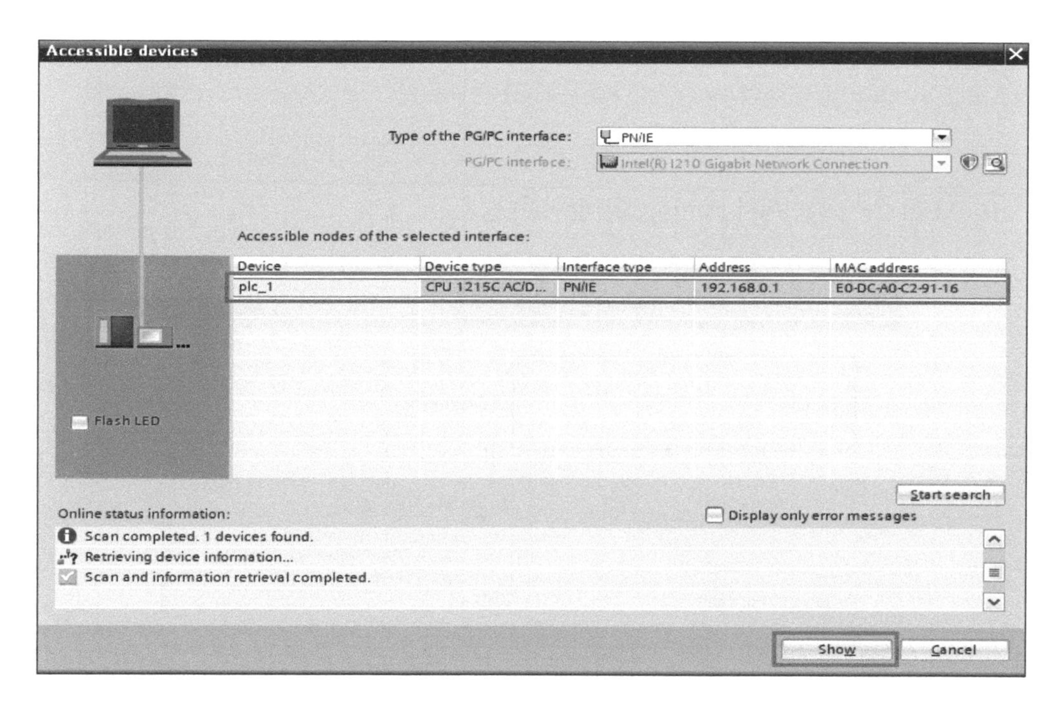

4) 프로젝트-트리가 나타나면 [Online & diagnostics]를 선택하고, [Function] 아래 매뉴의 [Assign IP address] 항목을 클릭한다. [IP address] 입력창이 나타나면 IP 주소를 192.168.0.1로 입력하고, [Subnet mask]에 255.255.255.0을 입력한다. 입력이 완료되면 [Assign IP address]를 클릭한다.

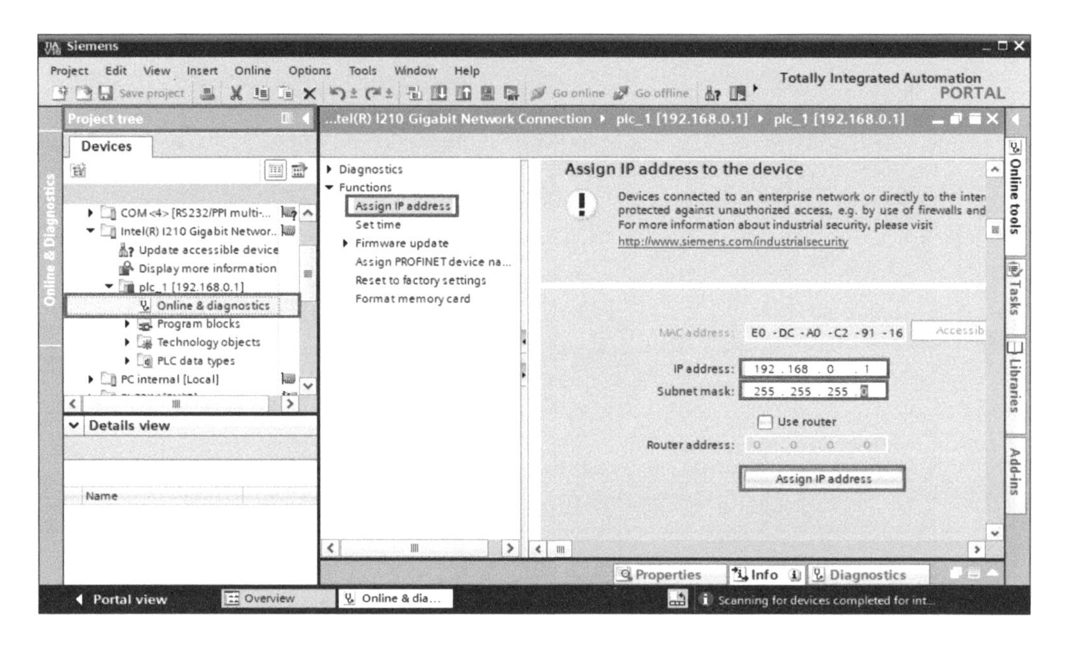

3.4.3 LS eXP20 HMI IP 주소 설정하기

1) eXP20 초기 화면에서 [settings]를 클릭한다.

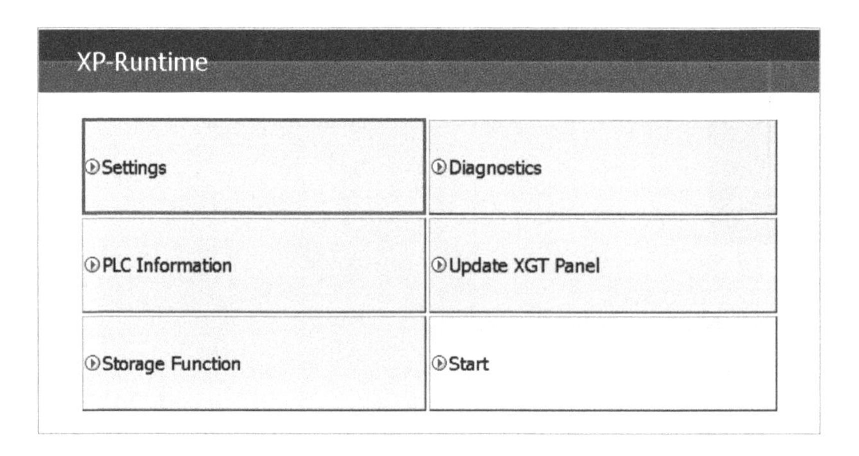

2) [Ethernet setting]을 클릭한다.

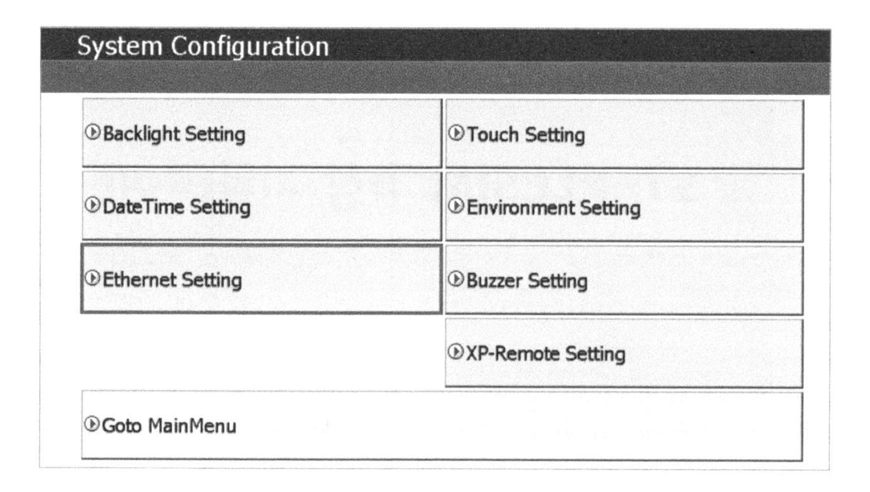

3) [IP information] 입력창이 나타나면 IP Address의 [Set]을 클릭하여 IP 주소를 192.168.0.7로 입력한다. 그리고 Subnet mask의 [Set]을 클릭하고, 255.255.255.0을 입력한다. 입력이 완료되면 [OK를 클릭하면 새로운 IP 주소가 eXP20 HMI에 할당된다.

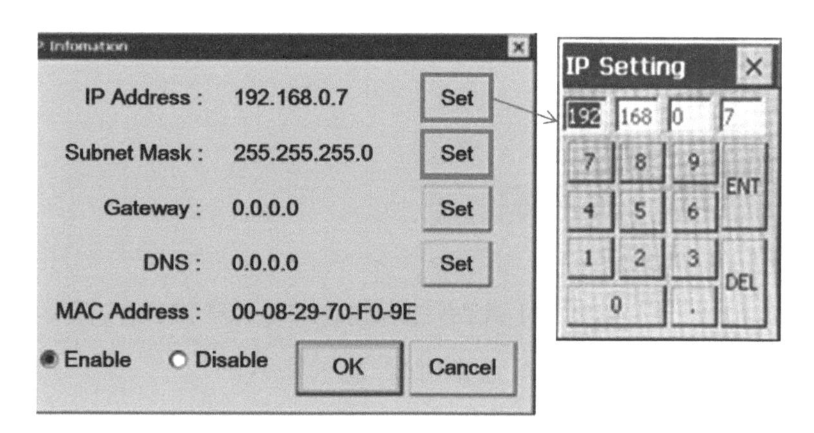

04 S7-PLCSIM 가상 시뮬레이터

SIMATIC S7-PLCSIM을 사용하여 현실 물리 세계의 PLC 제어기 및 HMI 장치와 동일한 가상의 PLC와 HMI 컨트롤러를 생성함으로써 실제 입력과 출력이 연결되지 않은 상태에서 PLC 작업과 HMI 모니터링 작업을 시뮬레이션하고, 사용자가 작성한 프로그램을 테스트할 수 있다. 또한, 가상의 디지털 모델에 기반을 둔 플랜트 시스템이나 기계 시스템과 함께 사용하여 성능 테스트 및 기계, 전기 및 자동화 엔지니어링의 설계 검증을 동시에 진행할 수 있는 가상 시험 운전을 수행할 수 있다.

4.1 PLC 시뮬레이터 시작하기

다음과 같이 네트워크에 자기 유지 회로를 프로그램하고, 실제 PLC와 연결하지 않고, Start simulation 아이콘을 클릭하여 자동화 모델 테스트를 시작한다.

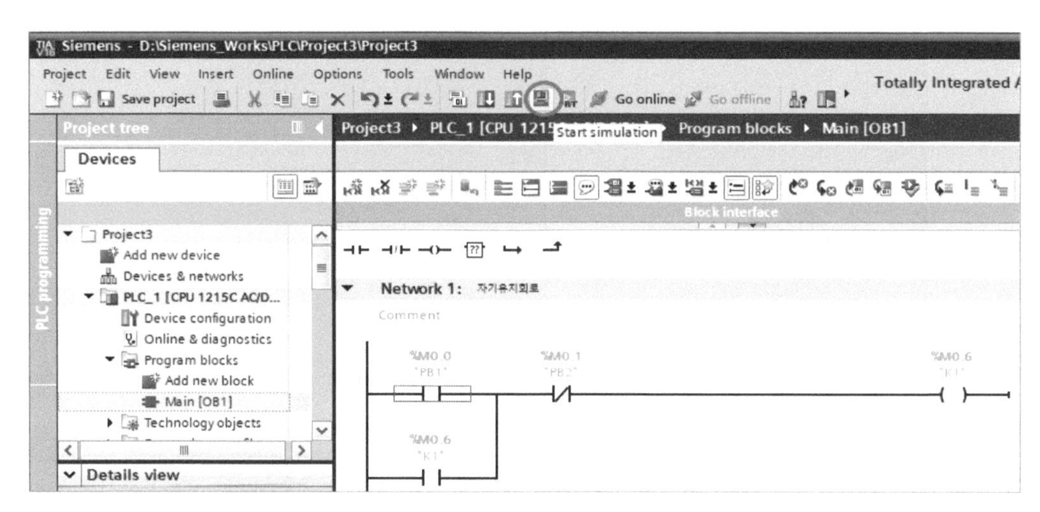

2) 시뮬레이션 지원 활성화 창이 열리면 [OK] 버튼을 클릭한다. 그러면 PLC [SIM-1200]의 가상 시뮬레이터가 다음과 같이 열린다.

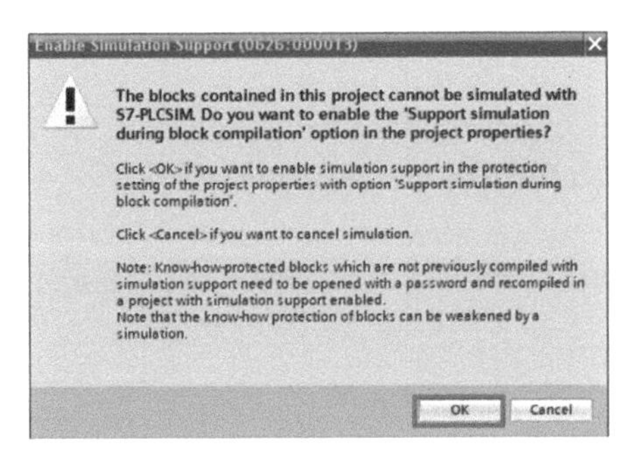

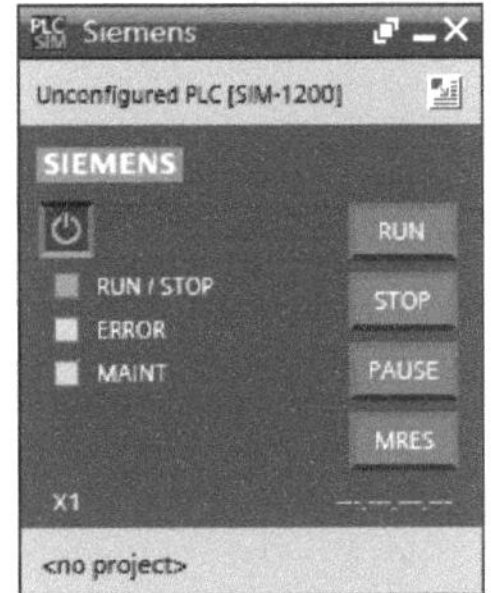

3) PLC [SIM-1200]의 가상 시뮬레이터가 열리고, 세부적인 설정을 위한 [Extended download to device] 창이 다음 그림과 같이 열린다. PLC [SIM-1200]의 시뮬레이터는 최소화 버튼 [Siemens]을 클릭하여 화면 작업표시줄로 내려놓고, [Extended download to device] 창의 세부 항목을 다음과 같이 지정한다.

Type of the PG/PC interface: "PN/IE"를 선택

PG/PC interface: "PLCSIM"를 선택

Connection to interface/subnet: "Direct at slot '1X1'"를 선택

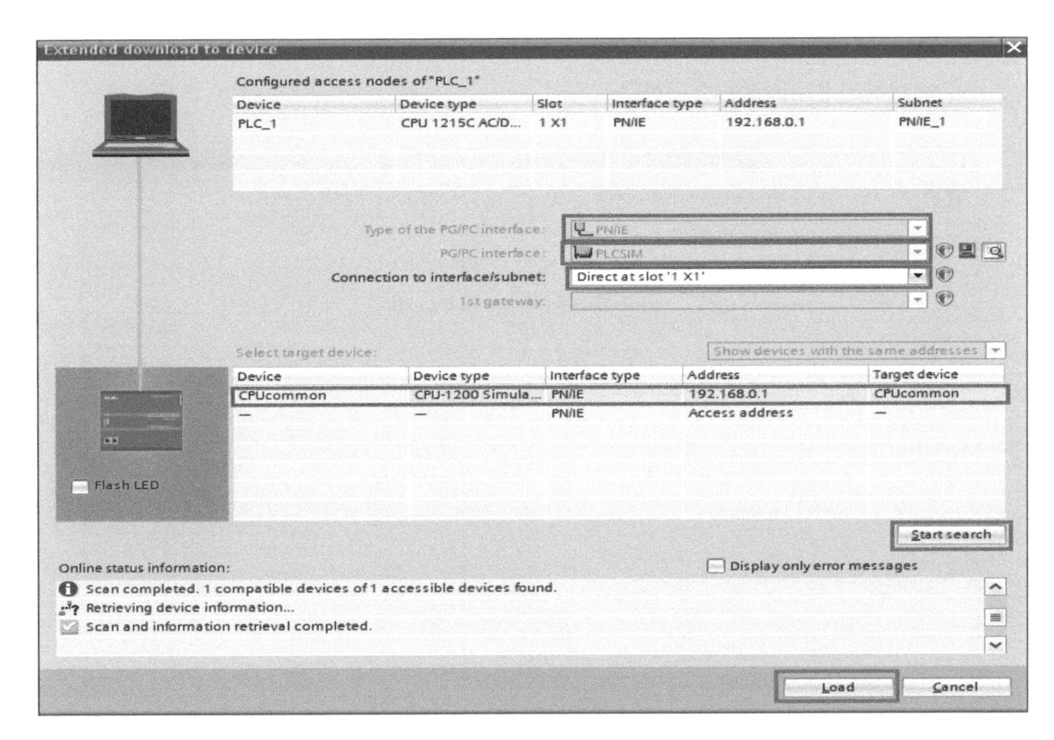

4) [Extended download to device] 창의 세부 항목을 지정한 다음 [Start search] 버튼을 클릭하고 [Select target device]에 나타나는 "CPUcommon | CPU-1200 Simulator | PN/IE | 192.168.0.1 | CPUcommon"을 선택한 후 [Load]를 클릭한다.

5) [Load preview] 창이 아래와 같이 나타나면 [Load]를 클릭한다.

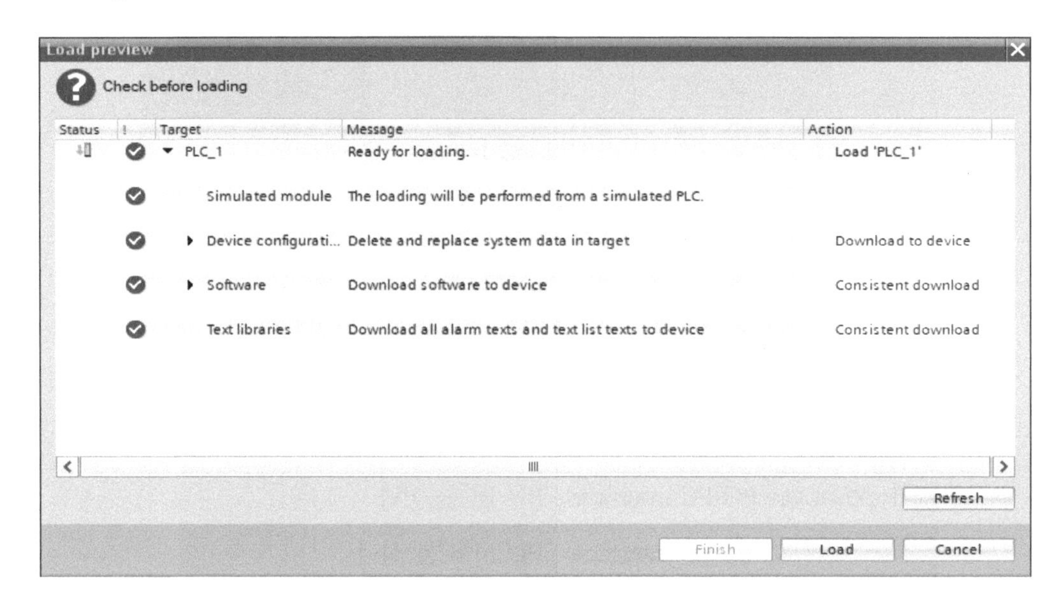

6) [Load Results] 창에서 "Start modules"가 "No action"으로 되어 있으면 "Start module"을 선택하고 [Finish]를 클릭한다.

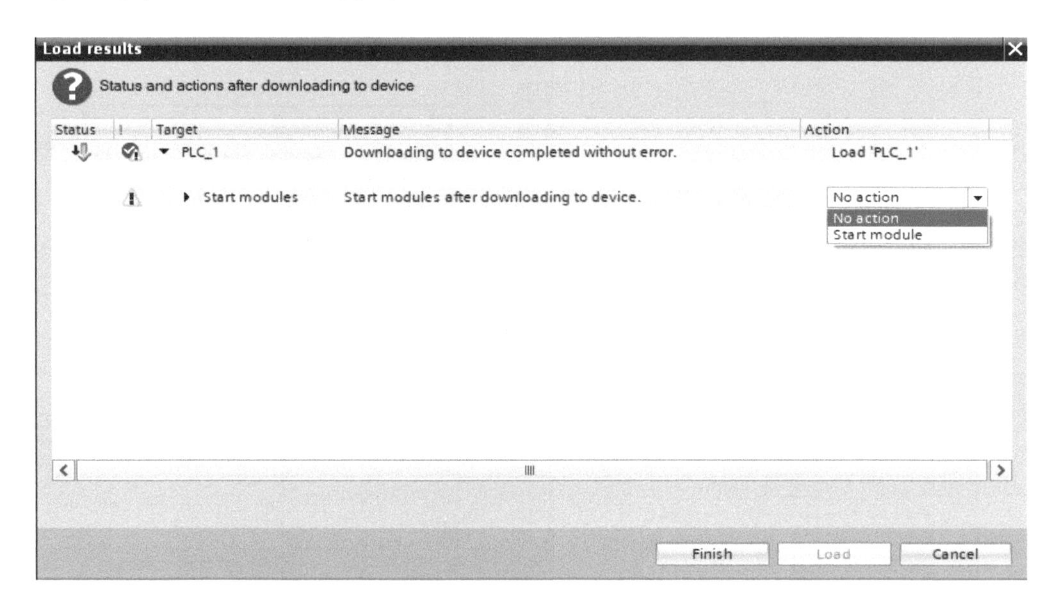

7) 에러 없이 로딩이 완료되면 [Info] 창에 “Loading completed (errors:0, warnings:0)”라는 메시지가 나타난다.

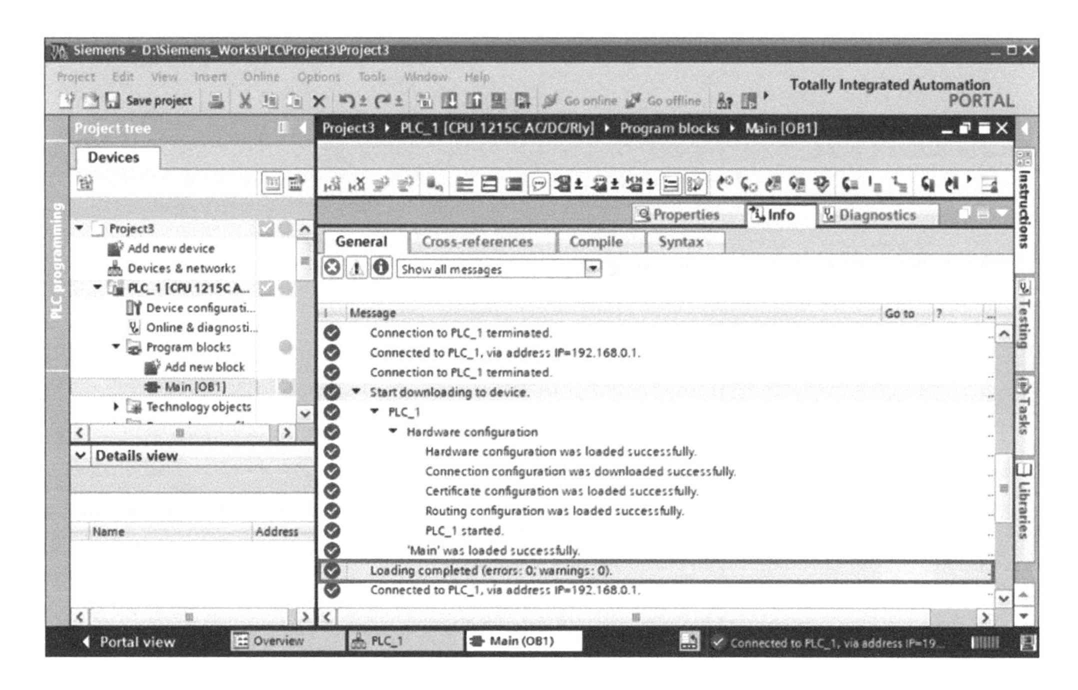

8) [Info] 창을 한 번 클릭하여 작업표시줄로 내려보내고, [Go online]을 클릭하고 [Monitoring on/off]를 선택한다.

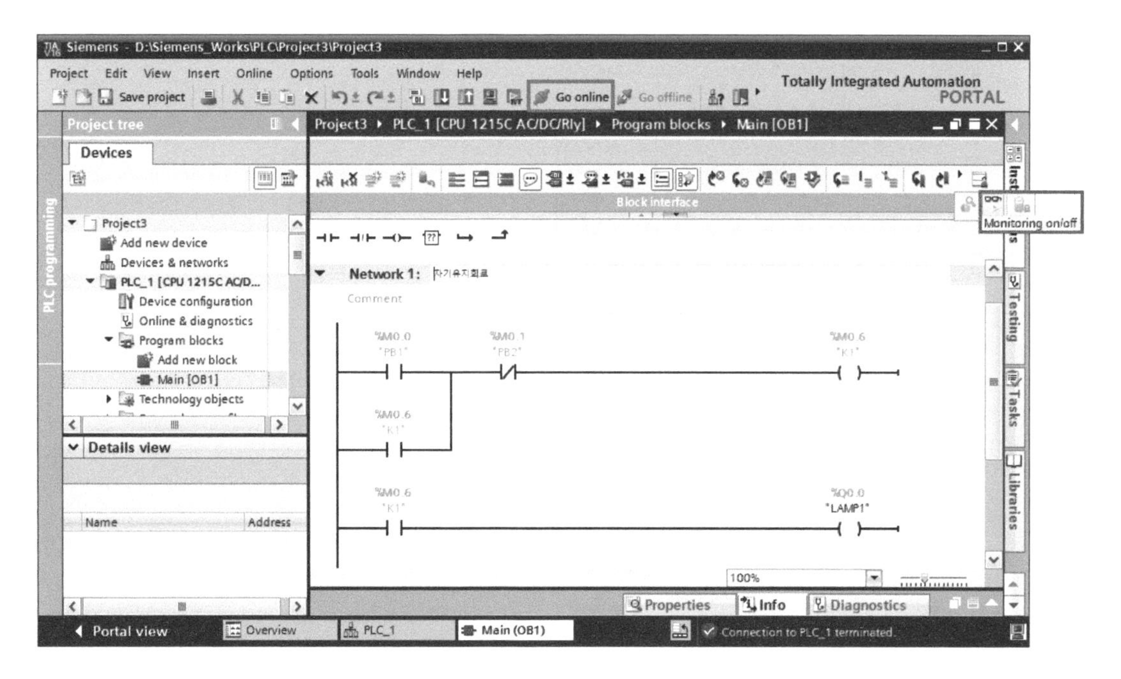

9) 다음 그림과 같이 실제 PLC와 연결하지 않고, 가상 시뮬레이터를 활용하여 자동화 모델 테스트를 수행한다.

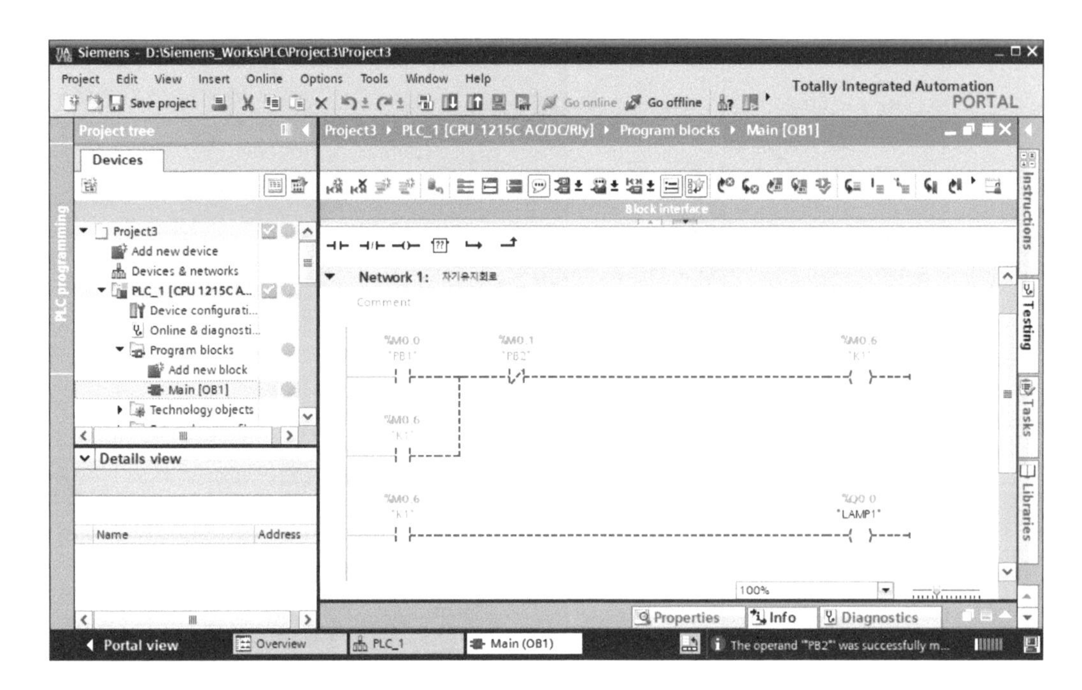

10) “PB1”을 클릭하고 Ctrl+F2를 누르면 PB1이 “On(1)” 되고, Ctrl+F3를 클릭하면 PB1이 “Off(0)” 된다.

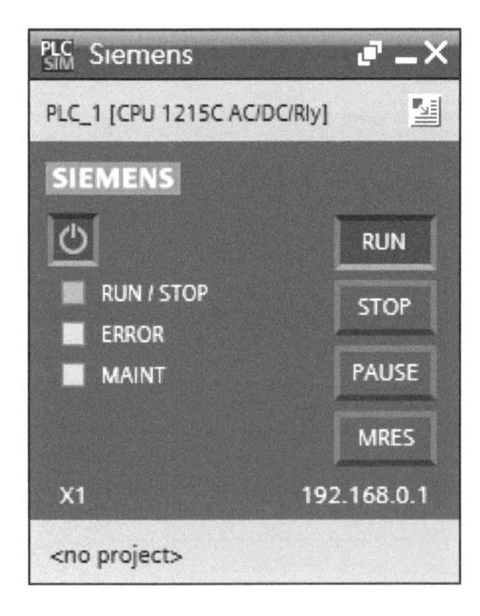

4.2 HMI 시뮬레이터 시작하기

HMI은 인간과 기계 간의 인터페이스, Human Machine Interface의 약자로 플랜트나 기계 설비를 운영자가 효과적으로 제어하고 감시하기 위한 사용자용 모니터링 제어 장치이다. SIMATIC PLCSIM은 가상의 PLC뿐만 아니라 HMI 또한 지원한다.[22]

4.2.1 HMI 프로젝터 추가

1) [Devices & Network] 포털에서 메뉴가 열리면 [Add new device] 메뉴를 선택한다. HMI 모델을 추가하기 위해서 [HMI] → [7"Display] → [KTP700 Basic] → [6AV2 123-2GB03-0AX0]을 선택하고, Add를 클릭하여 HMI를 추가한다.

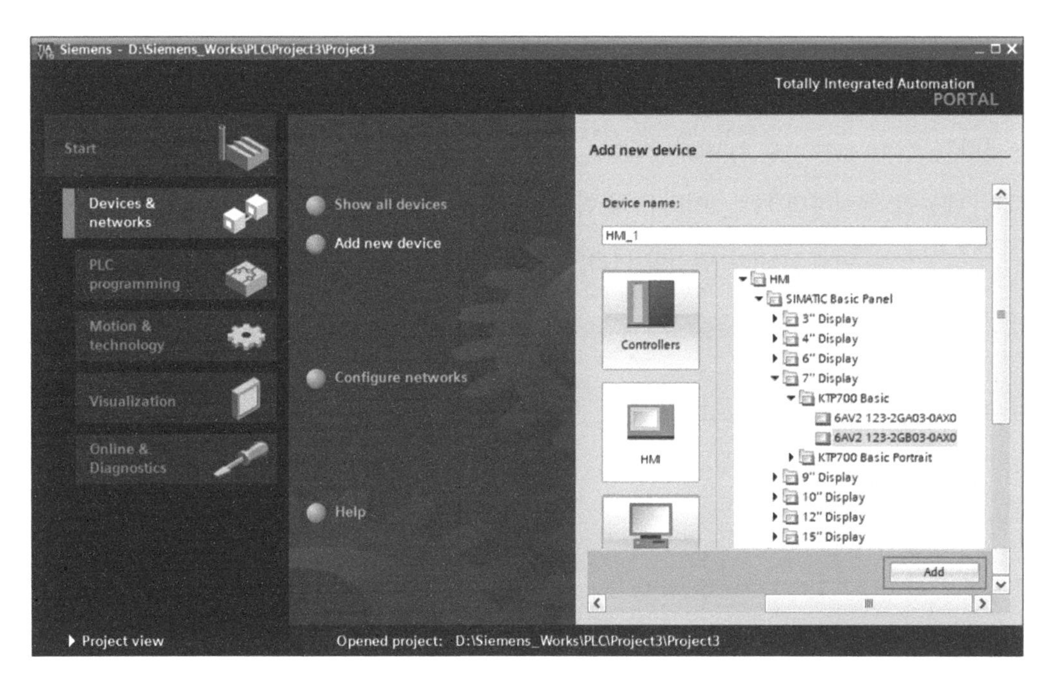

2) Add를 클릭하면 “HMI Device Vizard: KTP700 Basic PN”으로 자동 전환된다. HMI 마법사 기능을 활용하여 순서대로 설정한다.

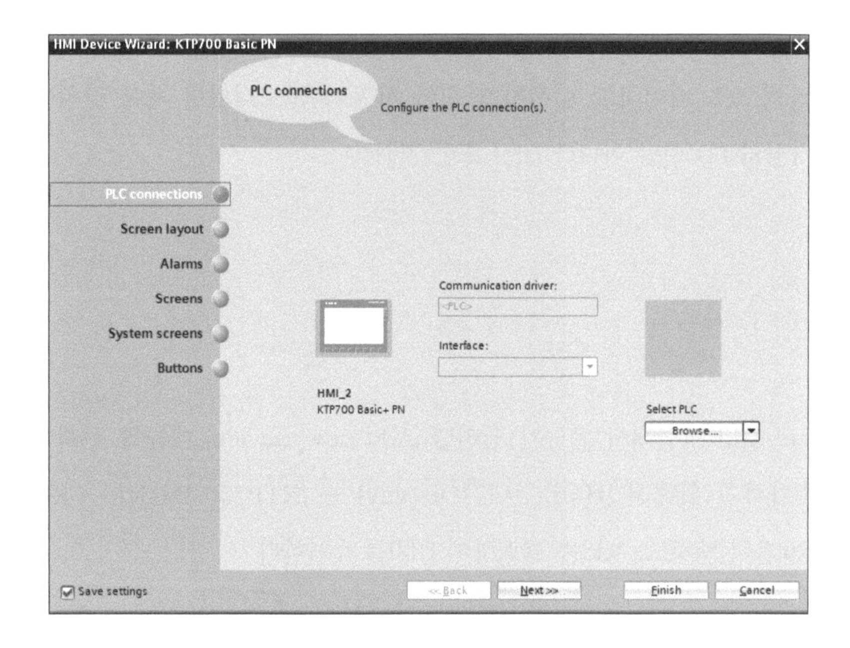

3) PLC connections: “HMI가 어떠한 PLC와 연결할 것인가?”를 지정. “Select PLC” Browse 메뉴를 클릭하면 PLC_1이라는 항목이 나타난다. 프로젝트에서 여러 대의 PLC 사용이 가능함으로 현재 HMI와 연결할 PLC를 선택하여야 한다.

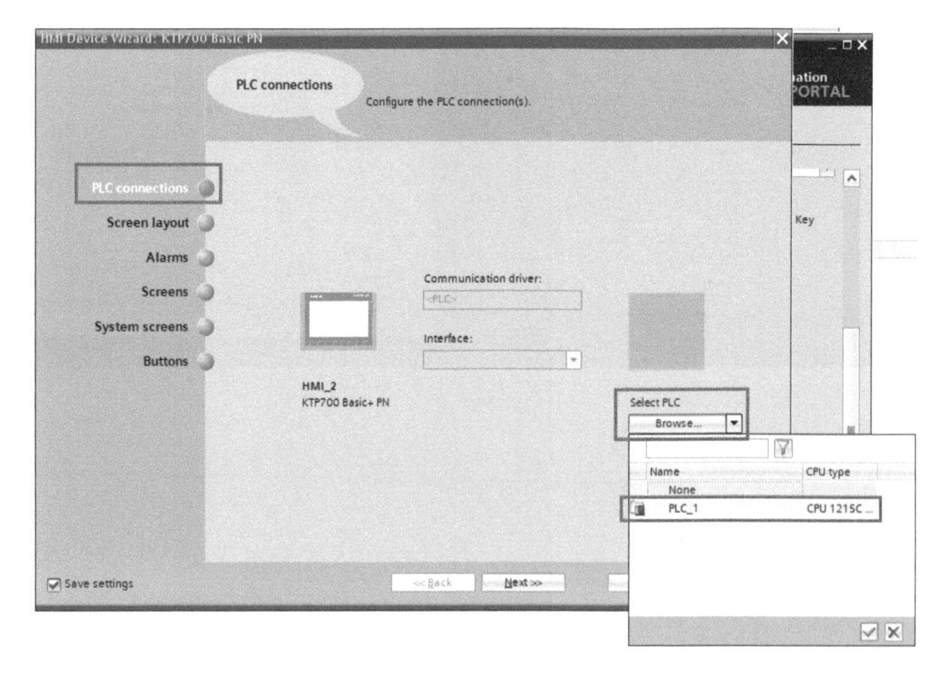

4) 선택이 완료되면 HMI와 PLC 간 연결 상태를 보여 준다. 다음으로 Next를 클릭한다.

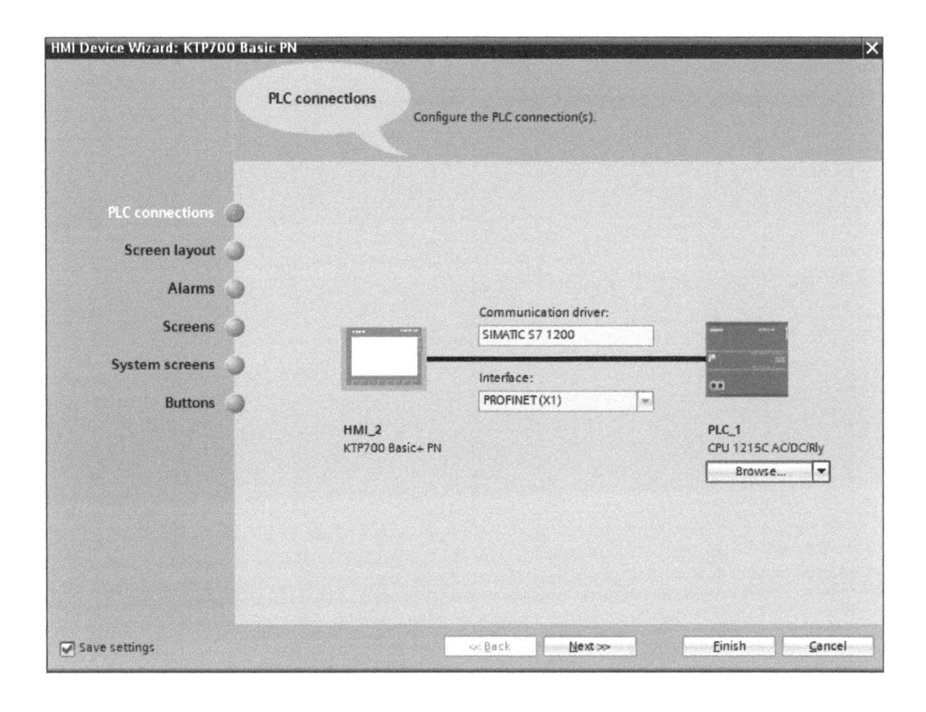

5) 다음은 "Screen layout"으로 화면을 구성하는 작업이다. 많이 사용하는 기능을 마법사를 통해 쉽게 구성할 수 있다. (날짜, 시간 및 로고 등의 설정) Next 클릭.

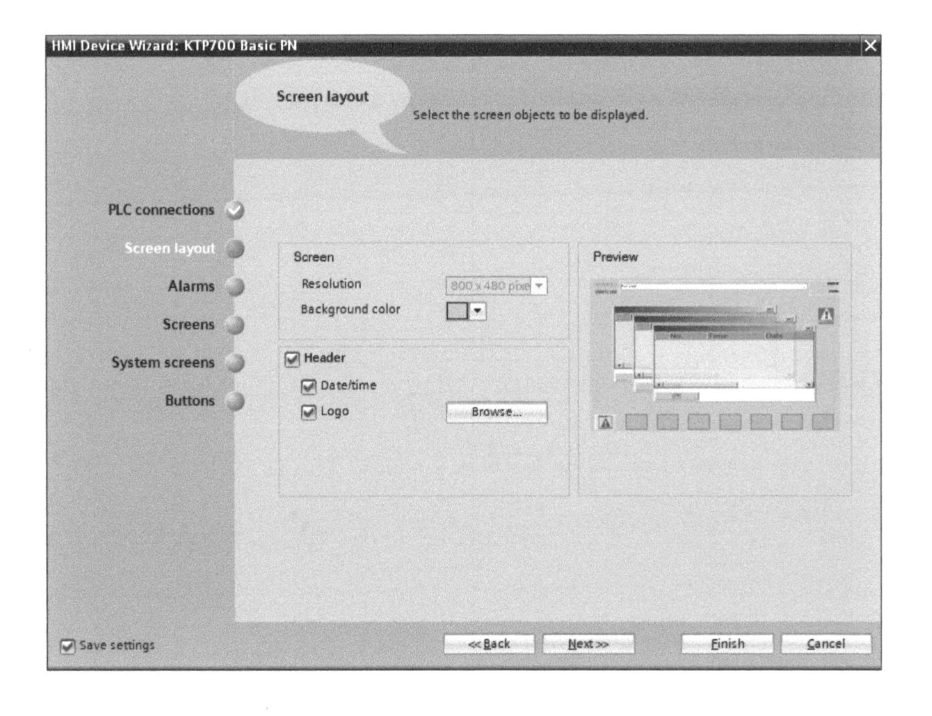

6) 다음은 “Alarms” 기능이다. 장비에 문제가 발생할 때 알람을 설정하여 에러를 쉽게 인지할 수 있도록 설정한다. Next 클릭.

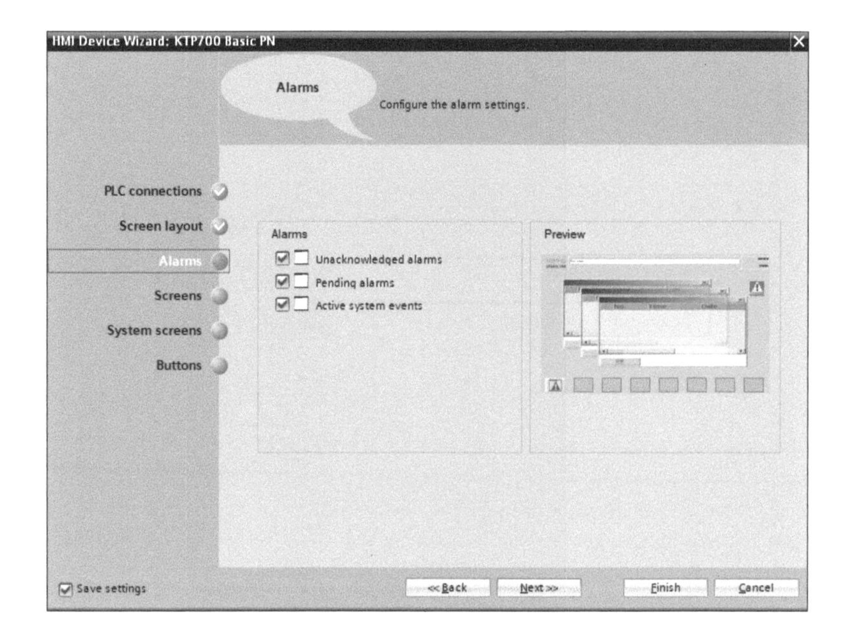

7) 다음은 “Screen”의 페이지 구성이다. 하나의 화면에 모든 정보를 나타내기가 어려우므로 서버 페이지를 활용하여 화면을 구성한다. 인터넷의 홈페이지와 비슷함. 대 메뉴의 [Root screen]의 +을 클릭하면 소 메뉴가 추가된다. Next 클릭.

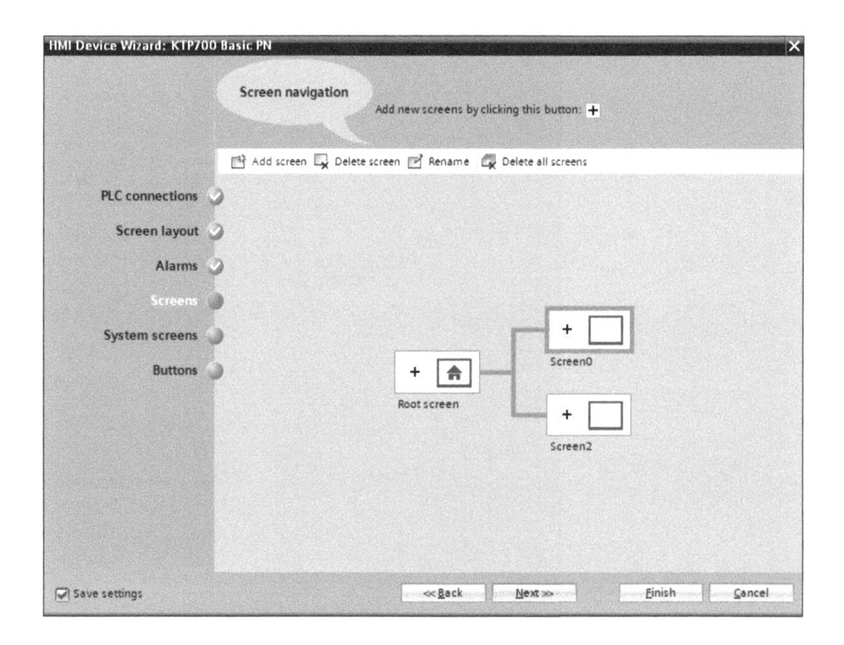

8) 다음은 "System screens"의 구성이다. 시스템 화면을 사용할 것인지? 시스템 화면에는 자동화 장치의 진단 혹은 유지보수 상태와 PLC 및 HMI의 상태를 진단할 수 있는 기능을 기본적으로 제공한다. Next 클릭.

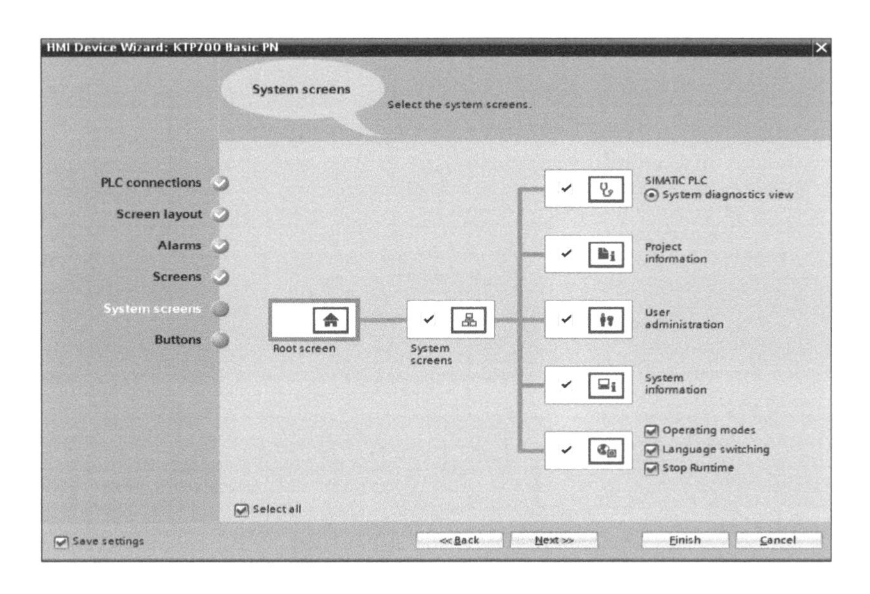

9) 다음은 "Buttons"으로 기본적으로 사용하는 버튼 기능이다. 예를 들어 HMI 화면에서 언어 변환 설정 및 구성/ 로그온 ID에 따라 HMI 조작 권한을 다르게 부여할 수 있도록 설정 및 구성함. Finish 클릭.

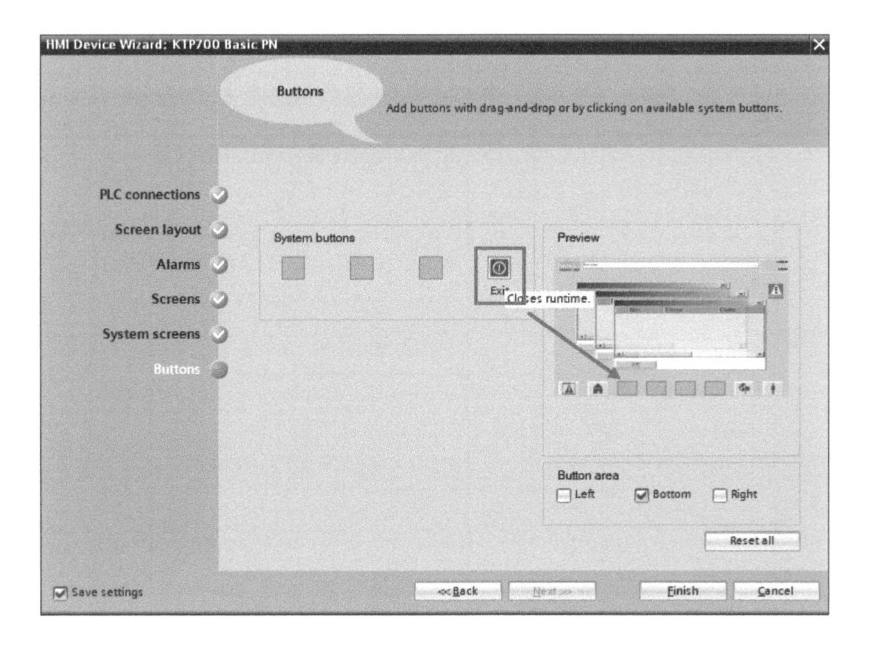

10) HMI 설정 마법사에서 구성한 HMI 기본 화면이 다음과 같이 나타난다. HMI 장치 추가 설정이 완료됨. 프로젝트-트리에 HMI_1[KTP700 Basic PN]이 추가되었음.

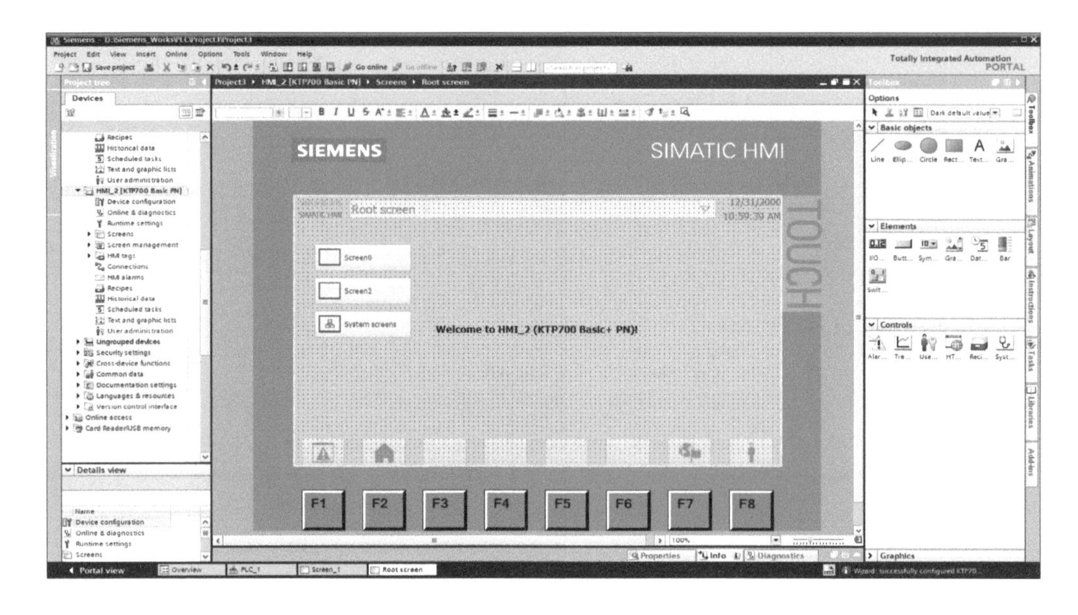

4.2.2 HMI 작화

1) 시작 표시줄에서 Main(OB1)을 선택하면 다음과 같은 "램프 On" 자동화 제어 프로그램이 나타난다. 이 자동화 제어 LAD에 대한 HMI 작화를 수행한다.

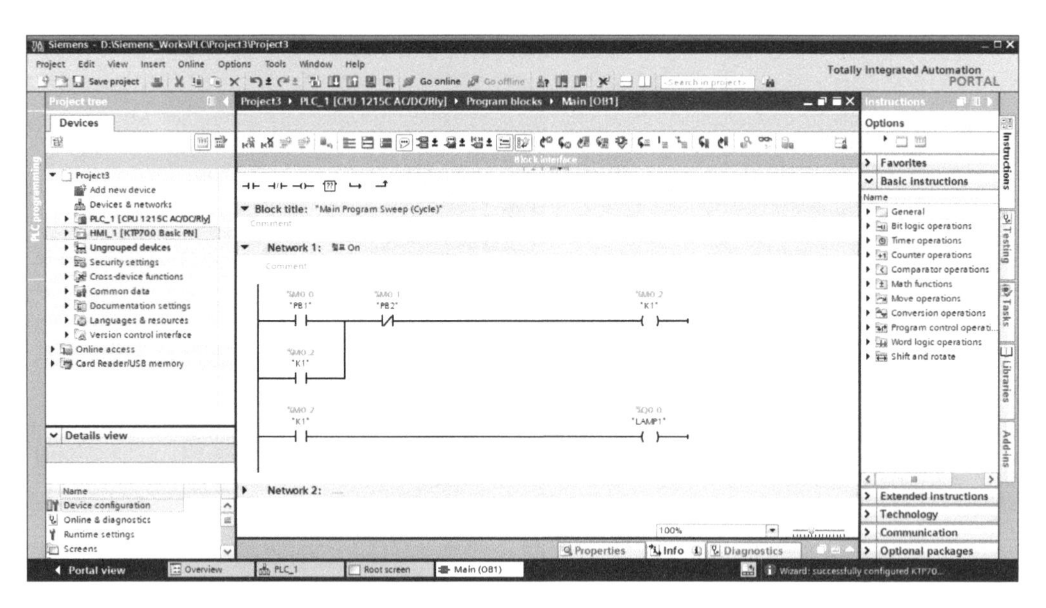

2) 시작 표시줄에서 Root screen을 선택하고, 오른편의 [Libraries]를 클릭한다.

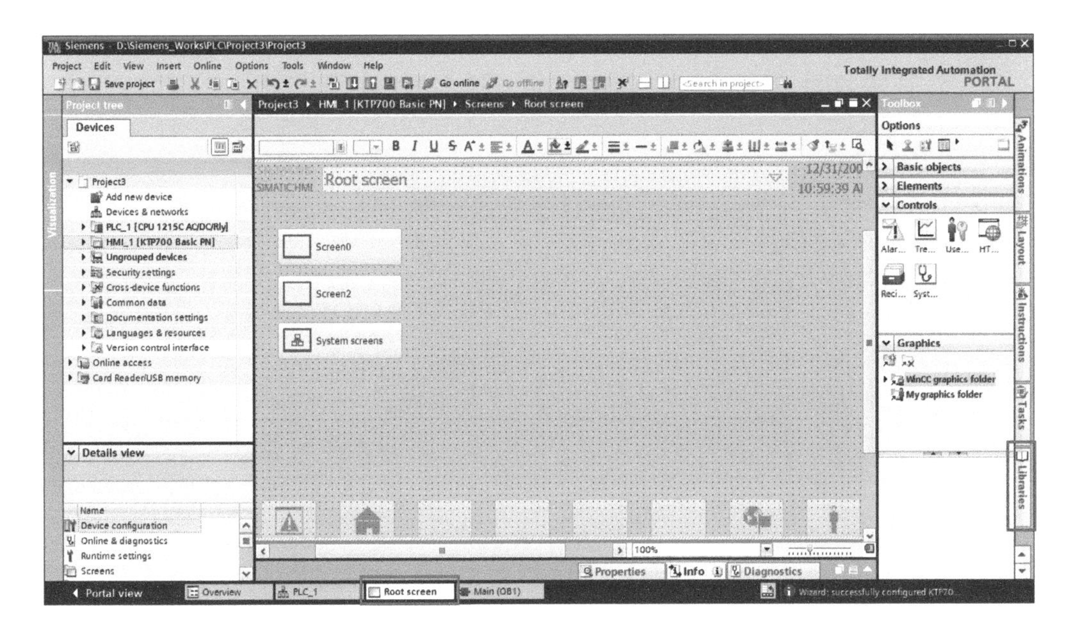

■ PB1과 PB2 버튼 작화하기

3) [Elements] → [Buttons]를 선택하고, 화면에 Drag&Drop 하여 푸시버튼을 추가.

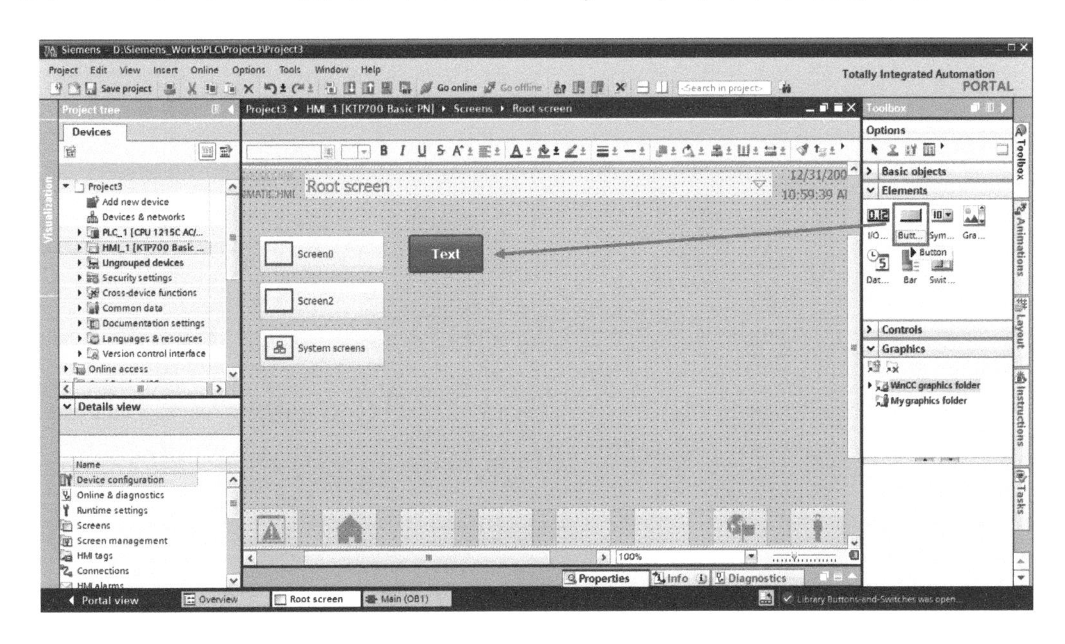

4) 푸시버튼의 속성을 지정하기 위해 푸시버튼(Text)을 선택하고, 마우스 오른쪽 버튼을 클릭하면, [Properties] 선택 항목이 나타난다. 이것을 클릭하면 다음과 같이 속성 지정 메뉴를 볼 수 있다. 푸시버튼의 이름은 START로 입력한다.

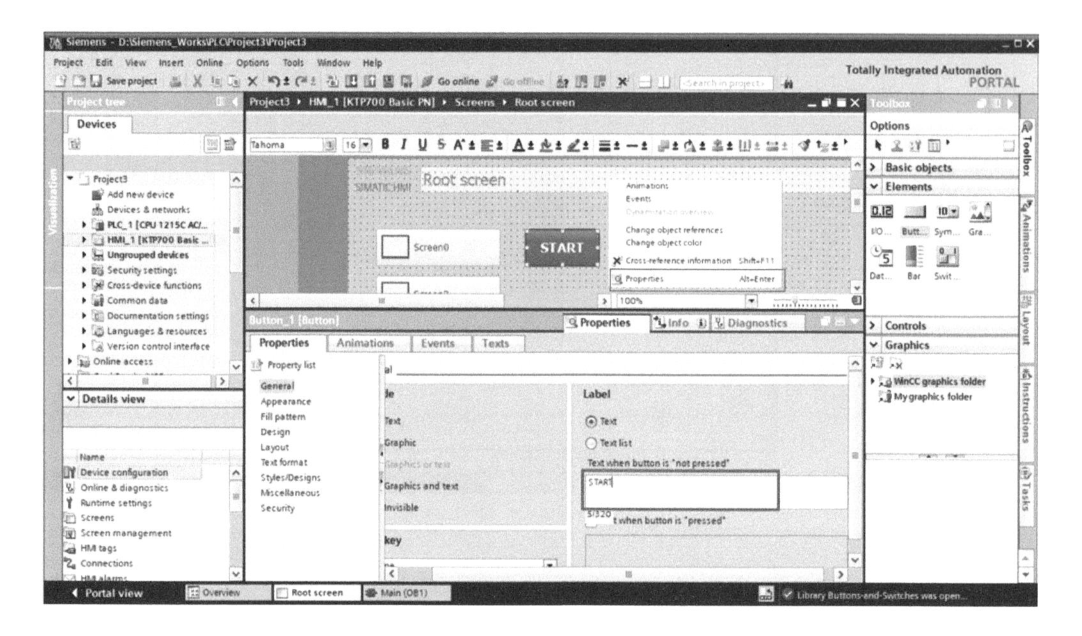

5) [Properties] → [Properties] → [Fill pattern] → [Background settings: Solid] → [Background: Color (Blue)]로 선택한다.

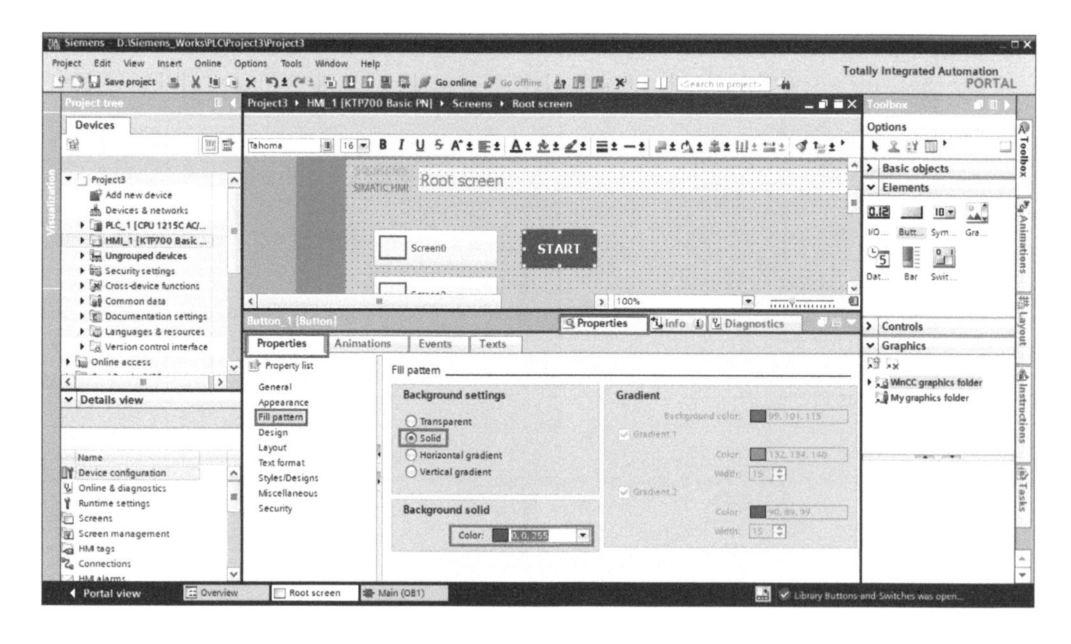

6) [Properties] → [Events] → [Press] → [Edit bits] → [SetBitWhileKeyPressed]를 선택하여 Start 버튼의 속성을 a 접점으로 설정한다.

※ [SetBitWhileKeyPressed]는 버튼을 누른 상태에서만 On, (a접점: Normal Open)

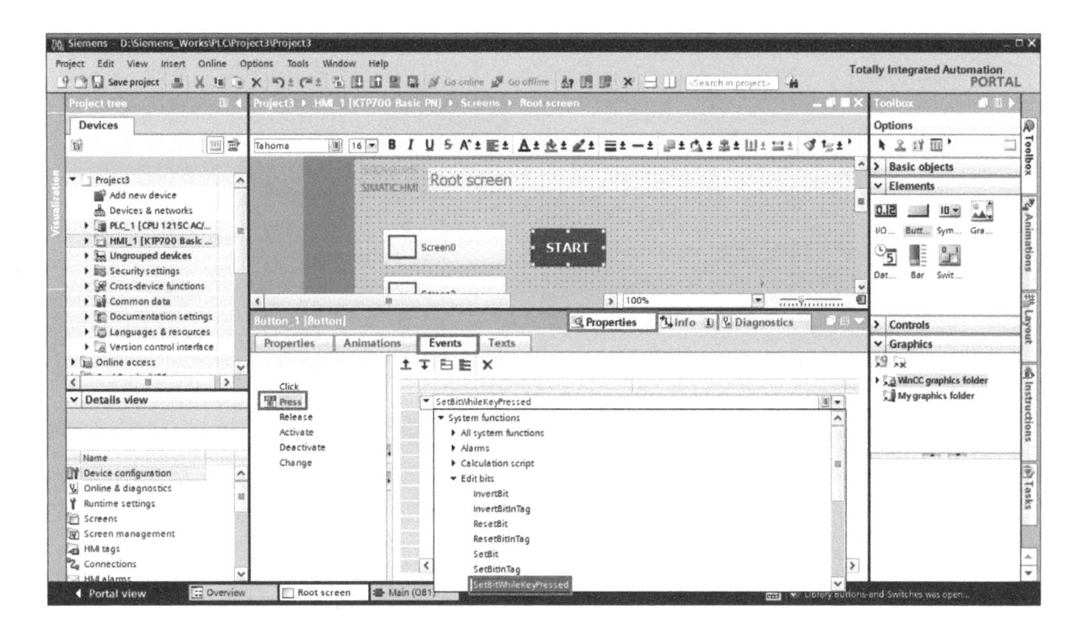

7) Tag 선택 버튼을 클릭하면 나타나는 창은 HMI 프로젝트에 있는 Tag를 보여 준다. 설정하고자 하는 Tag는 앞서 작업한 PLC 프로젝트에 있는 Tag이다. 따라서 [PLC_1 (CPU 1215C AC/DC/Rly)] → [PLC tags] → [Default tag table]를 선택하면 PLC 프로젝트에서 정의한 Tag들을 확인할 수 있다. 여기서 PB1을 더블클릭하여 선택한다.

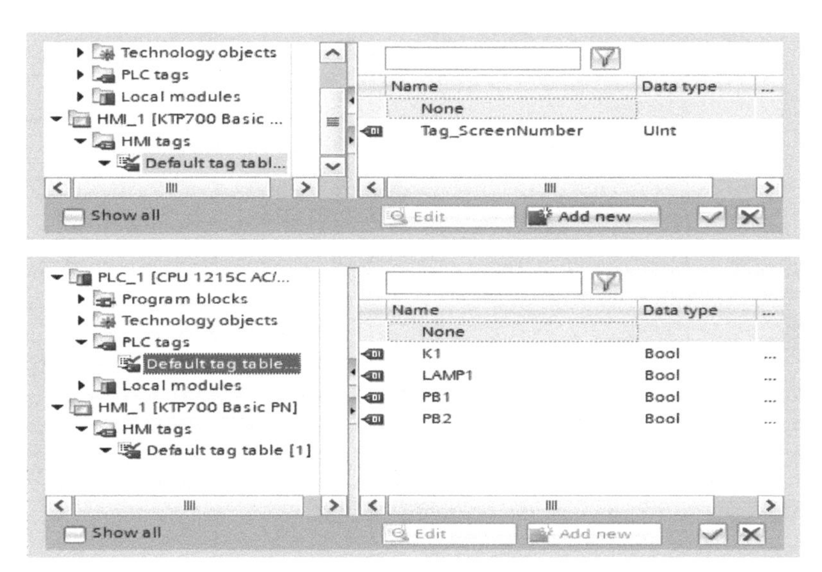

8) Tag 설정이 완료되면 다음과 같이 기호가 붙게 된다.

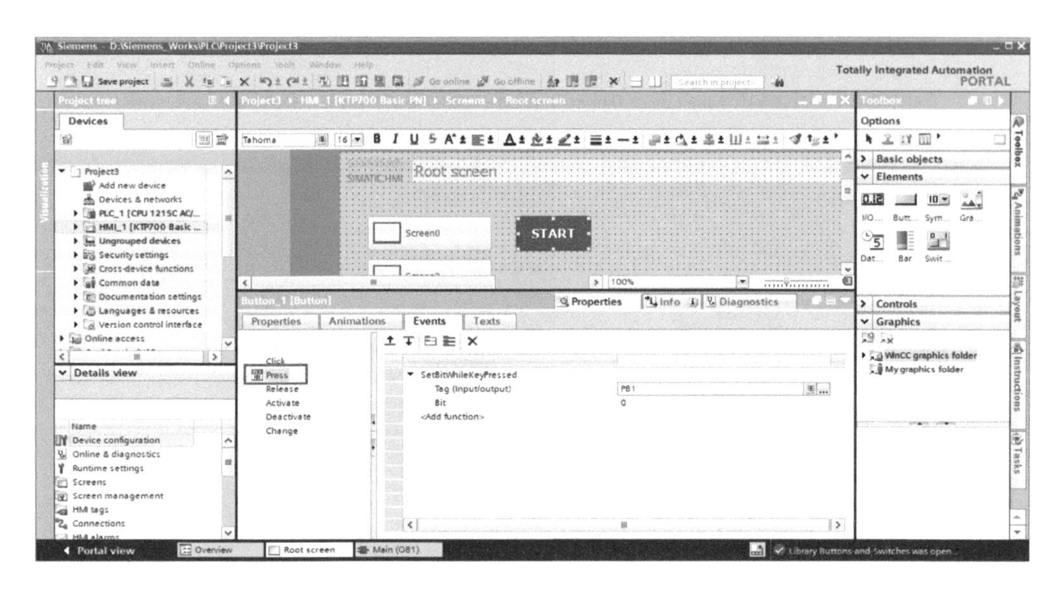

9) START 버튼을 복사한다. (Ctrl-C → Ctrl-V)

- 푸시버튼의 이름은 STOP으로 입력하고, [Properties] → [Properties] → [Fill pattern] → [Background settings: Solid] → [Background: Color (Green)]로 선택한다.
- Tag 선택 버튼을 클릭하여 [PLC_1 (CPU 1215C AC/DC/Rly)] → [PLC tags] → [Default tag table]를 선택하면 PLC 프로젝트에서 정의한 Tag들을 확인할 수 있다. 여기서 PB2를 더블클릭하여 선택한다.

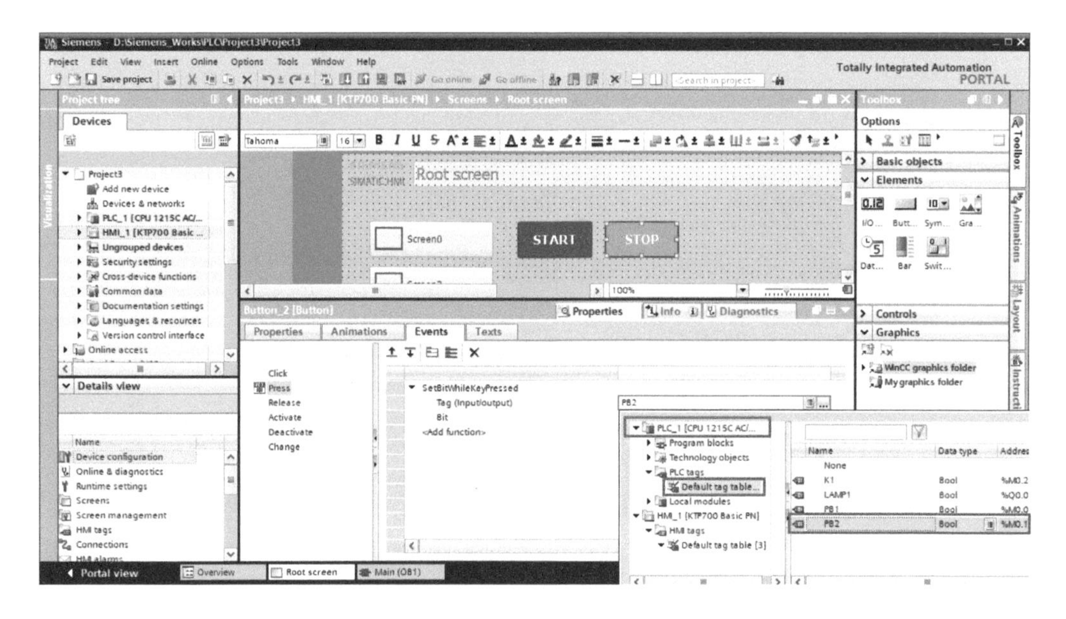

■ 램프 작화하기

10) [Libraries] → [Global libraries] → [Buttons-and-Switches] → [Master copies] → [PilotLights] → [PlotLight_Round_R]을 선택하고, 화면에 Drag&Drop 하여 램프를 추가한다.

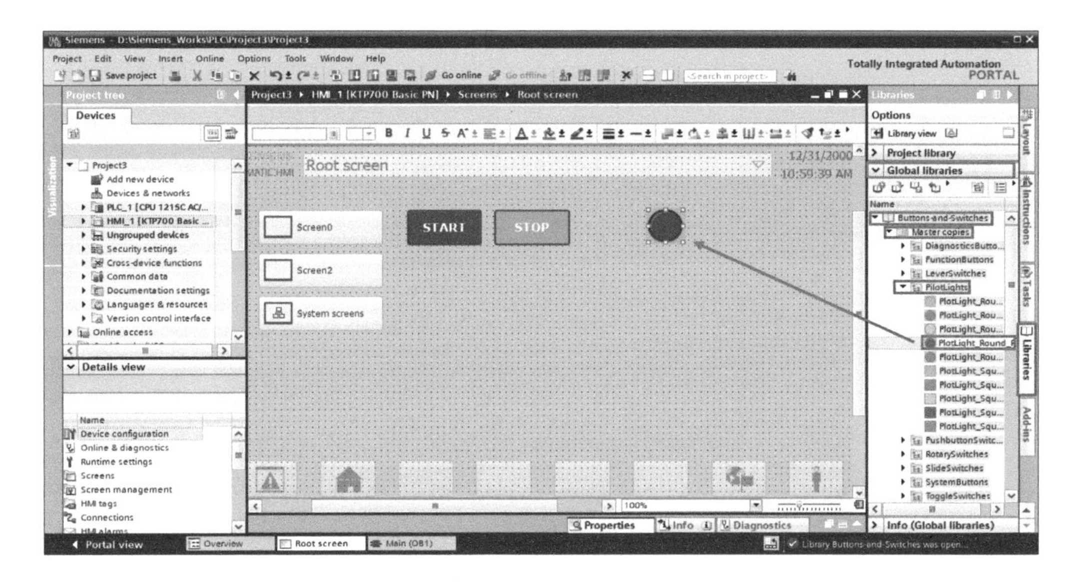

11) 램프의 속성을 정의한다. 빨간색 램프를 더블클릭하면 아래쪽에 [Properties]가 나타난다. [General]이란 항목에서 [Tag] 버튼을 클릭하여 [PLC tags]에서 LAMP1을 선택한다.

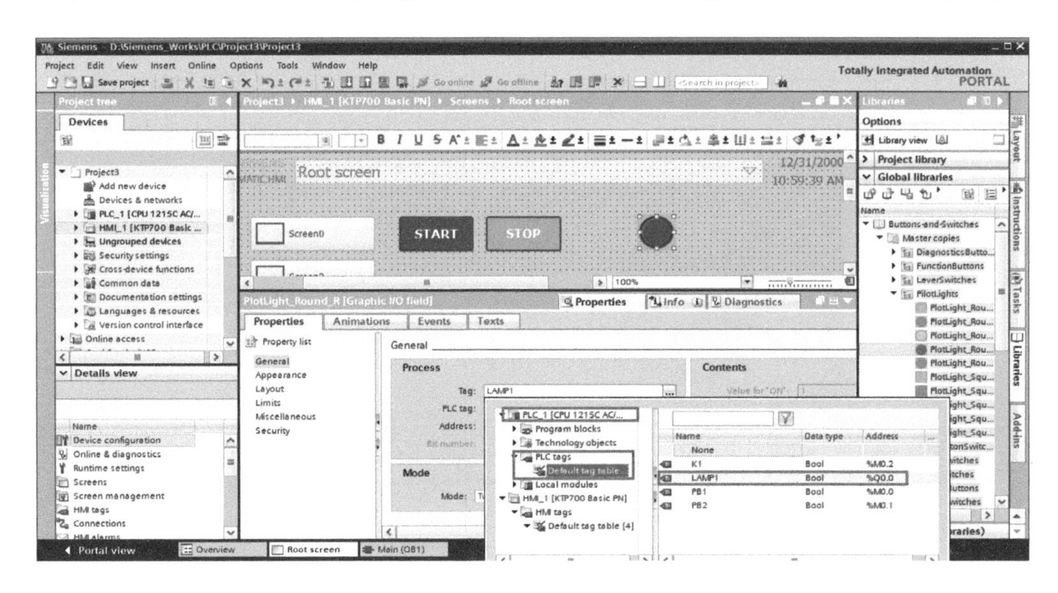

■ PLC 시뮬레이터 실행시키기

12) PLC 시뮬레이터 실행하기 위해 아래 그림에 나타낸 [Start Simulation] 아이콘을 클릭한다.

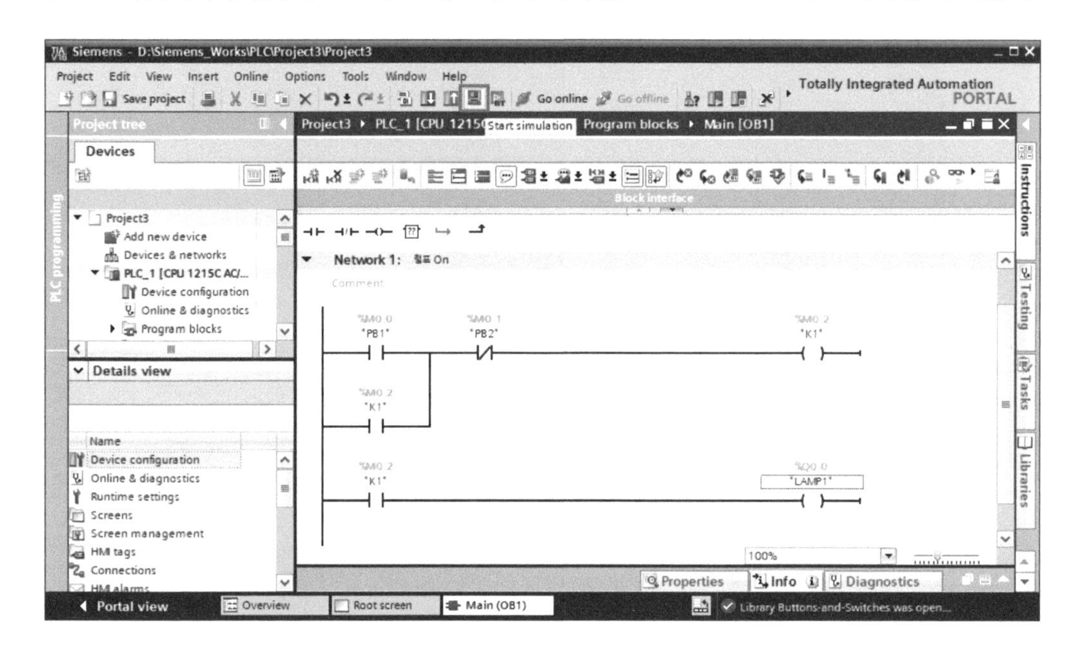

13) “Extended download to device”에서 [Start search] → [Load] 클릭한다.

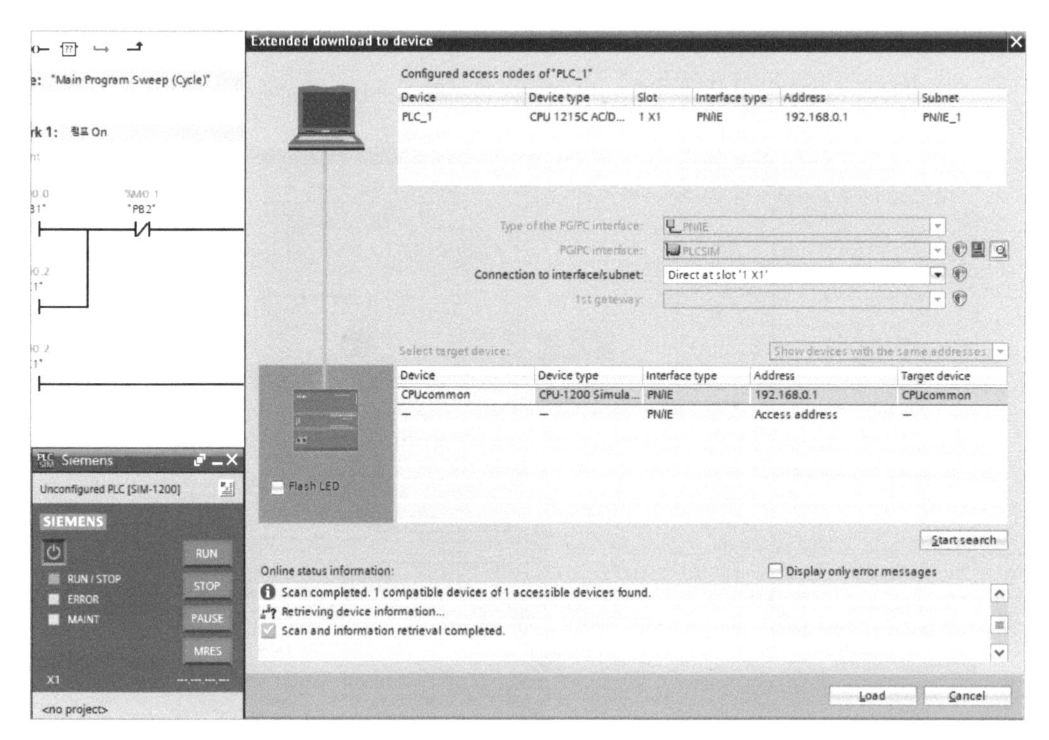

14) "Load preview"에서 [Load] 클릭하고, "Load results"에서 Start module을 선택한 다음 [Finish]를 클릭하면 PLC_1[CPU 1215C AC/DC/Rly] 시뮬레이터가 실행된다.

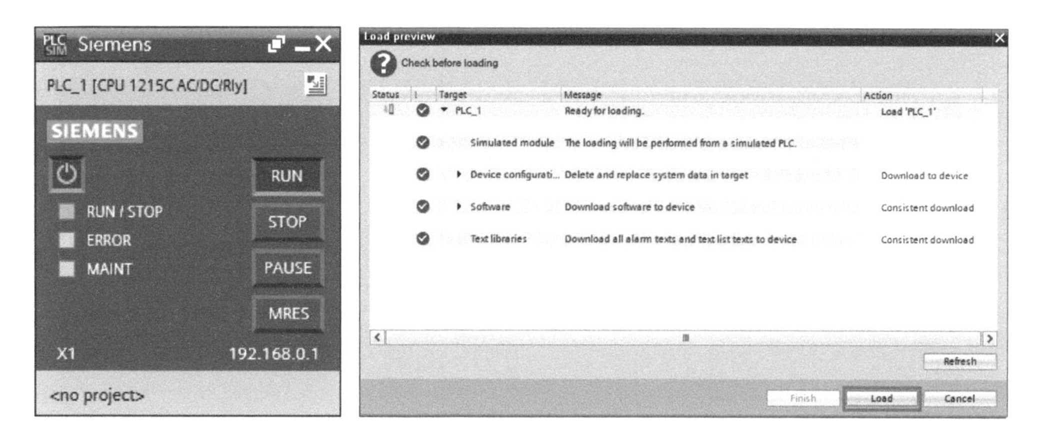

15) "Go online"을 클릭하고, "Monitoring"을 선택하여 [PLC 램프 On] LAD 프로그램의 모니터링을 시작한다.

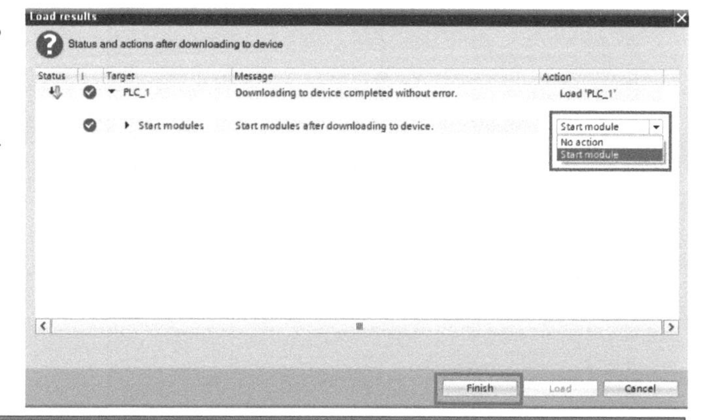

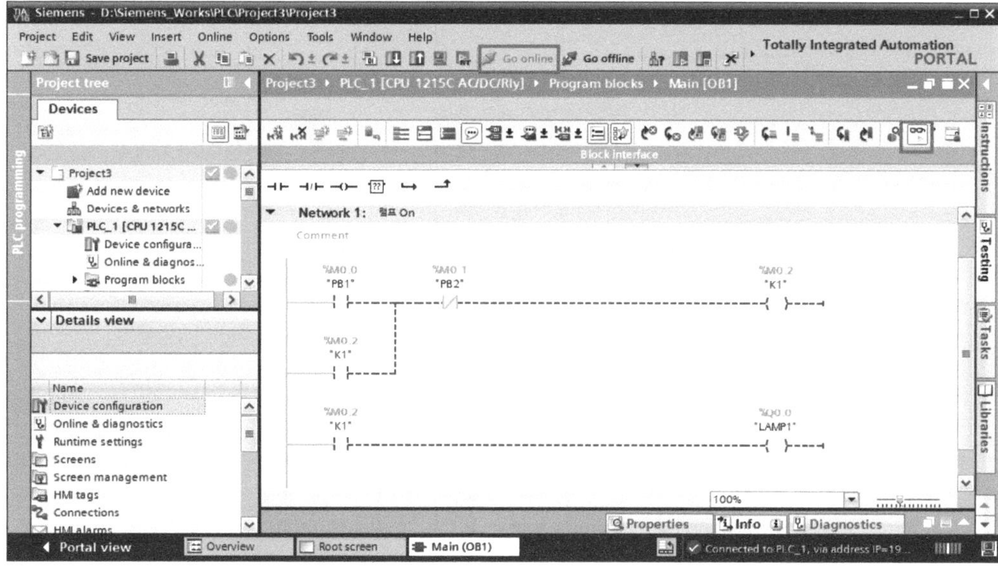

■ HMI 시뮬레이터 실행시키기

16) "HMI_1 [KTP700 Basic PN]"을 선택하고 [Start simulation] 아이콘을 클릭한다.

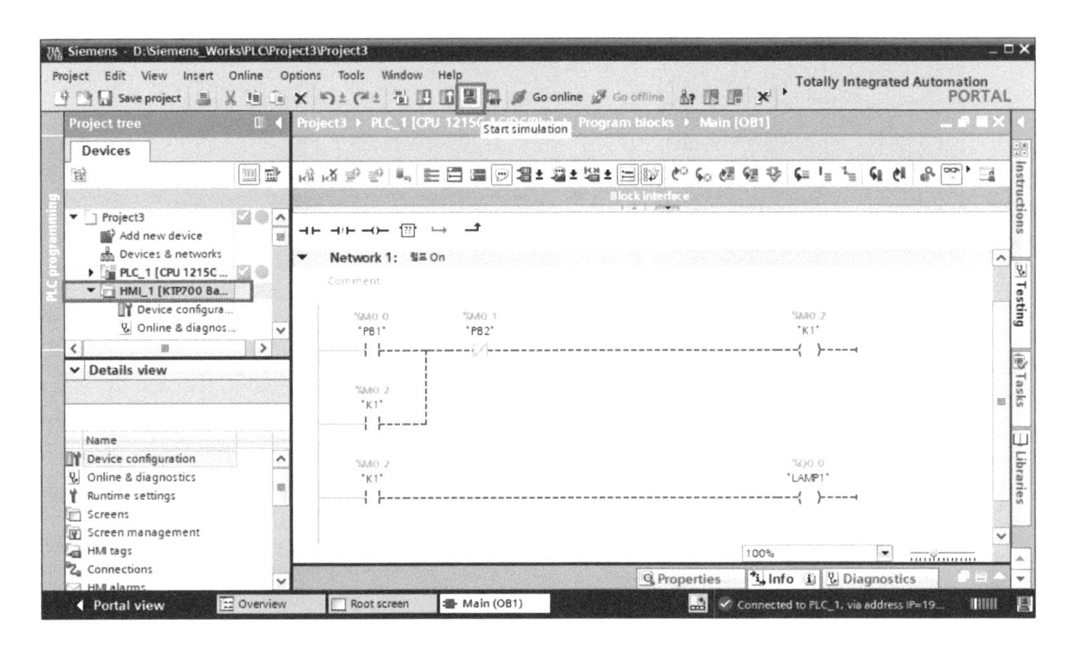

17) HMI 시뮬레이터가 다음과 같이 실행된다.

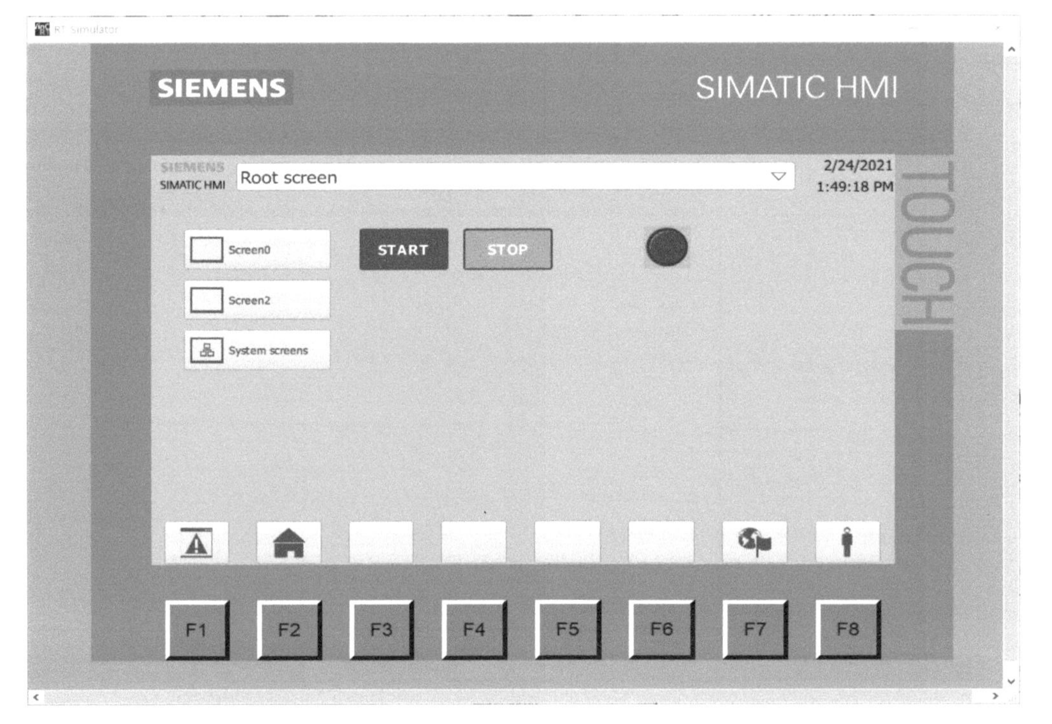

18) [Start] 버튼을 누르면 램프에 불이 켜지고, [Stop] 버튼을 누르면 꺼진다.

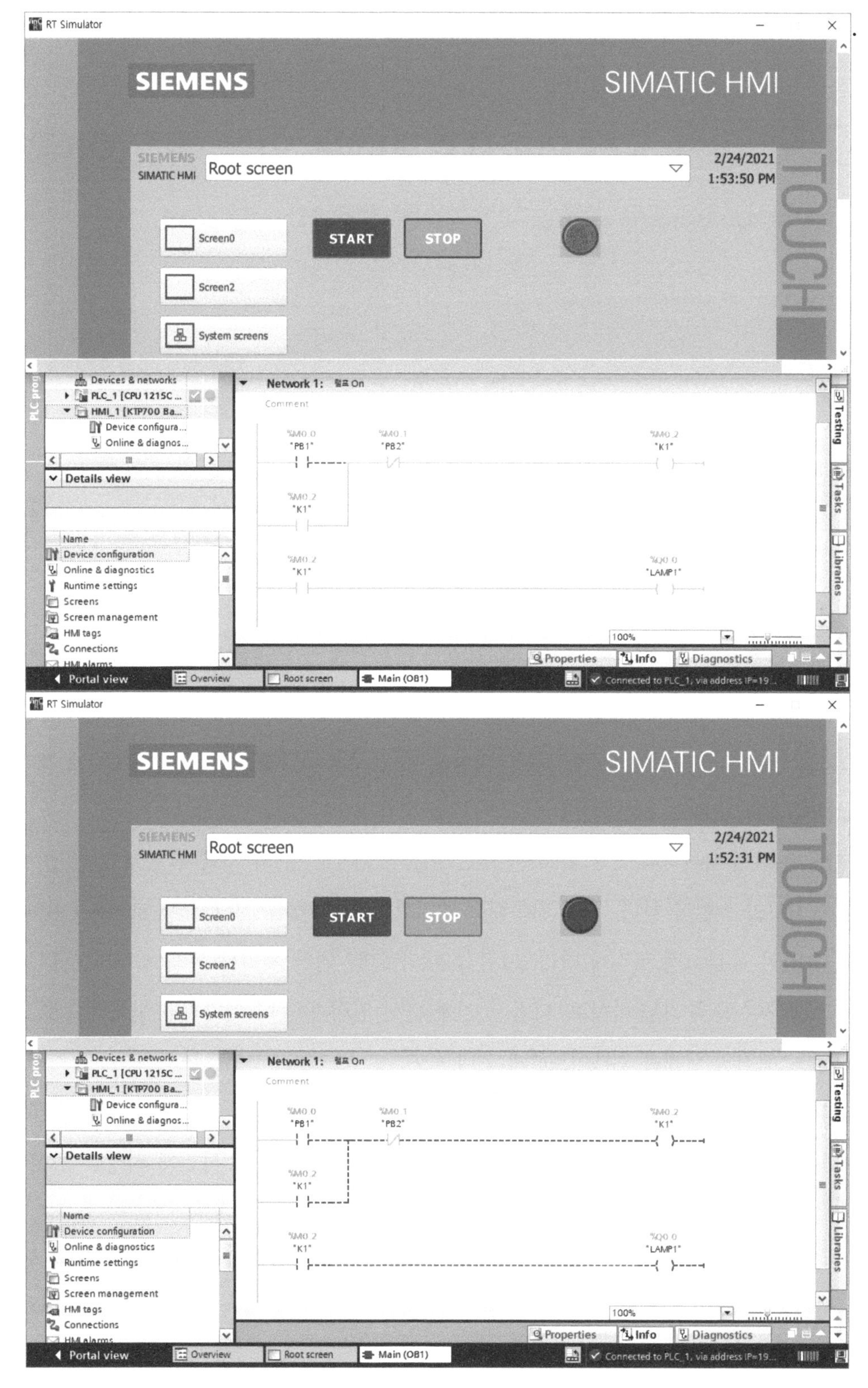

DIGITAL TWIN

05 STEP 7 프로그램을 위한 기초 이해

5.1 STEP 7 프로그램 개요

5.1.1 지멘스 PLC의 프로그램 코드 블록 유형

지멘스 PLC의 구조적 프로그램 방식은 객체 지향 프로그래밍 방식을 따른다. 객체 지향 프로그래밍은 같은 연산 기능을 중복으로 사용하지 않도록 기능별로 묶어 모듈화하여 재활용하기 때문에 프로그램 처리량을 획기적으로 줄일 수 있다. 따라서 [그림 2-31]과 같이 지멘스 PLC를 활용한 자동화 제어 프로그램을 작성할 때는 코드 블록(OB, FB, 혹은 FC)에 제어 명령어들을 삽입하여 프로그래밍한다. [20, 21]

코드 블록 중에서 OB(조직 블록)는 PLC의 운영 체계(CPU)와 사용자 프로그램(FB, FC) 사이의 연결고리 역할을 한다. 특히 지속해서 주기적으로 실행되는 프로그램 로직은 OB1에 저장한다. OB1의 프로그램 로직에 따라 [그림 2-29]의 CPU 연산 처리를 통해 입력과 출력 이미지를 1-스캔하여 한 주기를 마치고, 다음 주기에 다시 입력과 출력 이미지를 반복적으로 스캔하여 입출력 접점의 상태를 업데이트하게 된다.

이러한 OB1과 더불어 인터럽트나 오류 처리와 같이 이벤트 기반으로 동작하는 조직블록들도 있다. 이처럼 모든 OB는 특정 이벤트에 따라 CPU에 반응하며 사전에 지정된 우선순위에 따라 실행된다.

FB(펑션블록)는 다른 코드 블록에서 호출될 때 실행되는 서브 루틴이다. 호출하는 블록은 파라미터를 FB에 전달하고, 호출되는 FB의 인스턴스를 저장할 특정 데이터 블록(DB)을 지정한다. FB가 실행된 후 계속 사용할 수 있도록 인스턴스 DB에 입출력 파라미터를 영구적으로 저장함에 따라 "메모리가 있는" 블록이라고 부르기도 한다.

이러한 인스턴스 DB는 프로그램 데이터 저장을 위해 FB 호출 시 할당되는 블록이고, 글로벌 DB는 모든 블록에서 사용 가능한 데이터를 저장하는 블록이다. 이처럼 FB는 프로그램 내에 여러 번 호출이 가능함으로 반복되는 연산 기능의 중복 처리가 사라져 프로그램이 간결해진다. 예를 들면 하나의 FB는 여러 펌프와 밸브들을 제어할 수 있다. 이는 각각 다른 인스턴스 DB가 각 펌프와 밸브에 대한 특정 운전 파라미터를 포함할 수 있기 때문이다.

FC(펑션) 역시 다른 코드 블록에서 호출될 때 실행되는 서브 루틴이다. 호출하는 블록은 FC로 파라미터를 전달한다. 하지만 FC는 출력 파라미터값을 저장할 해당 인스턴스 DB 메모리가 없다. FC의 출력값이 사용자 프로그램에서 사용되려면 메모리 어드레스를 지정하거나 글로벌 DB를 할당받아야 한다.

DB(데이트 블록)는 프로그램 데이터를 저장하기 위해 사용하는 블록이다. 인스턴스 DB의 경우는 코드 블록이 FB를 호출할 시 FB의 출력 데이터를 저장하기 위해 할당하는 DB로 다른 코드 블록이 사용할 수 없다. 반면에 글로벌 DB는 모든 코드 블록에서 데이터를 읽어 오거나 직접 데이터를 기록할 수 있는 DB를 말한다.

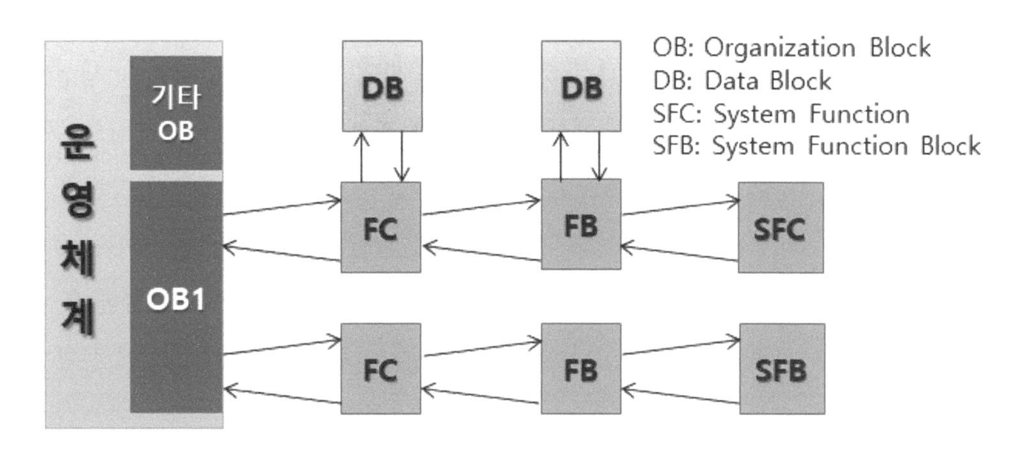

[그림 2-31] 지멘스 PLC를 활용한 자동화 제어 프로그램의 코드 블록

5.1.2 프로그램 구조

1) 선형 프로그램

선형 프로그램은 모든 명령어를 차례대로 하나씩 실행시킨다. 지멘스 PLC에서 선형 프로그램은 모든 프로그램 명령어를 하나의 프로그램 사이클 조직 블록, OB1에 입력하여 반복적으로 실행한다. 본 교과에서는 이러한 선형 프로그램을 사용하여 빔-엔진 장치를 제어한다.

- 전체 프로그램이 한 개의 연속된 조직 블록 OB1에 있음.
- PLC의 CPU는 개별 명령을 순차적으로 처리함.

2) 객체 지향 프로그램

객체 지향 프로그램은 특정 작업을 수행하는 코드 블록을 호출한다. 객체 구조를 생성하려면 복잡한 자동화 작업을 기능별 작업에 맞춰 작은 서브 루틴 작업 형태로 나눠야 한다. 각 코드 블록은 각 서브 루틴 작업을 위한 프로그램 단위를 제공한다. 사용자는 다른 블록에서 하나의 코드 블록을 호출함으로써 프로그램을 구조화시킬 수 있다.
일반 작업을 수행하는 FB과 FC를 통해 사용자는 작업 유형별 코드 블록을 생성한다. 그 후 다른 코드 블록에서 이러한 재사용이 가능한 프로그램 모듈들을 호출함으로써 객체 지향 프로그램의 구조를 완성한다. 호출하는 블록은 호출되는 블록의 장치에 맞는 파라미터를 전달하고, 하나의 코드 블록이 다른 코드 블록을 호출할 때, CPU는 호출되는 블록에서 프로그램을 실행하게 된다. 그리고 호출되는 블록이 실행을 종료한 후, CPU는 다시 호출하는 블록의 실행을 시작하고 블록 호출 이후에 이어지는 명령어 실행이 계속된다.

- 블록으로 나누어져 있음.
- 모든 블록은 부분적인 작업 수행을 위한 프로그램만으로 구성
- OB1은 정해진 순서로 다른 블록을 호출하는 명령을 포함
- 변수를 갖는 블록(변수 할당 가능 블록)이 있음.

• 범용적으로 사용될 수 있도록 설계
• 변수 할당 가능 블록 호출 시 현재의 변수들(변숫값, 입력 및 출력의 정확한 메모리 주소)이 주어짐

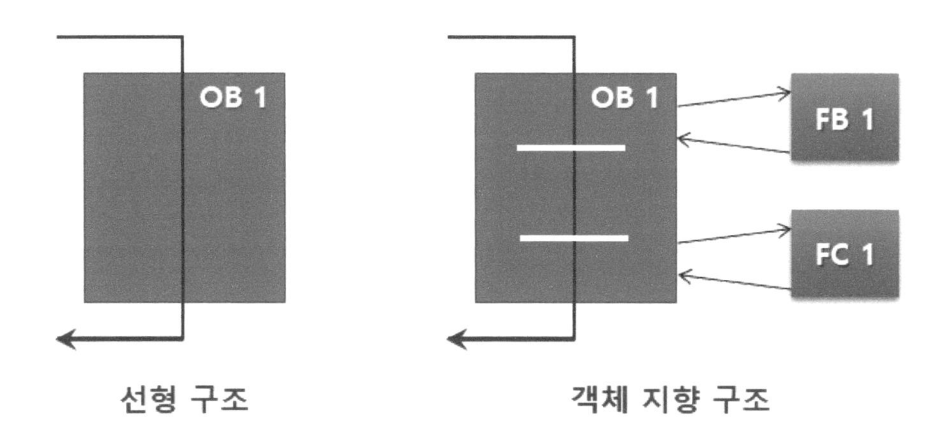

[그림 2-32] 지멘스 PLC의 프로그램 구조

5.2 STEP7 프로그램 편집 및 수정

5.2.1 TAG 테이블 만들기

3.3절에서 소개한 시작 버튼을 누르면 램프가 점등되고 정지 버튼을 누르면 램프가 소등되는 프로그램을 TAG(사용자 설정 변수명)를 활용하여 작성한다.

1) 프로젝트 트리의 PLC_1 [CPU 1215C AC/DC/Rly] → [PLC tags] → [Default tag table] 선택 → [Name]은 "START" 입력 → [Data Type]은 [Bool] 선택 → [Address]는 "I0.0"을 입력한다. 나머지 Tag를 다음 [표 2-8]과 같이 입력한다.

[표 2-8] 램프 점등과 소등을 위한 PLC 프로그램 TAG

Name	Data Type	Address	설명
시작 버튼	BOOL	%I0.0	입력 메모리 할당
정지 버튼	BOOL	%I0.1	입력 메로리 할당
내부 릴레이1	BOOL	%M100.1	내부 메모리 할당
램프	BOOL	%Q0.0	출력 메모리 할당

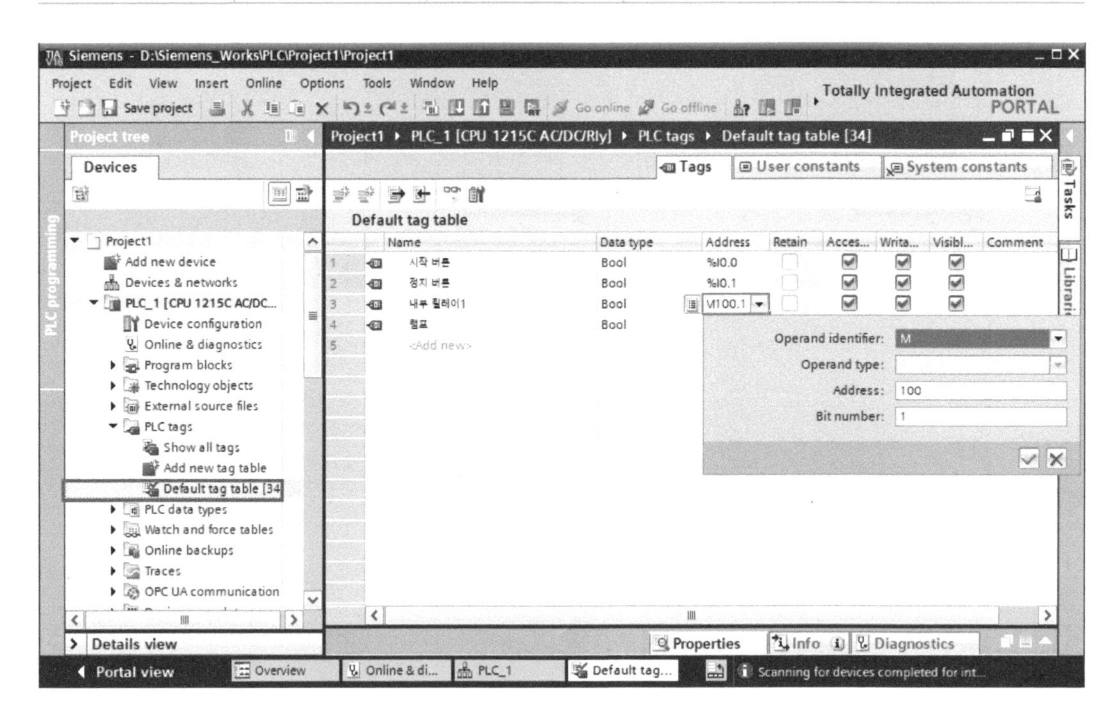

5.2.2 프로그램 명령 지정에 TAG 테이블 사용하기

1) 래더 프로그램은 Main [OB1]에 CPU가 순차적으로 실행하는 명령들로 구성한다. “Favorites” 버튼을 사용하여 [네트워크 1]에 자기 유지 회로를 위한 OR 회로도에 NO 접점, NC 접점 및 코일을 다음 그림과 같이 삽입한다. 그리고 새로운 렁을 추가하여 내부 릴레이 1의 a 접점과 램프의 ON/OFF를 위한 출력 접점을 다음과 같이 생성한다.

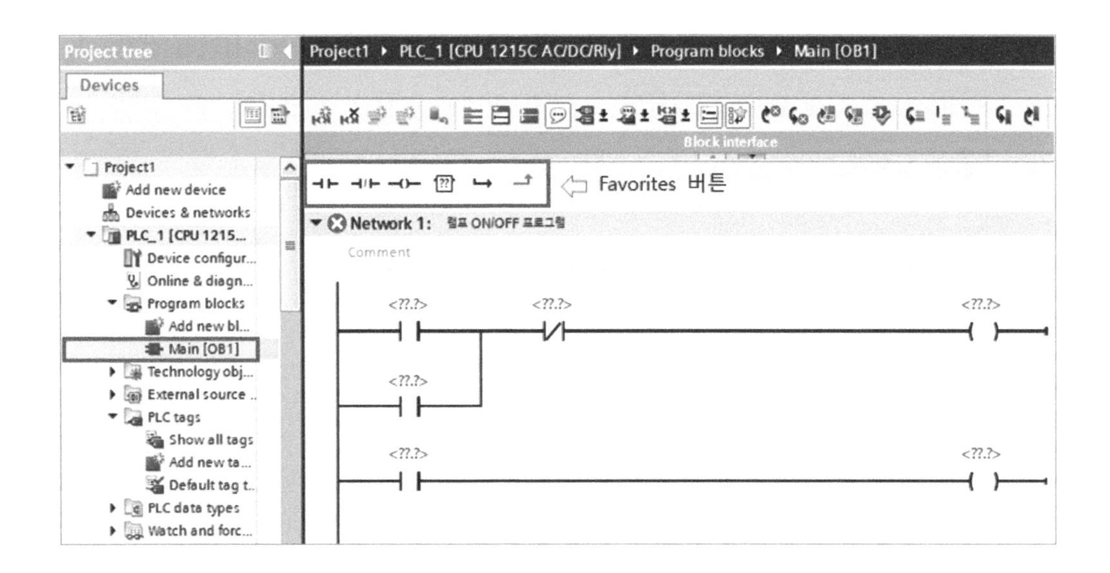

2) TAG table에서 작성한 입출력 관련 사용자 지정 변수와 내부 메모리에 할당된 사용자 지정 변수를 래더 프로그램에서 설정하는 방법은 다음과 같다. 먼저 [Network 1]의 [렁1]에 NO 접점의 〈??.?〉를 더블클릭하면 빈 상자의 오른쪽에 메모장 아이콘이 나타난다.

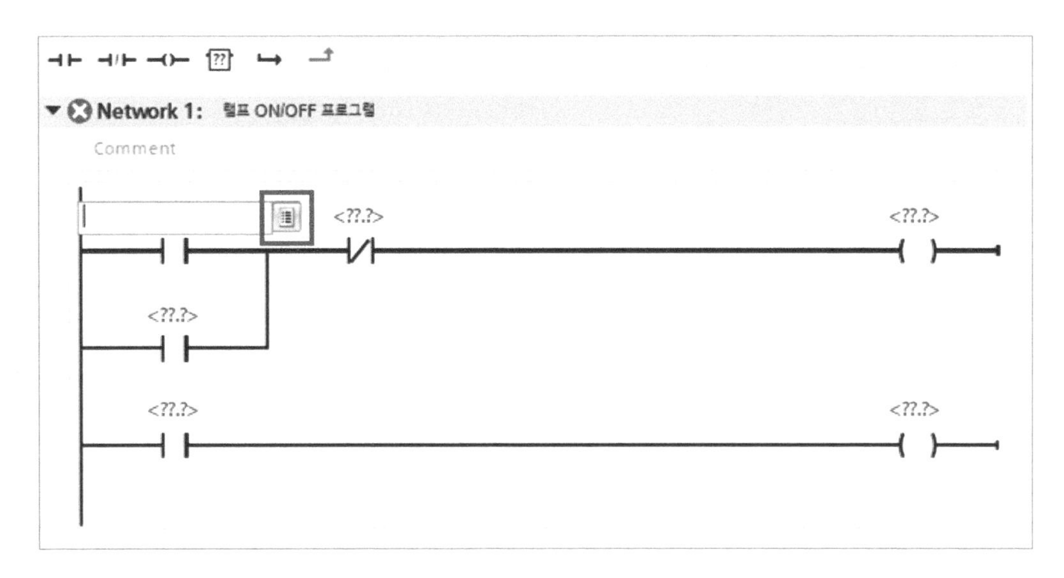

3) 메모장 아이콘을 클릭하면 TAB Table에서 정의한 사용자 변수들이 나타난다. 변수 중에서 [시작 버튼]을 선택한다. 동일한 방법으로 변수 할당을 완성한다.

[렁1] → NC 접점 〈??.?〉 더블클릭 → [메모장 아이콘] 클릭 → [정지 버튼] 할당,

[렁1] → 코일 〈??.?〉 더블클릭 → [내부 릴레이1] 할당,

[렁2] → NO 접점 〈??.?〉 더블클릭 → [내부 릴레이 1] 할당 ⇒ 릴레이1의 a 접점,

[렁3] → NO 접점 〈??.?〉 더블클릭 → [내부 릴레이 1] 할당 ⇒ 릴레이1의 a 접점,

[렁3] → 코일 〈??.?〉 더블클릭 → [램프] 할당

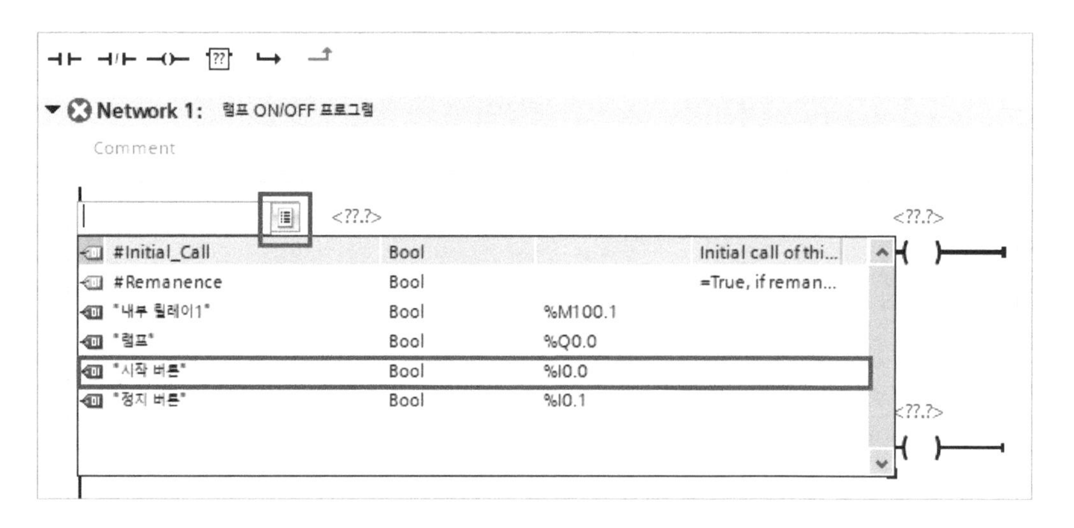

5.2.3 '박스' 명령 추가하기

1) "Favorites" 버튼을 사용하여 [네트워크 1]에 누름 버튼 [PB01]을 위한 NO 접점을 그림과 같이 삽입하고, 오른쪽 라인을 선택한 상태에서 "Favorites"에 있는 "BOX"를 클릭하여 새로운 '박스' 명령을 추가한다.

2) BOX의 〈??〉을 클릭하여 [move] 입력

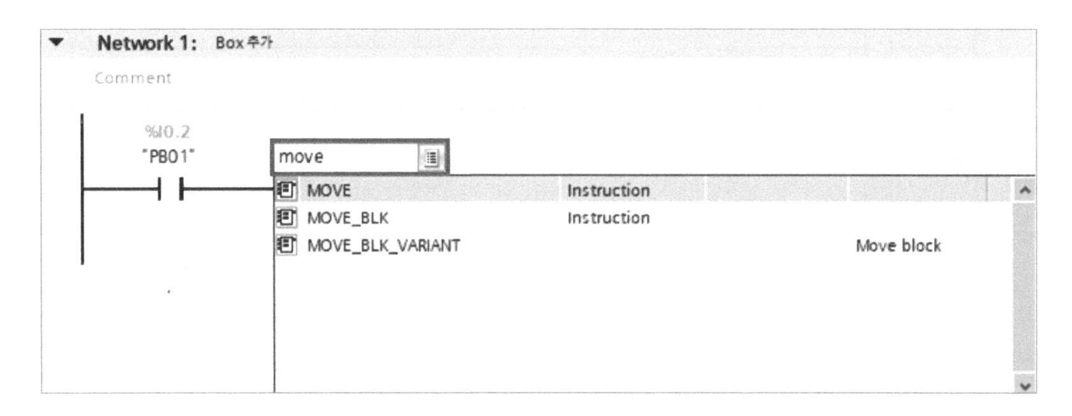

3) 리스트에서 [MOVE]를 선택 다음과 같이 MOVE 명령어가 추가된다.

- 일반적으로 BOX 명령은 왼편에 입력 접점들이 위치하고, 오른편에 '박스'로부터 출력되는 접점들이 위치한다. MOVE 명령어의 경우에는 PB01의 누름 버튼을 클릭하면 전기 신호가 MOVE의 EN(enable) 접점을 거쳐 흘러 들어가게 되고, MOVE에서 전기 신호가 감지되면 'IN' 접점을 통해 특정 값을 OUT1 접점으로 출력하게 된다. 이때 출력된 값은 할당된 내부 메모리 영역에 저장된다.

4) [MOVE]의 IN 입력 접점에는 정수 1을 입력하고, OUT1의 출력 접점에는 DT01이라는 사용자 변수를 지정한다. 'DT01'을 선택하고 마우스 오른쪽 버튼을 클릭하면 [Define tag…] 메뉴가 나타난다. [Define tag…]를 선택하고 'DT01'의 [Section: Global Memory] → [Address: %MB1] → [Data type: Byte]로 정의한다.

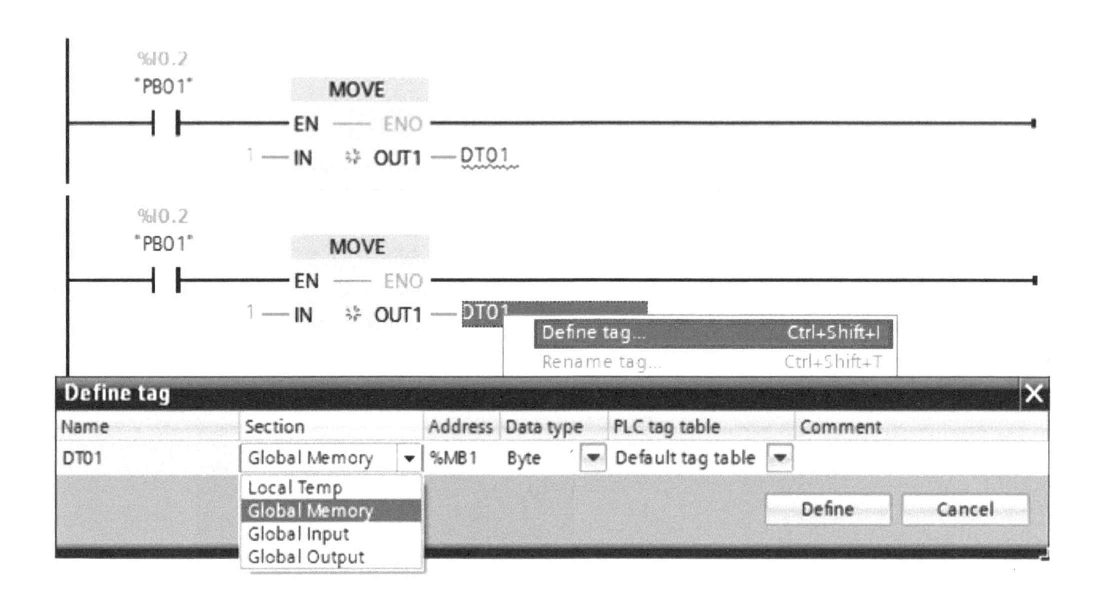

4) [MOVE] '박스' 명령의 출력 접점을 늘리고자 할 때는 노란색 [Insert output] 아이콘을 클릭하여 추가할 수 있다.

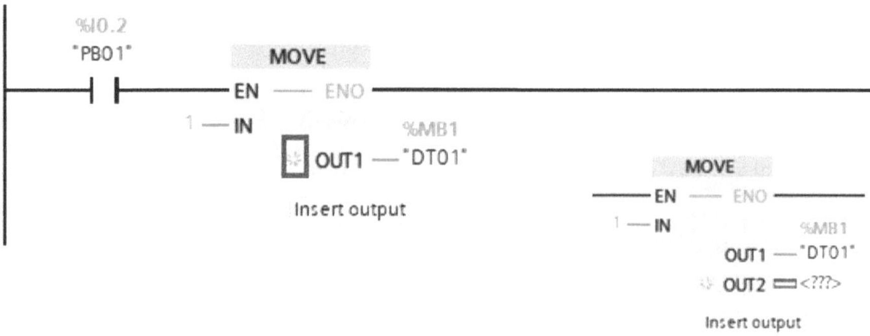

5.2.4 'Basic instructions' 활용하기

1) 프로젝트 트리에서 [Program blocks]을 클릭하고, 래더 로직 프로그램을 작성할 수 있는 Main[OB1]을 더블클릭하면, 래더 로직 프로그램의 명령어를 삽입할 수 있는 사다리의 렁을 닮은 [네트워크]가 나타난다. [Network 1]의 [렁1]에 필요한 명령어를 삽입하기 위해서는 'Favorites'에 있는 입력 접점과 출력 코일 및 박스 명령어를 사용할 수 있지만, 좀 더

다양한 종류의 명령어를 쉽게 활용할 수 있는 방법으로 프로젝트 뷰의 오른편에 있는 작업-카드에 [Instruction]을 클릭한다. [Basic instructions]을 선택하면 다음과 같은 명령어 폴더 메뉴를 확인할 수 있다.

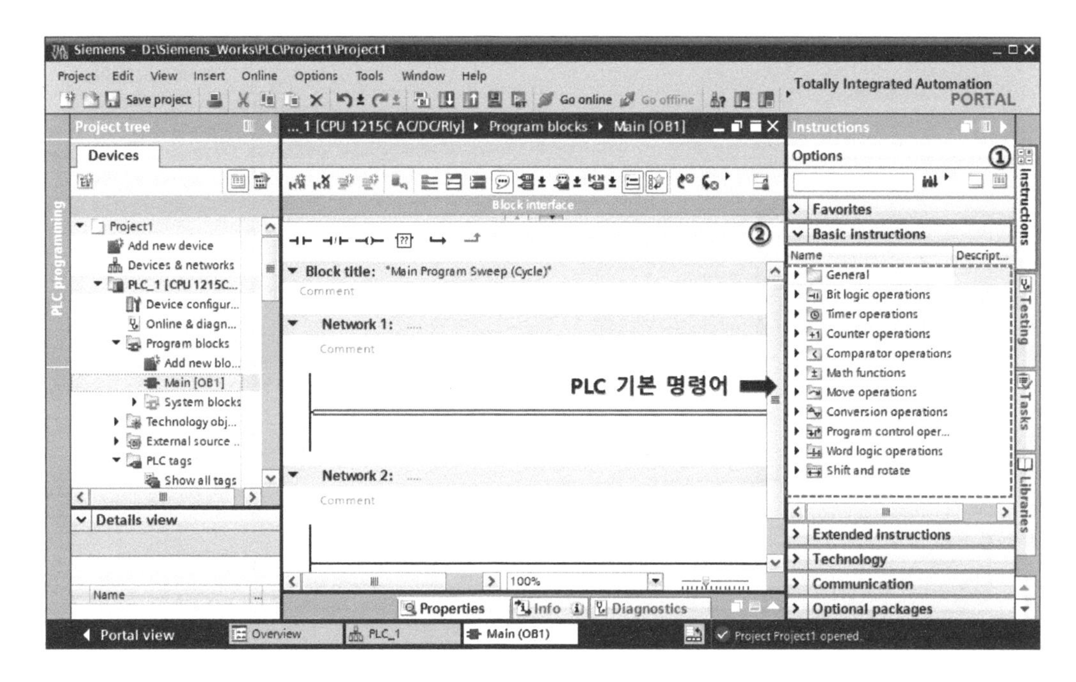

2) [Network 1]의 [렁1]을 선택한 다음, [Bit logic operations] 폴더 메뉴를 선택한다. NO 접점을 더블클릭하면 [렁1]에 NO 접점이 삽입되는 것을 확인할 수 있다.

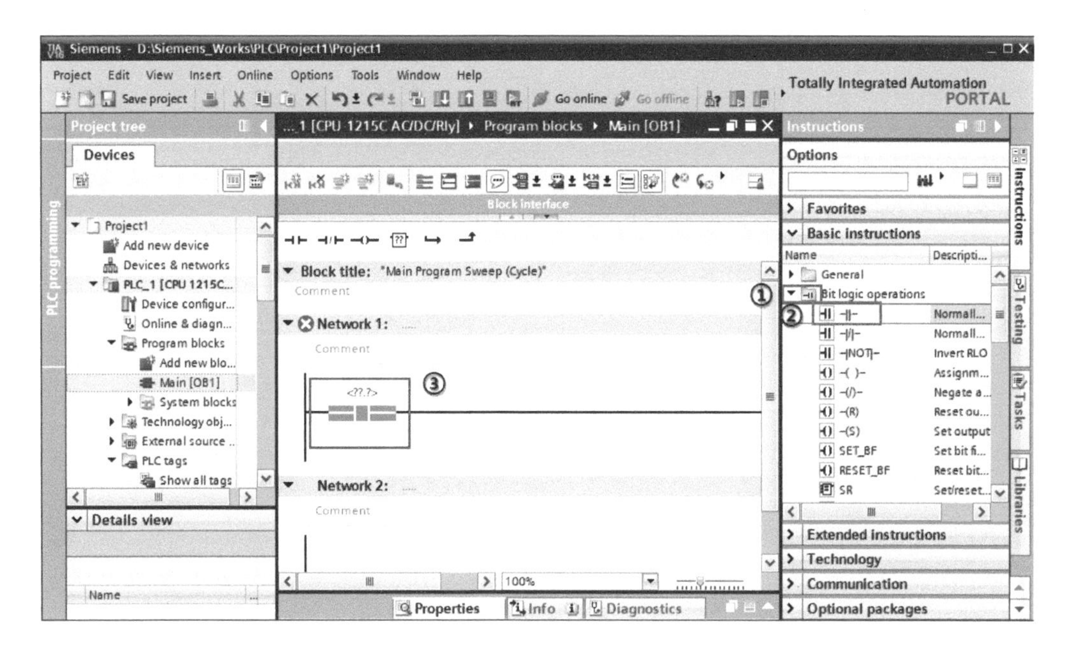

3) [렁1]의 오른쪽 선을 선택한 상태에서 [Math functions] 폴더 메뉴를 클릭하면 [ADD] 명령어가 나타난다. [ADD]를 더블클릭하면 [렁1]에 [ADD] 명령어가 추가되는 것을 확인할 수 있다.

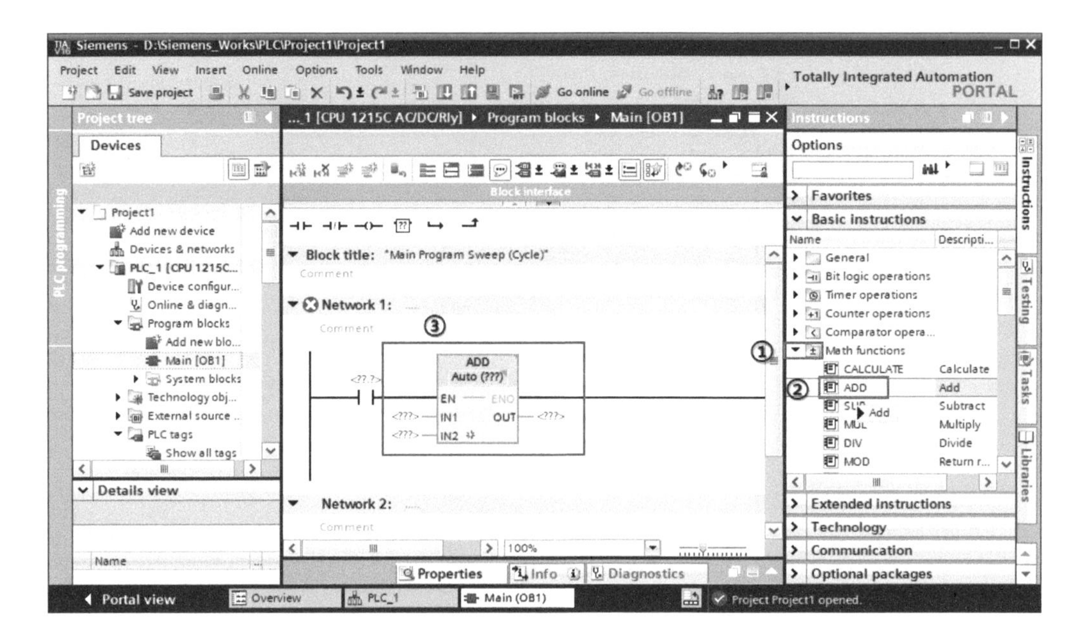

4) [Basic instructions]을 활용하면 [Bit logic operations], [Timer], [Counter], [Comparator] operations과 [Math functions], [Move operations] 등의 기본 명령어들을 쉽게 사용할 수 있다.

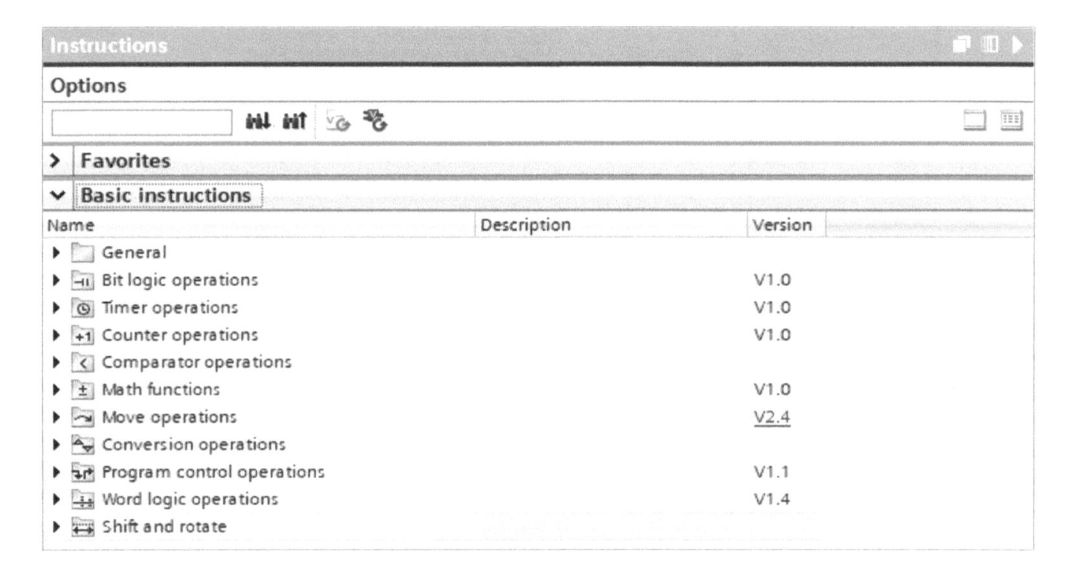

5.2.5 'Data Block' 생성하기

1) 프로젝트 트리에서 [Add new block]을 더블클릭하면, 새로운 블록을 추가할 수 있는 대화상자가 나타난다. 데이터 블록 'DB'을 선택하고, [Name]은 "TEST01", [Number]는 [Manual]로 지정하고 '10'을 입력한 다음, [OK]를 클릭한다.

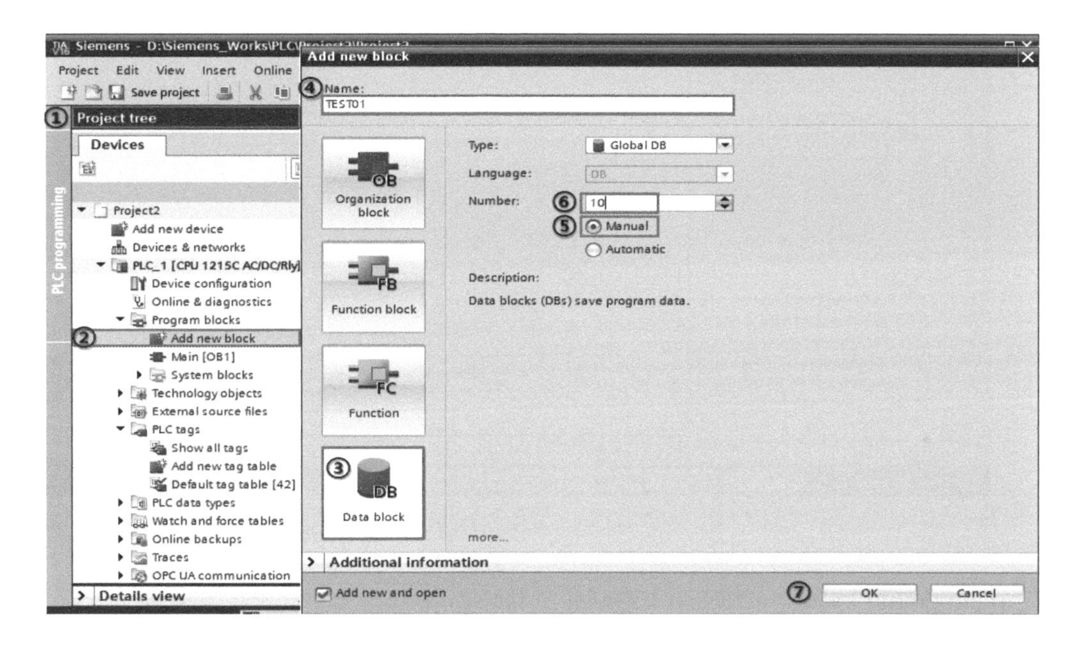

2) [Program blocks] → TEST01 [DB10]을 선택한 다음, 마우스 오른쪽 버튼을 클릭하여 [Properties]를 선택하고, [General] → [Attributes]에서 'Optimized block Access'에 체크를 해제한다.

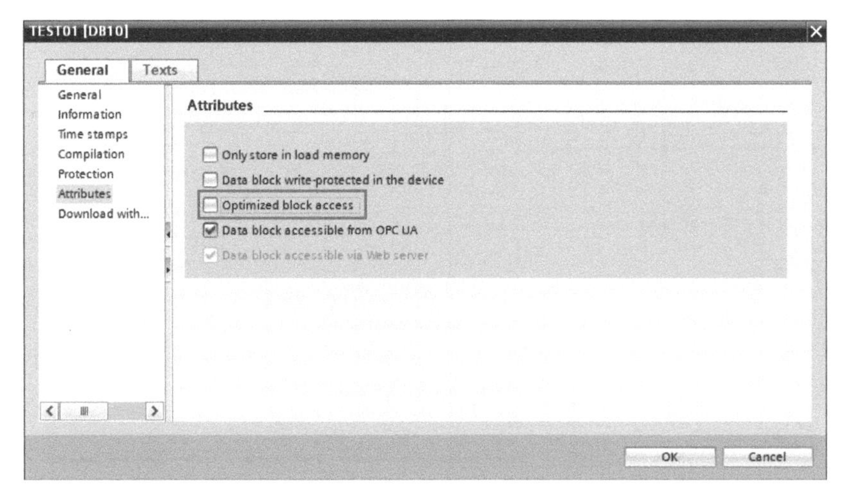

3) [Project tree] → [Program blocks] → 'TEST01 [DB10]'을 더블클릭한다. 'TEST01' 데이터 블록에 저장될 변수들에 대한 Name과 Data Type을 정의한다.

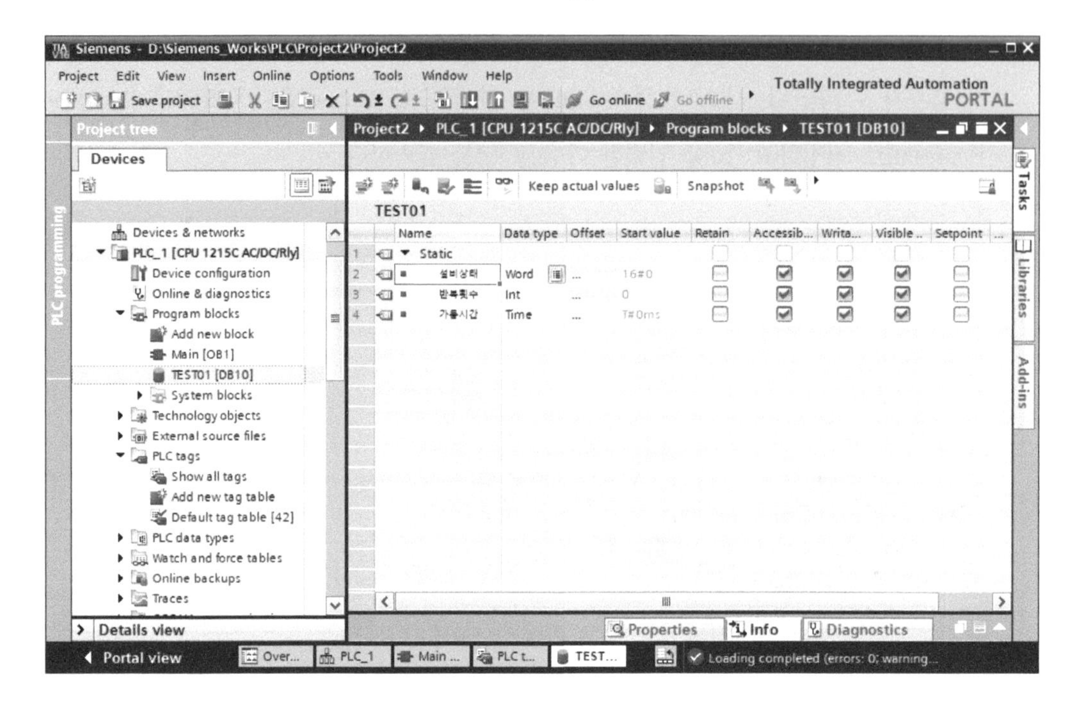

4) [Program blocks] → TEST01 [DB10]을 선택하고 마우스 오른쪽 버튼을 클릭 → [compile] → [Software (only changes)]를 선택하면 다음과 같이 [offset] 열에 각 변수에 대한 메모리 할당 영역을 확인할 수 있다.

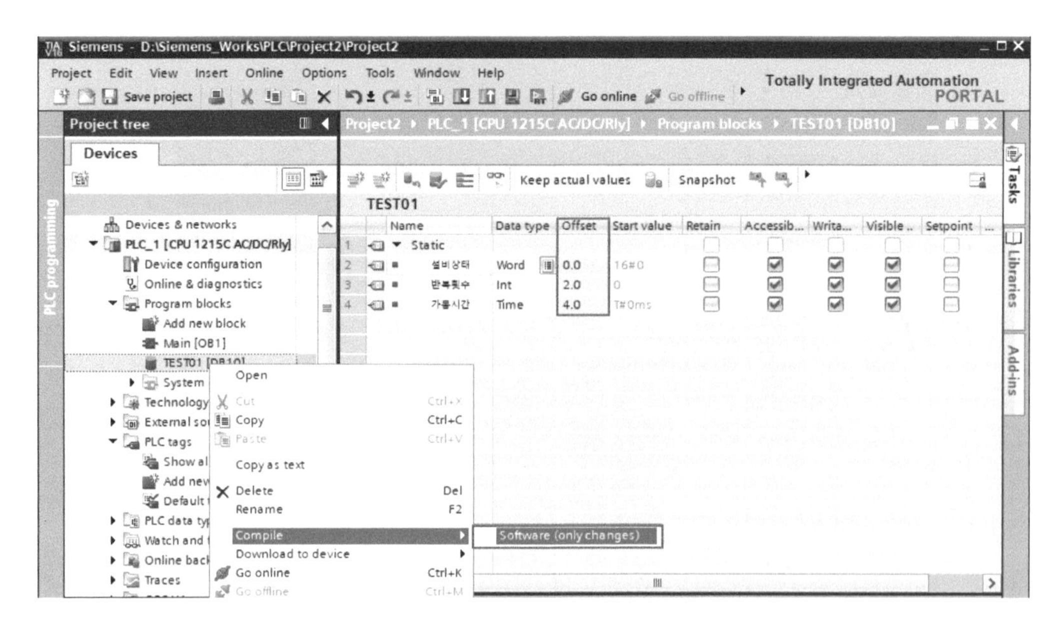

5.3 STEP 7 프로그램 기본 명령어

5.3.1 입력 접점과 출력 코일

1) **비트 입력 접점**: 비트 논리 연산의 입력 접점은 비트의 이진 상태(0/1)를 테스트한다. 입력 접점이 ON(1)일 때 "전구가 점등"되고 OFF(0)이면 "전구가 소등"된다. 즉 메모리 비트는 램프와 그 역할이 동일하다. 전구의 ON/OFF 상태로 정보를 전달한다.

- NO 접점(a 접점)은 할당된 비트값이 1이면 닫힘(ON)
- NC 접점(b 접점)은 할당된 비트값이 0이면 닫힘(ON)

2) **비트 출력 코일**: 비트 논리 연산의 출력 코일을 통과하는 전류 흐름이 있으면 출력 비트가 '1'로 설정되고, 신호의 흐름이 없으면 출력 코일 비트가 '0'으로 설정된다.

3) **SET/RESET 출력 코일**: SET 출력 코일(SET Output Coil)은 S가 활성화되면 할당 비트를 ON 상태로 유지한다. 따라서 SET 코일은 스스로 자기 유지가 가능하다. RESET 코일로 OFF 해야만 꺼진다. 반대로, RESET 출력 코일 (RESET Output Coil)은 R이 활성화되면 할당 비트를 OFF 상태로 만든다.

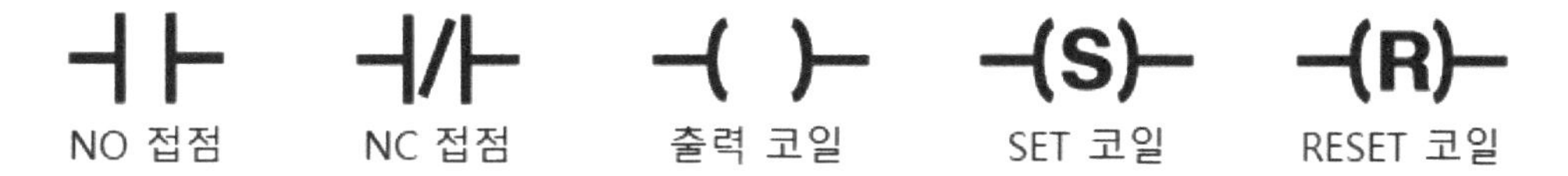

[그림 2-33] 비트 논리 연산의 접점과 코일의 종류

4) **-(P)-/-(N)- 피연산자 설정 출력 코일**: -(P)- 피연산자 설정 출력 코일(set operand on positive signal edge)는 할당 비트의 연산 결과가 펄스 상승일 경우에 (OFF→ON)만 1-스캔이 ON 된다. 그리고 -(N)- 피연산자 설정 출력 코일 (set operand on negative signal edge)는 할당 비트의 연산 결과가 펄스 하강일 경우에 (ON→OFF)만 1-스캔이 ON 된다.

- 이전 스캔의 비트 신호 상태가 [그림 2-34]의 M01, M02에 저장된다.
- PB01의 입력 비트 신호 상태가 OFF(0)→ON(1)으로 바뀔 때, 출력 코일 -(P)-은 ON(1)이 된다. 나머지 경우[계속 ON, 계속 OFF, ON(1)→OFF(0)]에는 모두 OFF(0) 상태가 된다.
- PB02의 입력 비트 신호 상태가 ON(1)→OFF(0)로 바뀔 때, 출력 코일 -(N)-은 On(1)이 된다. 나머지 경우(0, 1, 0→1)에는 모두 OFF(0) 상태가 된다.

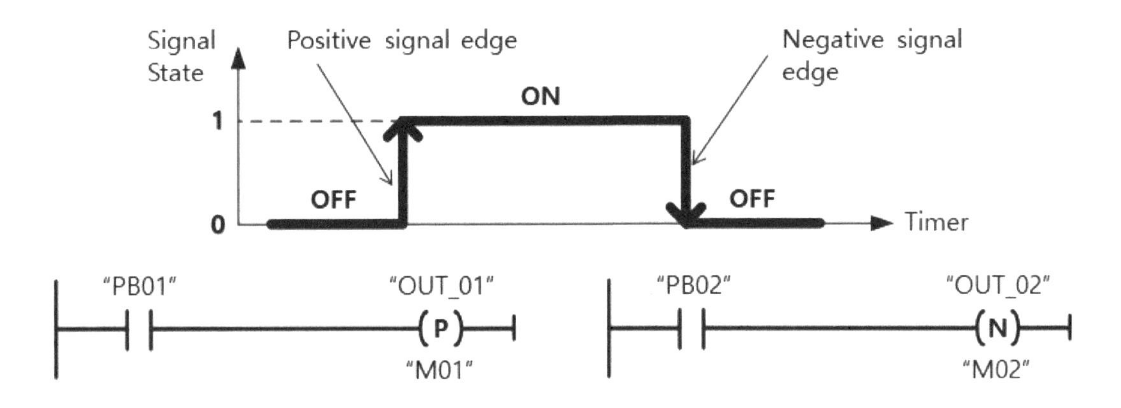

[그림 2-34] -(P)- / -(N)- 피연산자 설정 출력 코일

5.3.2 타이머 명령어

일반적으로 자동화 설비에서 장치의 구동 시간을 제어하고자 할 때, 타이머 명령어를 활용한다. STEP 7은 타이머 명령어가 래더 로직 프로그램에 삽입될 때, CPU의 메모리에 타이머용으로 미리 할당된 공간에 그 변숫값이 저장될 수 있도록 데이터 블록(DB)을 자동으로 생성해 준다. 메모리 영역은 타이머 주소당 16비트의 워드 하나가 확보된다. 그리고 래더 로직 프로그램에는 256개의 타이머가 지원된다.

시간을 표현하는 방법은

- T#'숫자'h_'숫자'm_'숫자's_'숫자'ms -

h = 시간, m = 분, s = 초, ms = 밀리초를 의미한다.

예) t#4s = 4초, t#2h_15m = 2시간 15분, t#1h_12m_18s = 1시간 12분 18초

1) TP: [펄스 타이머]는 설정된 시간 폭을 갖는 펄스를 발생시킨다.

- 명령어: [Basic instructions] → [Timer operations] 폴더 메뉴 → [TP] 더블클릭 → [Call options] 창에서 데이터 블록(DB)의 이름과 DB의 번호를 지정. [예) name = TMR01, number = 10] → [Network 1]의 [렁1]에 명령어가 추가됨.

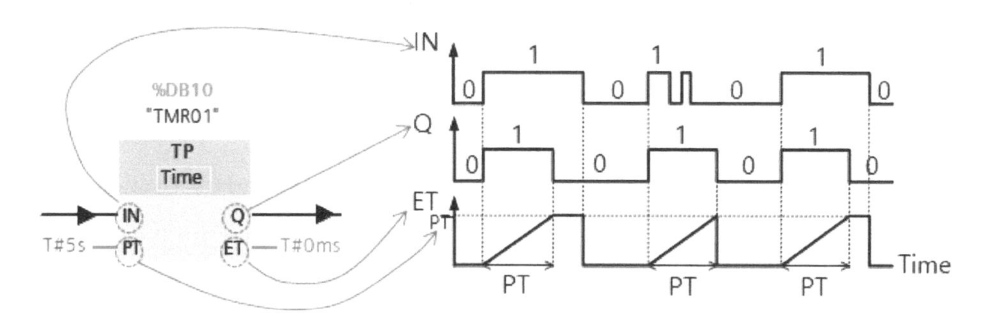

[그림 2-35] TP 타이머

TP 타이머의 IN 접점을 통해 전기 신호가 들어오면(ON), PT(Preset time)에서 정의된 5초(T#5s)까지의 펄스 신호를 Q 접점을 통해 출력한다.

ET는 TP 타이머의 동작 경과 시간을 나타내는 파라미터이다. IN 접점을 통해 들어오는 전기 신호가 OFF(0) 되면 TP 타이머가 초기화된다.

2) TON: [온 딜레이 타이머]로 설정 시간만큼 시간 지연 후에 출력이 ON 된다.

- **명령어**: [Basic instructions] → [Timer operations] 폴더메뉴 → [TON] 더블클릭 → [Call options] 창에서 데이터 블록(DB)의 이름과 DB의 번호를 지정. [예) name = TMR02, number = 1] → [Network 1]의 [렁1]에 명령어가 추가됨.

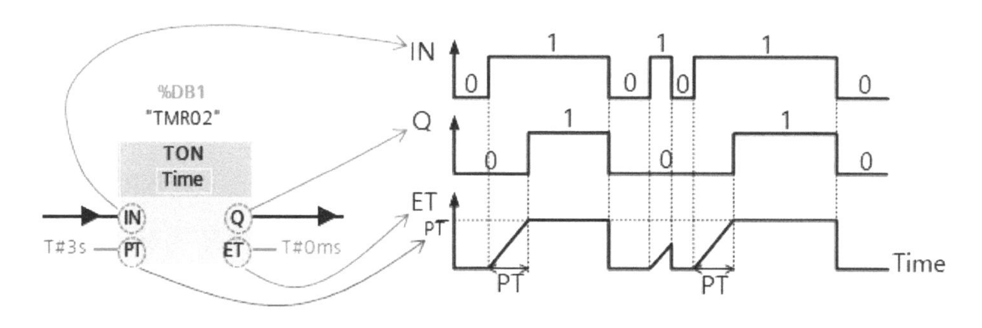

[그림 2-36] TON 타이머

TON 타이머의 IN 접점에서 ON(1) 신호를 감지하면, PT 파라미터에서 정의된 3초(T#3s)의 시간이 지난 후에, Q 접점을 통해 전기 신호가 출력된다. 그리고 ET는 PT에서 사전 설정된 시간까지의 경과 시간을 나타내는 파라미터이다.

설정 시간에 도달하면 그 값을 계속 유지하고, 타이머의 IN 접점에서 전기 신호가 OFF(0) 되면 타이머의 경과 시간(ET)이 영(0)으로 되면서, TON 타이머가 초기화된다.

3) TOF: [오프 딜레이 타이머]로 출력 Q는 IN 접점에서의 신호가 OFF(0) 되면 PT 파라미터에서 설정한 시간만큼 시간을 지연시킨 후에 Q 출력 신호를 OFF(0) 시킨다, IN 접점을 통해 다시 신호가 흘러들어오면 TOF 타이머의 ET가 초기화된다. 그리고 TP, TON, TOF 타이머는 동일한 입력과 출력 파라미터를 갖는다.

- **명령어**: [Basic instructions] → [Timer operations] 폴더 메뉴 → [TOF] 더블클릭 → [Call options] 창에서 데이터 블록(DB)의 이름과 DB의 번호를 지정. [예) name = TMR03, number = 12] → [Network 1]의 [렁1]에 명령어가 추가됨.

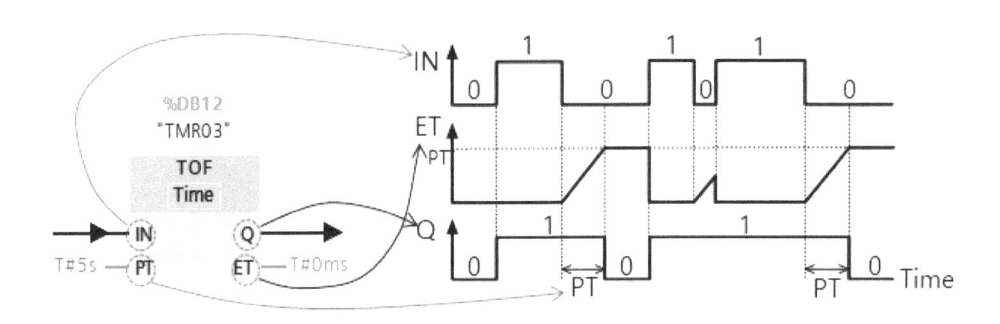

[그림 2-37] TOF 타이머

4) TONR: [적산 타이머]의 출력 Q는 PT에서 설정한 시간만큼 시간 지연 후에 신호가 ON 된다. ET에서의 경과 시간은 지속해서 누적되고, R 접점에 입력 신호가 들어오면 경과된 시간이 초기화된다. TONR 타이머는 별도의 리셋 접점 R을 갖는다.

- **명령어**: [Basic instructions] → [Timer operations] 폴더 메뉴 → [TONR] 더블클릭 → [Call options] 창에서 데이터 블록(DB)의 이름과 DB의 번호를 지정. [예) name = TMR04, number = 13] → [Network 1]의 [렁1]에 명령어가 추가됨.

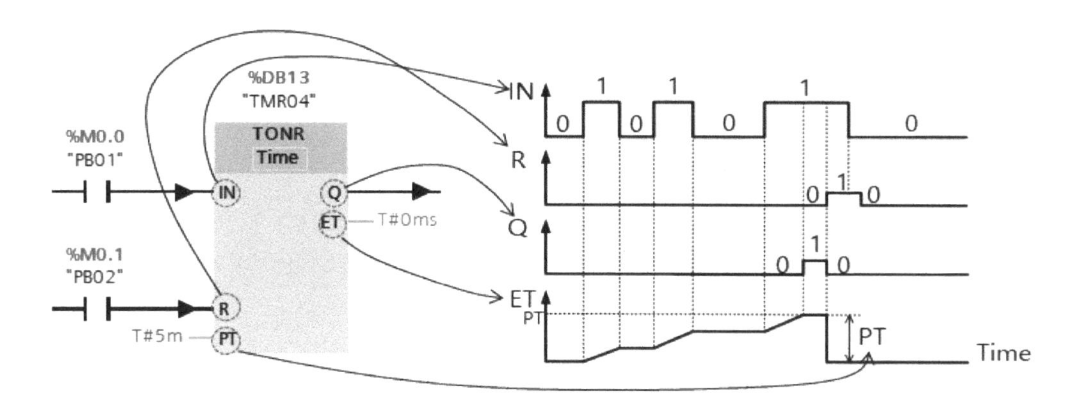

[그림 2-38] TONR 타이머

PB01 스위치를 누르면 TONR 타이머의 IN 접점을 통해 전기 신호가 ON(1) 되고, 스위치에서 손을 떼면 TONR 타이머의 전기 신호가 OFF(0) 된다. ET 파라미터에 ON 상태의 누적 경과 시간이 저장되고, PT 파라미터값에 설정된 5분(T#5m)의 시간에 도달하면, Q 접점을 통해 전기 신호가 출력(ON)된다.

그리고 PB02 스위치를 누르면 타이머의 R(Reset) 접점을 통해 전기 신호가 입력되면서(ON) 타이머의 경과 시간(ET)이 영(0)으로 리셋된다. 즉 TONR 타이머가 초기화된다.

이러한 타이머 명령어 '박스'의 입출력 파라미터들에 대한 데이터 유형과 그 기능을 살펴보면 다음 [표 2-9]와 같다.

[표 2-9] 타이머 '박스'의 설정 파라미터값 설명

파라미터	데이터 유형	설명
IN	Bool	전력 흐름 (1 = 있음, 0 = 없음)을 표시함 TP/TON/TONR ⇒ 1 (타이머 활성화), 0 (타이머 비활성화) TOF ⇒ 1 (타이머 비활성화), 0 (타이머 활성화)
R	Bool	TONR '박스' 만 사용함 ⇒ 1 (초기화), 0 (초기화 없음)
PT	Time	사전 설정 시간 입력 (Preset Time input)
Q	Bool	'박스' 비트 출력
ET	Time	타이머 '박스'의 경과 시간(elapsed time)을 표시함

5.3.3 카운터 명령어

카운터 명령어는 내부 프로그램과 외부 프로세스의 이벤트를 카운팅할 때 사용한다. 각 카운터는 그 데이터값을 데이터 블록에 저장한다. 따라서 카운터 명령어가 Main[OB1] 프로그램에 추가될 때 데이터 블록이 할당되어야 한다. 각 카운터에는 16비트의 워드 하나에 해당하는 메모리가 할당되고, 래더 로직 프로그램에서 최대 256개의 카운터가 사용될 수 있다.

1) CTU(**가산 카운터**): CTU 카운터는 CU(Count up) 접점에서 전기 신호가 OFF(0) 상태에서 ON(1) 상태로 변경될 때 카운팅값이 1씩 올라간다. CV(Current count value)는 현재까지 CTU에 누적된 카운팅 값을 출력해 주는 파라미터값으로 그 값이 PV(Preset count value)에서 설정한 값보다 크거나 같으면 카운터의 Q 접점을 통해 전기 신호가 출력된다(ON). 그리고 접점 R의 상태가 OFF(0)에서 ON(1)으로 변경되면 현재까지의 카운팅값이 0으로 리셋되어 CTU 카운터가 초기화된다.

- **명령어**: [Basic instructions] → [Counter operations] 폴더 메뉴 → [CTU] 더블클릭 → [Call options] 창에서 데이터 블록(DB)의 이름과 DB의 번호를 지정
  [예) name = CT01, number = 20] → [Network 1]의 [렁1]에 명령어가 추가됨.

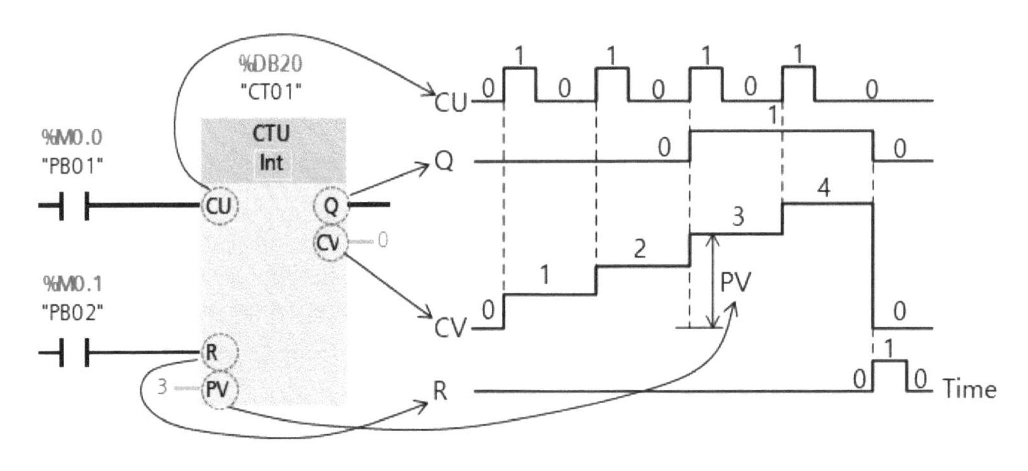

[그림 2-39] CTU 카운터

PB01 스위치를 누를 때마다 CU 접점이 OFF(0)에서 ON(1)으로 상태로 바뀌면서 카운팅되어 CV 파라미터값이 1씩 올라가게 된다. PB01 스위치를 3번 누르게 되면, CV의 카운팅값이 3이 되고, 이 값은 PV 파라미터값에 할당한 정숫값 3과 일치함으로 CTU 카

운터의 Q 접점에서 전기 신호가 출력된다(ON). PB01 스위치를 계속 누르면 CV의 카운팅의 횟수가 계속 올라간다.

그리고 PB02 스위치를 누르면 R 접점의 상태가 OFF(0)에서 ON(1)으로 바뀌면서 CV의 카운팅 횟수가 영(0)으로 리셋되어, CTU 가산 카운터가 초기화된다.

2) CTD(**감산 카운터**): CTD 카운터는 CD 파라미터가 0에서 1로 변경될 때, CV 파라미터 값이 1씩 차감된다. PV 파라미터에 설정값을 입력하고, LOAD 접점의 상태가 OFF에서 ON으로 변경되면, CV 파라미터의 현재 차감 카운팅값이 PV 파라미터에서 설정값으로 로딩된다. 그리고 CD 접점에서의 신호가 OFF에서 ON 상태로 바뀌는 횟수만큼 CV 파라미터값이 차감되고, CV 값이 0에 도달하면 CTD의 Q 접점에서 전기 신호가 출력된다(ON). CD 접점이 계속 OFF에서 ON 상태로 바뀌게 되면 CV 파라미터값이 음수로 계속 차감된다. LD 접점에 연결된 PB02 스위치를 다시 누르면 CV의 현재 차감 카운팅값이 PV의 설정값으로 로딩되면서 다시 초기화된다.

- **명령어**: [Basic instructions] → [Counter operations] 폴더 메뉴 → [CTD] 더블클릭 → [Call options] 창에서 데이터 블록(DB)의 이름과 DB의 번호를 지정
  [예) name = CT02, number = 21] → [Network 1]의 [렁1]에 명령어가 추가됨.

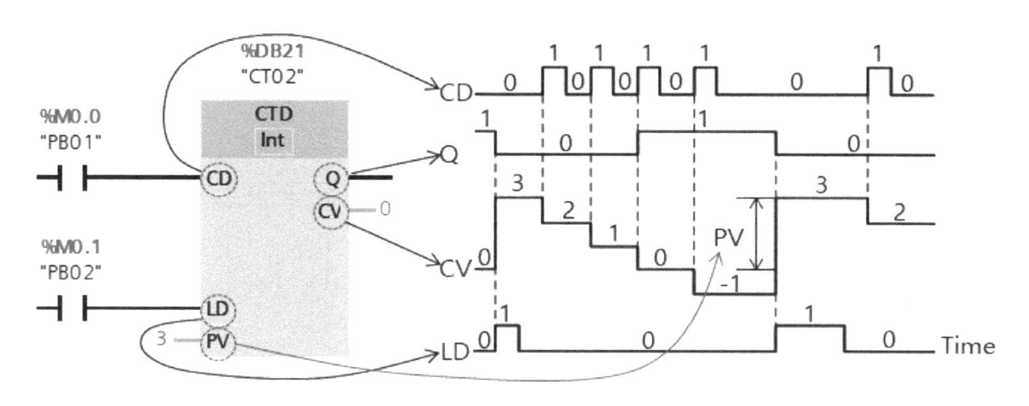

[그림 2-40] CTD 카운터

PB02 스위치를 누르면 CV의 차감 카운팅값이 PV 파라미터값으로 설정한 정수 3으로 초기화된다. 그리고 PB01을 한 번 누르면 CV 값이 3에서 2로 차감된다. PB01 스위치를 3번 누르면 CV = 0이 되면서 Q 접점에서 전기 신호가 출력된다(ON).

그리고 PB01을 한 번 더 누르면 CV = −1로 음수값으로 차감된다. CTD 카운터의 초기화를 위해 PB02 스위치를 누르면 CV 파라미터값이 −1에서 PV 설정값 3으로 다시 로딩된다.

3) CTUD(**가감산 카운터**): CTUD는 카운팅 업(CU)이나 카운팅 다운(CD) 입력이 0에서 1로 변경될 때 CV의 현재 카운팅값이 1씩 올라가거나 내려간다. CV 파라미터의 현재 카운팅값이 PV 파라미터의 설정값보다 크거나 같으면 QU 접점의 전기 신호가 출력(ON)되고, CV 파라미터의 현재 카운팅값이 0보다 작거나 같으면 QD 접점의 전기 신호가 출력(ON)된다. LD 접점이 0에서 1로 **변경되면** CV의 현재 카운팅값이 PV 설정값으로 로딩되고, QU 접점의 전기 신호가 **출력된다. 또한**, 리셋 파라미터 R이 0에서 1로 변경되면 현재의 카운터값은 0으로 리셋되고, QD 접점의 전기 신호가 출력된다.

- 명령어: [Basic instructions] → [Counter operations] 폴더 메뉴 → [CTUD] 더블클릭 → [Call options] 창에서 데이터 블록(DB)의 이름과 DB의 번호를 지정 [예) name = CT03, number = 22] → [Network 1]의 [렁1]에 명령어가 추가됨.

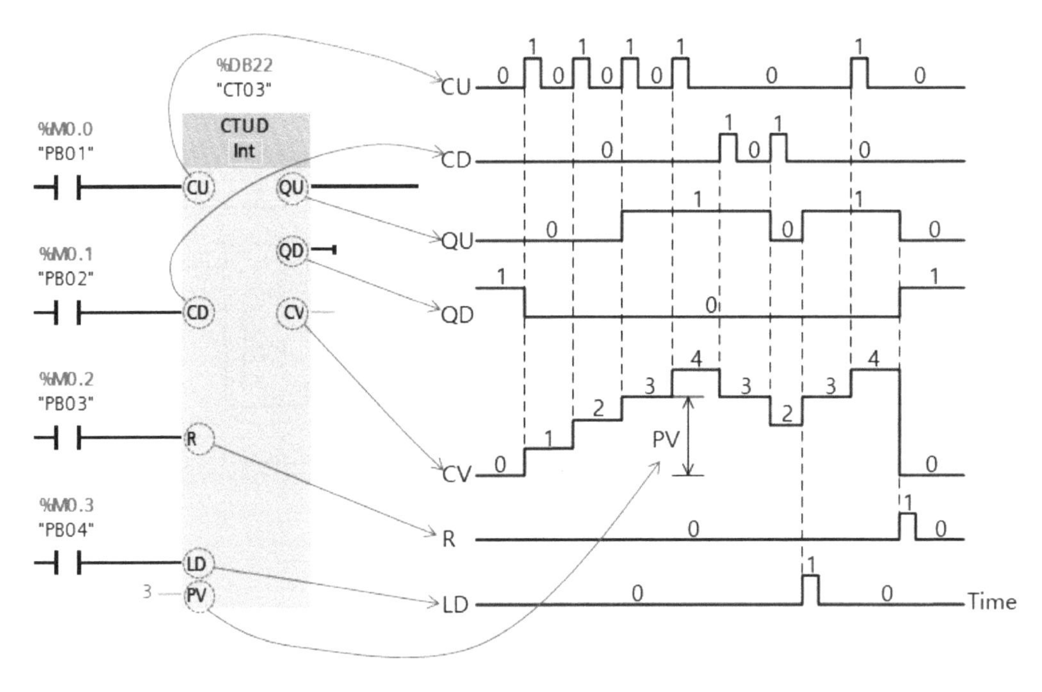

[그림 2-41] CTUD 카운터

CV(현재 카운팅값) 파라미터에 초깃값으로 영(0)이 입력되어 있다. 따라서 QD(감산 출력) 접점에서 CV = 0이므로 전기 신호가 출력되고 있다(ON). PB01 스위치를 누르면 CU(가산 입력) 접점이 OFF(0)에서 ON(1) 상태로 바뀌면서 CV의 누적 카운팅값이 1만큼 증가한다. 그리고 QD(감산 출력) 접점에서의 출력이 OFF(0) 상태로 변경된다. PB01 스위치를 3번 누르게 되면 CV(카운팅값)의 누적 카운팅값이 3이 되면서 QU(가산 출력) 접점에서 전기 신호가 출력된다(1). PB01을 한 번 더 누르면 PV 값이 3에서 4로 1만큼 증가한다.

그리고 PB02 스위치를 누르면 CD(감산 입력) 접점이 0에서 1로 상태가 변화하면서 CV(카운팅값) 값이 1만큼 차감되어 3으로 된다. PB02를 한 번 더 누르면 CV 값이 3에서 2로 다시 1만큼 차감되고, QU(가산 출력) 접점의 상태가 ON(1)에서 OFF(0)으로 바뀐다.

PB04 스위치를 누르면 LD 접점의 상태가 OFF에서 ON으로 바뀌면서 CV의 현재 카운팅값이 2에서 PV의 설정값 3으로 변경되어 다시 QU(가산 출력) 접점에서 신호가 출력된다. 이 상태에서 PB03 스위치를 누르면 R 접점이 OFF에서 ON으로 변경되면서 CV 값이 0으로 초기화된다. 따라서 처음과 동일하게 QD(감산 출력) 접점에서 출력 신호가 ON 된다.

이러한 카운터 명령어 '박스'의 파라미터들에 대한 데이터 유형과 그 기능은 다음 [표 2-10]과 같다. 그리고 카운터 이름 아래 있는 드롭다운 리스트에서 카운터값의 데이터 유형을 선택할 수 있다.

[표 2-10] 카운터 '박스'의 설정 파라미터값 설명

파라미터	데이터 유형	설명
CU, CD	Bool	입력 접점(CU, CD) 신호가 OFF(0) → ON(1)으로 변경될 때 CTU는 1씩 업(UP) 카운팅되고, CTD는 1씩 다운(DOWN) 카운팅된다.
R	Bool	리셋 접점(R) 신호가 OFF(0) → ON(1)으로 될 때 CTU와 CTUD 카운터에서 CV의 현재 카운팅 값이 영(0)으로 리셋된다.
LD	Bool	로드 접점(LD) 신호가 OFF(0) → ON(1)으로 될 때 CTD와 CTUD 카운터에서 CV의 현재 카운팅값이 PV에서 설정한 값으로 로딩된다.
PV	Sint, int, Dint, Uint	사용자가 입력하는 사전 설정 카운팅값이다. (Preset count value)

Q, QU	Bool	만약 CV(현재 카운팅값) ≧ PV (사전 설정 카운팅값) 이면 Q와 QU (출력 접점)에서 신호가 출력된다(ON).
QD	Bool	만약 CV(현재 카운팅값) ≦ 0이면 QD 출력 접점에서 신호가 출력된다(ON).
CV	Sint, int, Dint, Uint	현재까지의 카운팅값으로 0부터 시작한다. (Current count value)

5.3.4 MOVE 명령어

Move 명령어를 사용하여 데이터값을 새로운 메모리 어드레스로 복사하고, 하나의 데이터 유형에서 다른 데이터 유형으로 변경할 수 있지만, 소스 데이터는 Move 명령어 처리 과정에서 그 데이터 유형이 변경되지 않는다.

1) Move: Move 명령어는 특정 어드레스에 저장된 데이터값을 새로운 어드레스로 복사한다. IN 파라미터에 지정된 소스 어드레스의 단일 데이터값을 OUT 파라미터에 지정된 대상 어드레스로 복사한다. 출력을 추가하려면 [Create] [ ]아이콘을 클릭하거나 기존 OUT 매개변수 중 하나에 마우스로 클릭하고 [Insert output]을 클릭한다.
입력 접점 EN (enable)과 출력 접점 ENO (enable output)이 있는 박스 명령은 입력 접점 EN의 신호가 ON(1)인 경우에만 실행된다. 박스가 올바르게 처리되면 출력 접점 ENO의 신호 상태가 ON(1)이 된다. 처리 동안 오류가 발생하면 그 즉시 ENO가 OFF(0) 상태로 된다.

- **명령어**: [Basic instructions] → [Move operations] 폴더 메뉴 → [MOVE] 더블클릭 → [Network 1]의 [렁1]에 명령어가 추가됨.

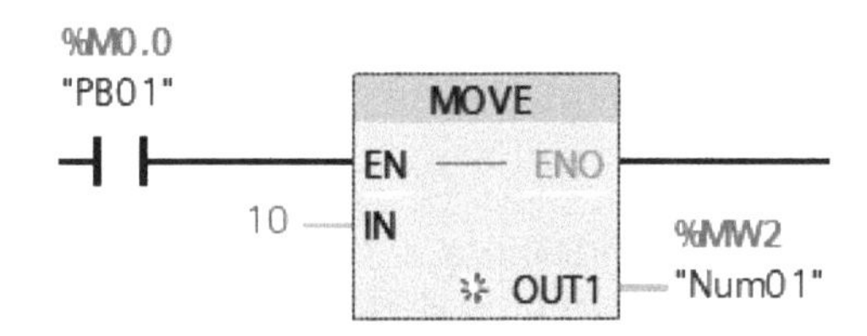

[그림 2-42] MOVE 명령어

2) MOVE_BLK: MOVE BLOCK 명령어는 배열(array)로 구성된 데이터 블록(DB)의 메모리 영역(소스 범위) 값들을 다른 메모리 영역(대상 범위)으로 복사한다. 대상 범위로 복사할 요소의 수는 입력 COUNT에서 지정되고, 대상 범위로 복사될 소스 범위의 첫 번째 요소는 입력 IN에서 정의된다. 그리고 소스 범위와 대상 범위의 데이터 유형이 동일한 경우에만 명령을 실행할 수 있다.

- **명령어**: [Basic instructions] → [Move operations] 폴더 메뉴 → [MOVE_BLK] 더블클릭 → [Network 1]의 [렁1]에 명령어가 추가됨.

PB01 스위치를 누르면 EN 접점의 신호 상태가 1이 되어 MOVE_BLK 명령이 실행된다. 소스 범위 "I".A_ary[ ] 배열의 세 번째 요소 "I".A_ary[2]부터 시작하여 명령어는 3개의 INT 요소 3, 4, 5를 복사하여 대상 범위의 두 번째 요소 "C".B_ary[1]부터 시작하여 해당 내용을 "C".B_ary[3]까지 차례대로 붙여 넣는다. 명령이 오류 없이 실행되면 출력 접점 ENO의 신호 상태가 "1"이 되어 전기 신호가 출력된다(0).

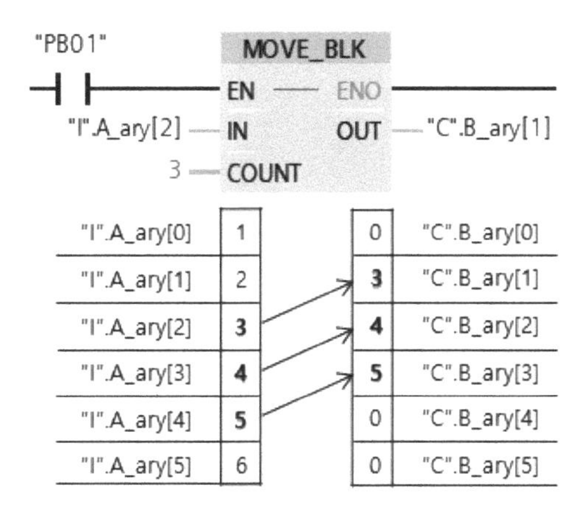

[그림 2-43] MOVE_BLK 명령어

5.3.5 비교 명령어

비교 명령어를 사용하여 동일한 데이터 유형을 갖는 두 개의 값 "IN1"과 "IN2"을 비교할 수 있다. 비교 결과가 참(True)이면 접점이 활성화되어 전기 신호가 ON 되어 흘러갈 수 있고, 그렇지 않으면 접점이 비활성화되어 OFF 상태가 된다. 프로그램 편집기에서 명령어를 클릭한 후에 상부에 있는 삼각형 모양의 드롭다운 메뉴에서 비교 유형을 선택할 수 있고, 하부에 있는 드롭다운 메뉴에서 비교 명령어에 대한 데이터 유형을 선택할 수 있다.

- **명령어**: [Basic instructions] → [Comparator operations] 폴더 메뉴 → [CMP ==] 더블클릭 → [Network 1]의 [렁1]에 명령어가 추가됨.

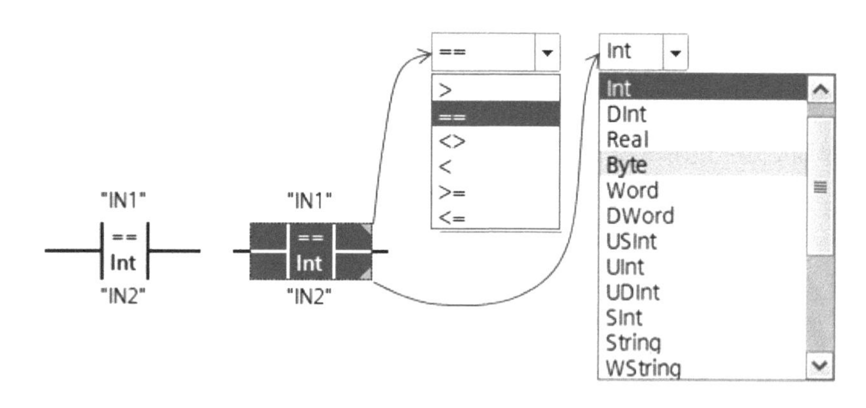

[그림 2-44] 비교 명령어

[표 2-11] 비교 명령어의 비교 유형

비교 유형	다음과 같은 경우에 비교는 TRUE가 된다.
==	IN1이 IN2과 같다.
〈〉	IN1이 IN2과 같지 않다.
〉=	IN1이 IN2보다 크거나 같다.
〈=	IN1이 IN2보다 작거나 같다.
〉	IN1이 IN2보다 크다.
〈	IN1이 IN2보다 작다.

5.3.6 수학 연산자

1) CALCULATE **명령어**: [CALCULATE] 명령은 선택한 데이터 유형에 따라 수학 연산 또는 복잡한 논리 연산을 위한 수식을 정의하고 실행하는 데 사용된다. 〈???〉을 더블클릭하여 수식 편집기에 연산을 위한 방정식을 입력한다. 박스 명령에 2개의 입력 매개변수 IN1,

IN2만 있지만, 수식에 변수 IN3을 추가하여 표현하면 자동으로 입력 IN3가 박스에 생성된다. 예를 들어 수식 편집기에 [(IN1+IN2)*IN3] 식을 입력하면 박스에 입력 IN3가 자동으로 추가된다. 또는 [create] 아이콘을 클릭하여 입력 변수를 추가할 수도 있다. 그리고 수식을 정의할 때 수식화할 수 있는 수학 연산의 예와 목록이 수식 편집기 하단에 표시된다. 수식 정의가 완료되면 [CALCULATE] 함수의 변수 IN1, IN2, IN3에 상숫값을 입력하고, EN 접점이 ON 상태가 되면 수식 계산 결괏값이 OUT의 출력 메모리에 저장된다.

- **명령어**: [Basic instructions] → [Math functions] 폴더 메뉴 → [CALCULATE] 더블클릭 → [Network 1]의 [렁1]에 명령어가 추가됨.

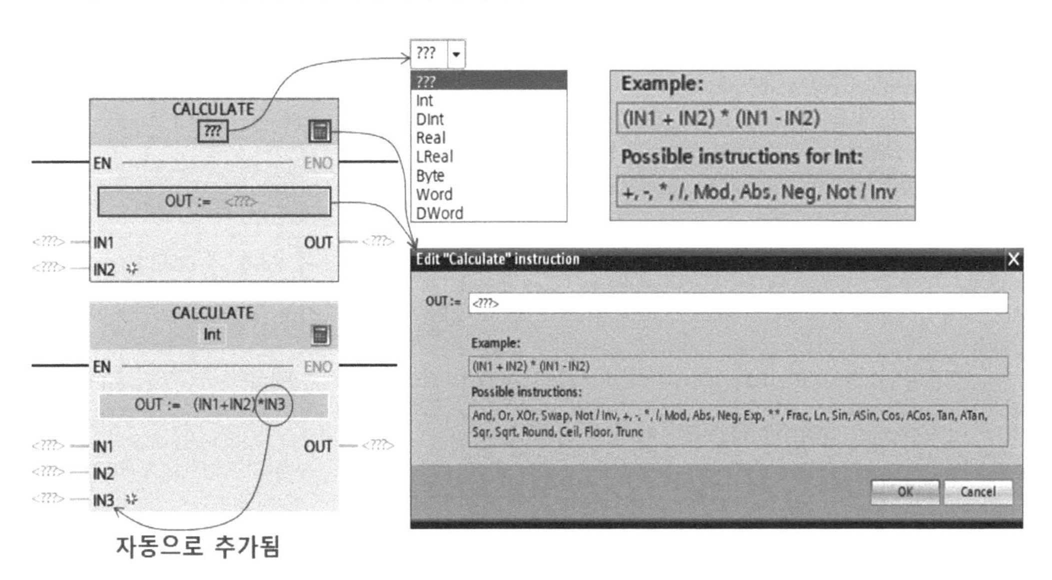

[그림 2-45] CALCULATE 명령어

2) **사칙연산 명령어**: 사칙연산 ADD(덧셈), SUB(뺄셈), MUL(곱셈) 그리고 DIV(나눗셈) 명령을 사용하여 입력 매개변수 IN1과 IN2에 대해 지정된 연산을 수행하고, 출력변수 OUT에 할당된 메모리 공간에 연산 결괏값을 저장한다. 명령 박스에는 2개의 입력 변수 IN1과 IN2가 있다. 여기에 입력 변수를 추가하려면 [Create] 아이콘을 클릭하거나, IN 변수의 입력 라인에 마우스 오른쪽 버튼을 클릭하고, [Insert input] 명령을 선택한다. 반대로 입력 변수 중에서 하나를 삭제하려면 입력 변수가 최소 3개 이상이어야 하고, 변수와 박스의 연결 라인을 마우스 오른쪽 버튼으로 클릭하고, 삭제 명령을 선택한다. 박스의 EN 접점이 활성화(ON)되면 입력값 IN1과 IN2에 대해 지정된 연산을 수행하고, 출력 변수 OUT

에 할당된 메모리 주소에 결괏값을 저장한다. 연산이 오류 없이 완료되면 ENO 출력 접점의 상태가 ON(1)으로 변경된다.

- **명령어**: [Basic instructions] → [Math functions] 폴더 메뉴 → [ADD] 더블클릭 → [Network 1]의 [렁1]에 명령어가 추가됨.

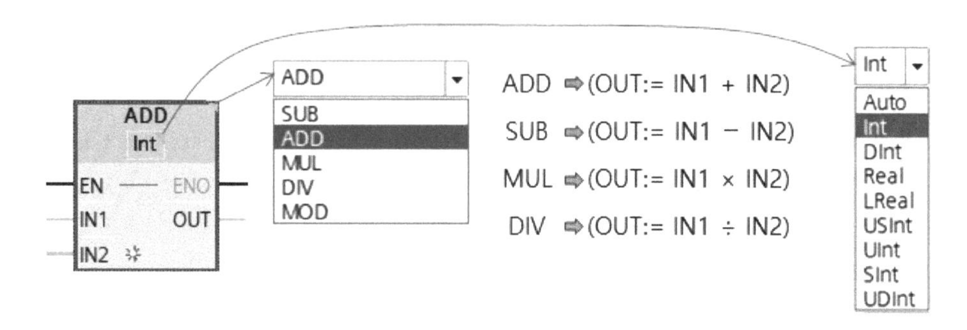

[그림 2-46] 사칙연산 명령어

3) **증분/감소 명령어**: 증분과 감소 명령어는 EN 접점의 입력 신호가 ON(1)일 때만 IN_OUT 변수에 입력된 정숫값을 1씩 증가 또는 감소시키는 명령어이다.

- **명령어**: [Basic instructions] → [Math functions] 폴더 메뉴 → [INC] 더블클릭 → [Network 1]의 [렁1]에 명령어가 추가됨.

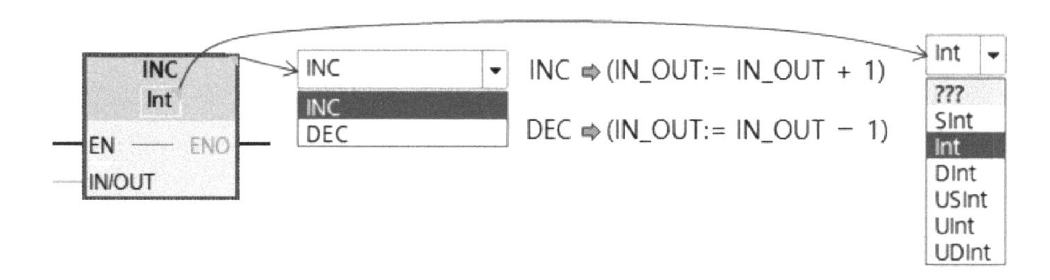

[그림 2-47] 증분/감소 명령어

06 HMI -LS ELECTRIC 작화

HMI(Human Machine Interface)는 반도체, 자동차 등 첨단 제조설비에 들어가는 핵심 장비로 터치스크린(Touch Screen)을 적용하여 사용자가 현장 생산라인에 있는 각종 장비의 작동 상태를 그래픽을 통해 한눈에 볼 수 있도록 하며, 필요할 때 적절한 조치를 바로 취할 수 있도록 하는 공장 자동화의 필수적인 기기이다. [23]

LS ELECTRIC에서는 하드웨어 기기로서 XGT Panel을 공급하며, 작화 Tool로서 XP-Builder를 무료로 배포하고 있다. 본 교과에서는 XGT Panel의 보급형 모델인 eXP20-TTA/DC 제품을 사용하여 자동화 설비의 모니터링과 PLC 제어에 활용한다.

6.1 eXP20 - TTA/DC 각부 명칭 및 기능

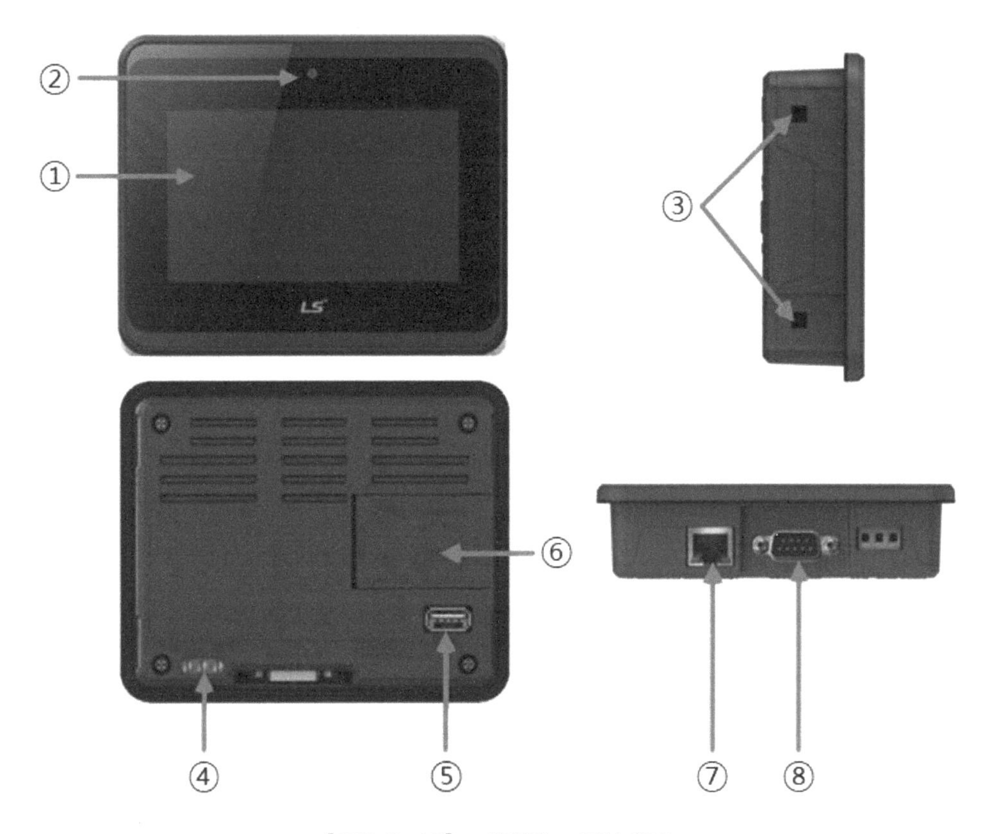

[그림 2-48] eXP20 - TTA/DC

①전면부: 아날로그 터치패널→사용자 터치 입력, LCD→화면 표시

② 전원 LED: 기기의 전원 상태를 표시

③ 패널 고정부: XGT Panel을 Bracket으로 패널에 고정

④ 전원 연결 단자: DC24V 입력

⑤ USB 호스트: USB 메모리 연결→로깅/레서피/알람/프로젝트 데이터 백업 및 전송, 사용자 인터페이스 연결→마우스/키보드 사용, 프린터 연결→인쇄 기능

⑥ 배터리 커버, 리셋 스위치, 백업 백터리, 설정 스위치

⑦ 이더넷 단자: 프로젝트 프로그램 및 데이터 전송/백업, PLC/제어기기 통신

⑧ RS-232C, RS-422/485 커넥터: PLC/제어기기 통신

6.2 환경 설정

XGT Panel를 사용하기 위해서는 PC에서 XP-Builder라는 작화 프로그램으로부터 프로젝트 데이터를 작성하여 XGT Panel로 전송하여야 한다. 기본적으로 RS-232C 방식을 사용하여 XGT Panel과 연결할 수 있다. 최대 통신 속도는 115,200[bps]이다.

RS-232C 방식은 통신 속도가 빠르지 않기 때문에 프로젝트 데이터를 XGT Panel로 전송할 때 비교적 많은 시간이 소요되므로 본 교과에서는 [그림 2-30]과 같이 이더넷 환경을 구축하여 PC의 XP-Builder 프로젝트 프로그램 및 PLC 제어기와의 통신을 설정한다.

XGT Panel의 시간, Ethernet 연결, Back light의 환경을 설정할 수 있다. XGT Panel 기본 화면에서 [Settings] 단추를 누르면, XGT Panel의 환경을 다음과 같이 확인할 수 있다. [System Configuration] 화면에서 [Ethernet 설정] 버튼을 누르면, Ethernet을 사용하기 위한 IP를 설정할 수 있다.

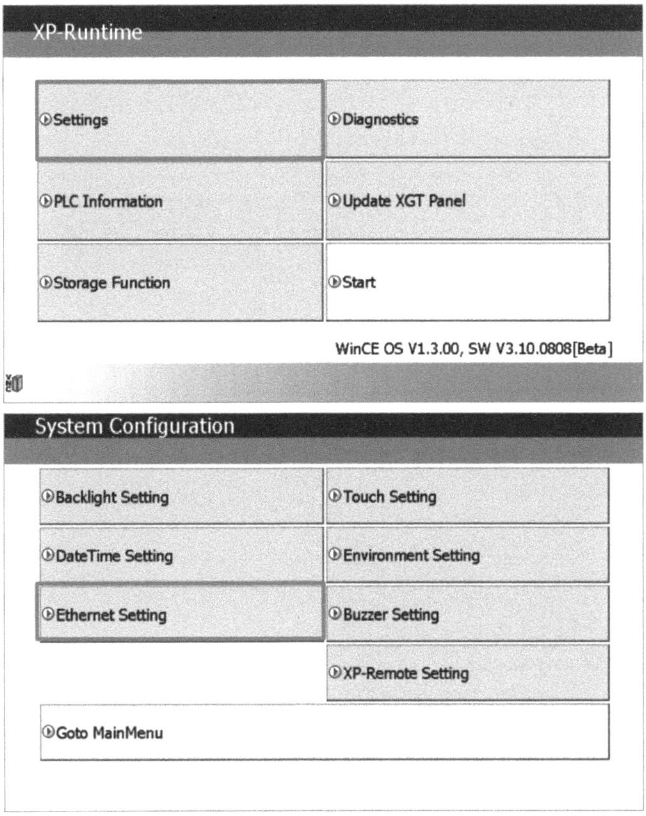

[그림 2-49] eXP20 - TTA/DC 이더넷 환경 설정

IP 어드레스, 서브 넷 마스크(Subnet Mask), 게이트웨이(Gateway)의 각 항목마다 [설정] 버튼을 눌러 IP를 변경할 수 있으며, [확인] 단추를 누르면 변경된 IP 정보가 저장된다.

PC와 1:1 연결 시에는 다음과 같이 설정하길 권장함.

1) XGT Panel 설정	2) PC 설정
- IP Address: 192.168.0.7	- IP Address: 192.168.0.11
- Subnet Mask: 255.255.255.0	- Subnet Mask: 255.255.255.0
- Gateway:	- Gateway:

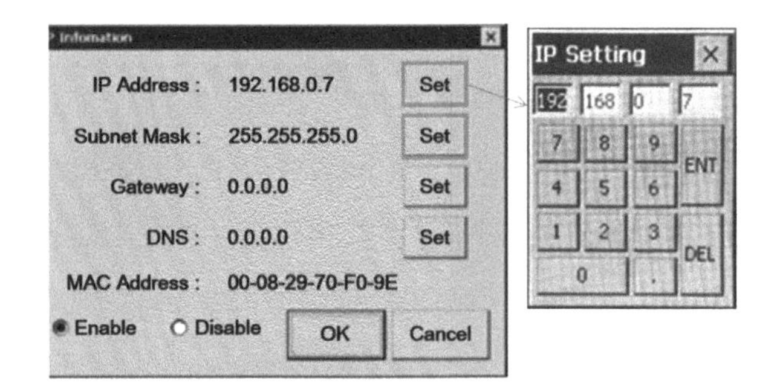

6.3 HMI 작화

6.3.1 프로젝트 만들기

① XP-Builder를 실행하고 [프로젝트 생성]을 클릭한다.

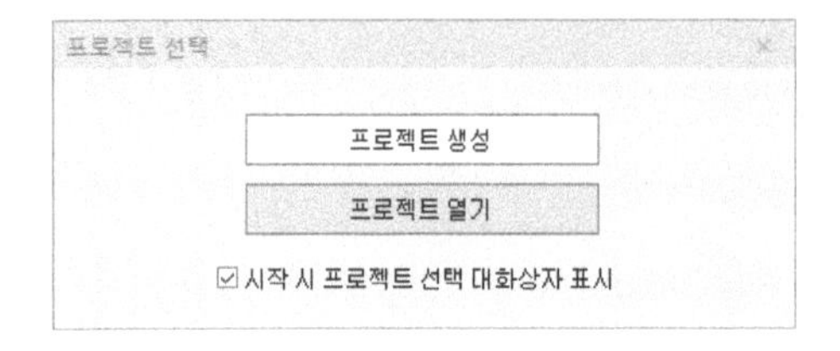

② 기본 정보 설정창에서 XGT Panel의 시리즈와 모델을 선택한다.

시리즈(S): [eXP Series]

모델(M): [eXP20-TTA]

③ 연결 제어기 선택에서 제조사와 제품을 선택한다.

제조사(V): [Siemens AG]

제품(P): [Siemens: SIMATIC S7 1200/1500 Ethernet]

④ 선택 후 [통신기기 설정]을 클릭한다.

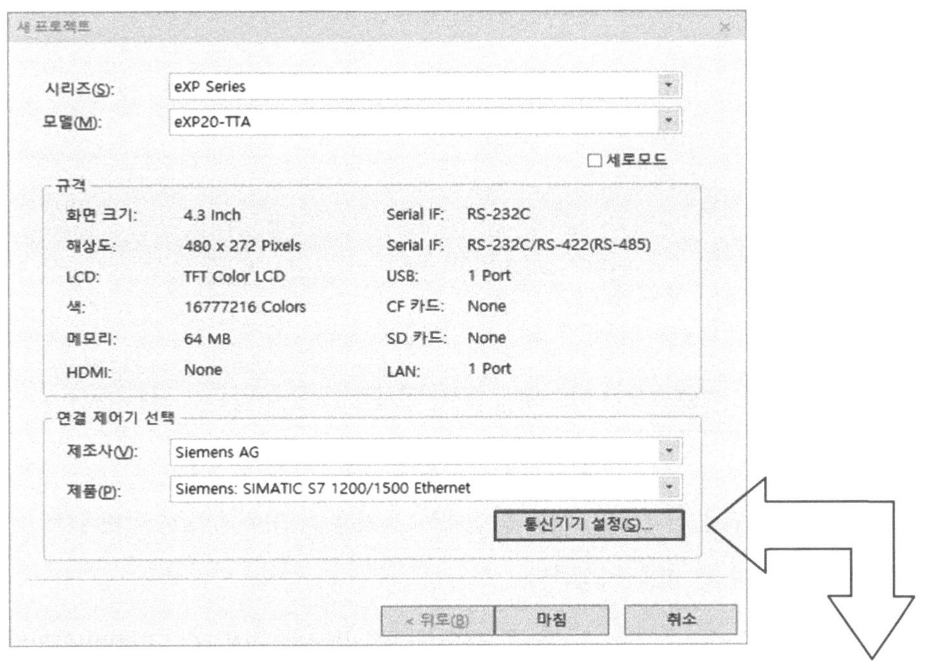

[통신기기 설정] 클릭 → [프로젝트 속성] 대화창

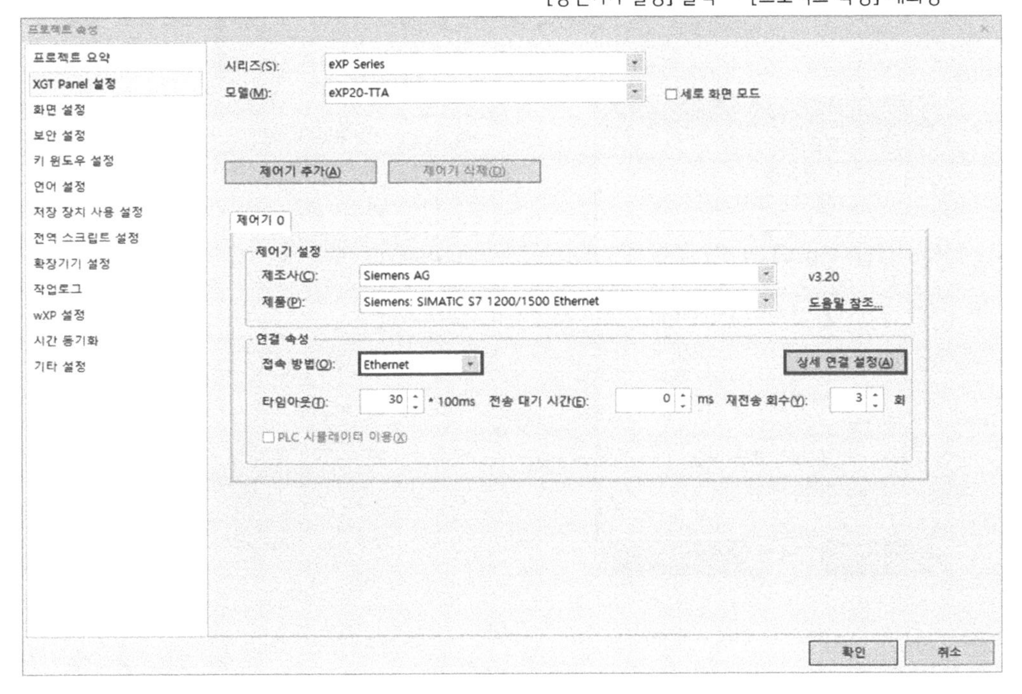

⑤ 프로젝트 속성창에서 연결 속성의 접속 방법을 [Ethernet]으로 선택한 후 [상세 연결 설정]을 클릭한다.

⑥ "이더넷 설정" 창이 나타나면

[연결 대상 IP]: 192. 168. 0. 1 (Siemens PLC의 IP 주소)

[연결 대상 port]: 102 (기본 setting 값)을 설정한 뒤 [확인] 두 번 클릭

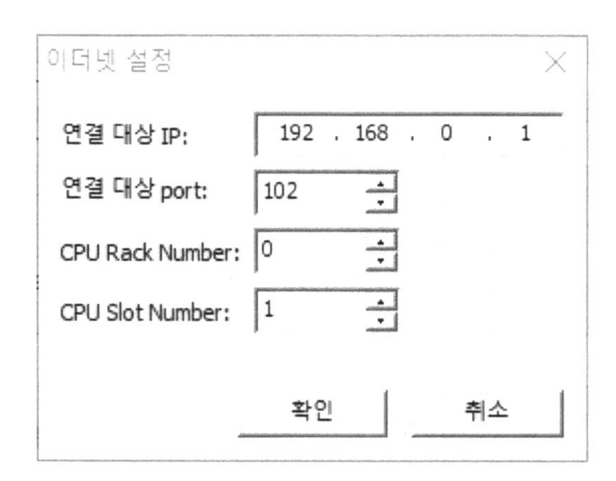

⑦ 프로젝트에서 화면을 선택하고, 기본 화면에서 [1 기본 화면]을 클릭하고 마우스 오른쪽을 클릭하여 [속성]을 지정한다.

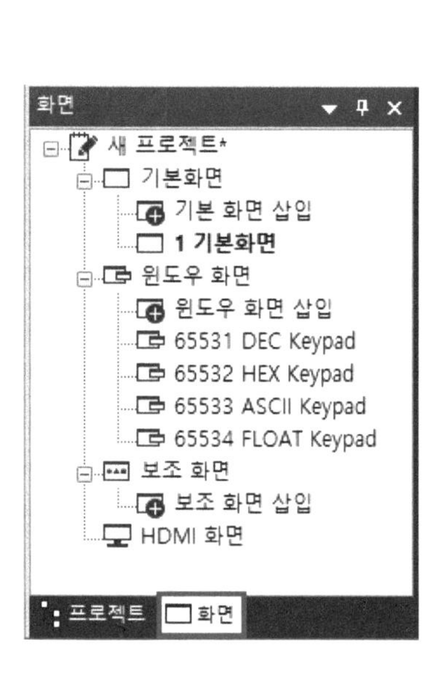

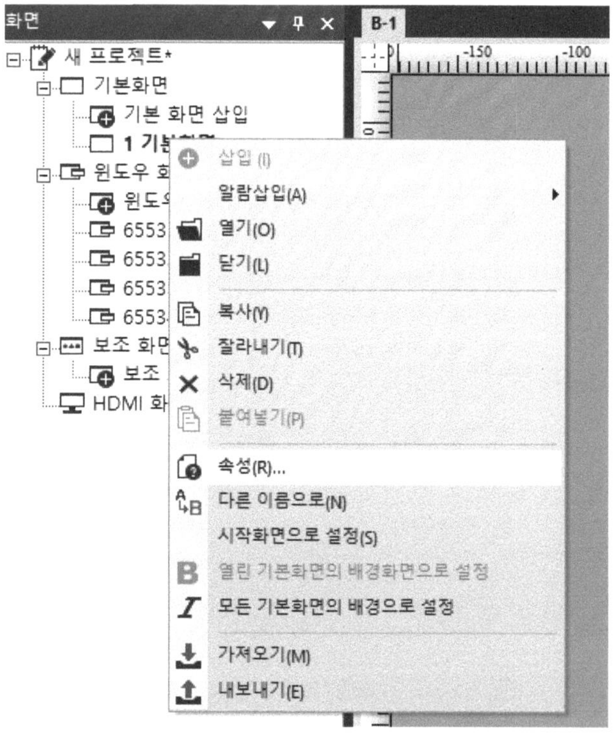

⑧ "화면 등록정보" 창이 나타나면 [배경]을 클릭하여 [바탕색 사용]을 활성화한다. 그리고 [배경색]을 흰색으로 변경하여 [확인]을 클릭한다.

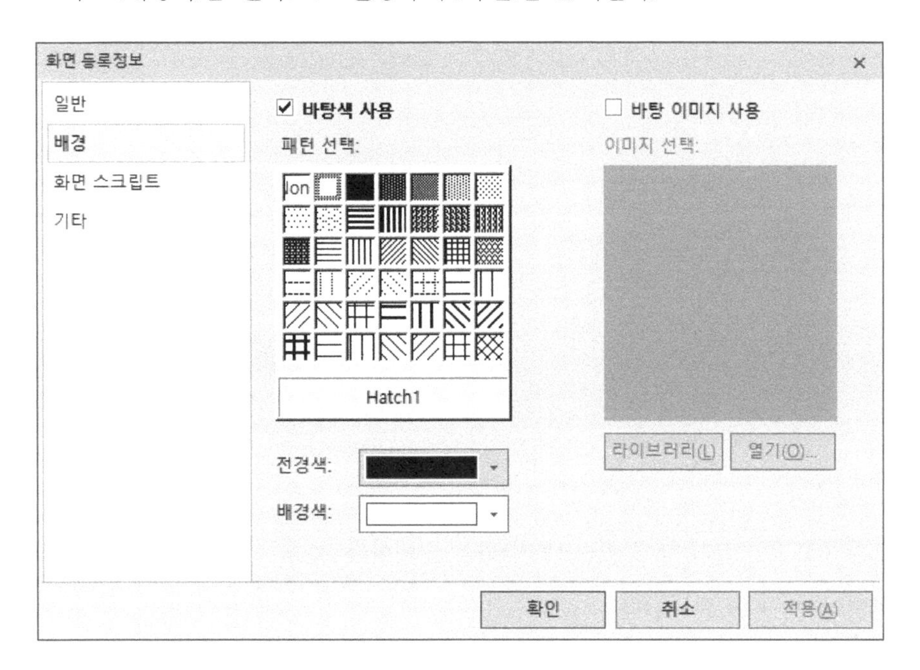

⑨ 설정이 완료되면 아래와 같이 배경이 흰색으로 변경된다.

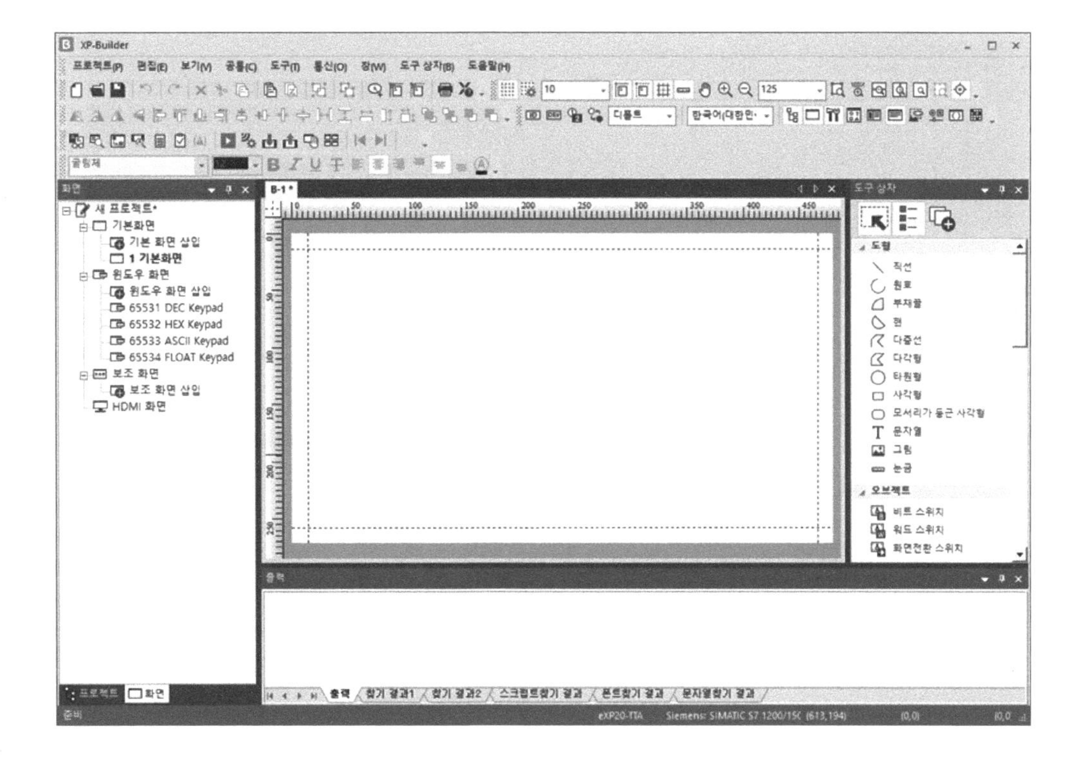

⑩ 새 프로젝트에서 [기본 화면 삽입]을 두 번 클릭하면 새 화면이 추가된다.

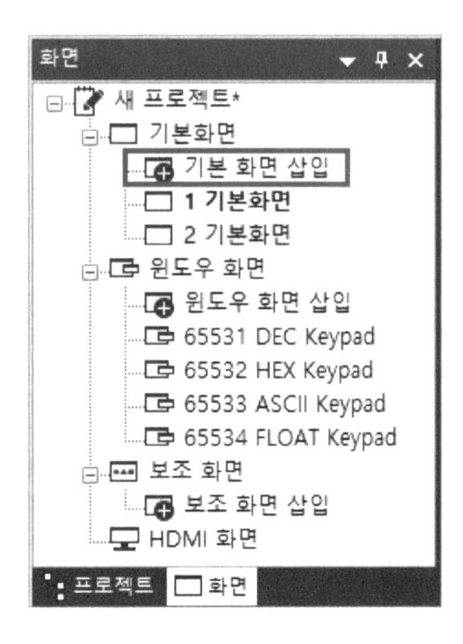

6.3.2 문자열 작성

① 화면 오른쪽 [도구 상자] 창에 있는 [문자열]을 클릭한다.

② 작업 화면의 빈 곳을 클릭한다.

③ 문자열 내용을 작성하고, 폰트 및 크기를 설정한다.

④ 바탕색과 글자색을 선택하고 문자 형식을 선택한다.

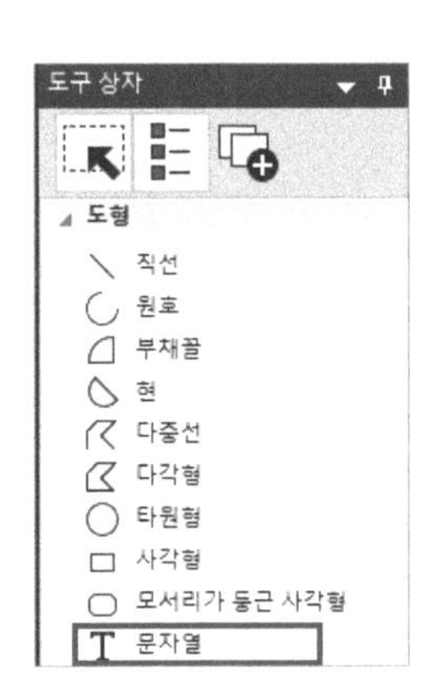

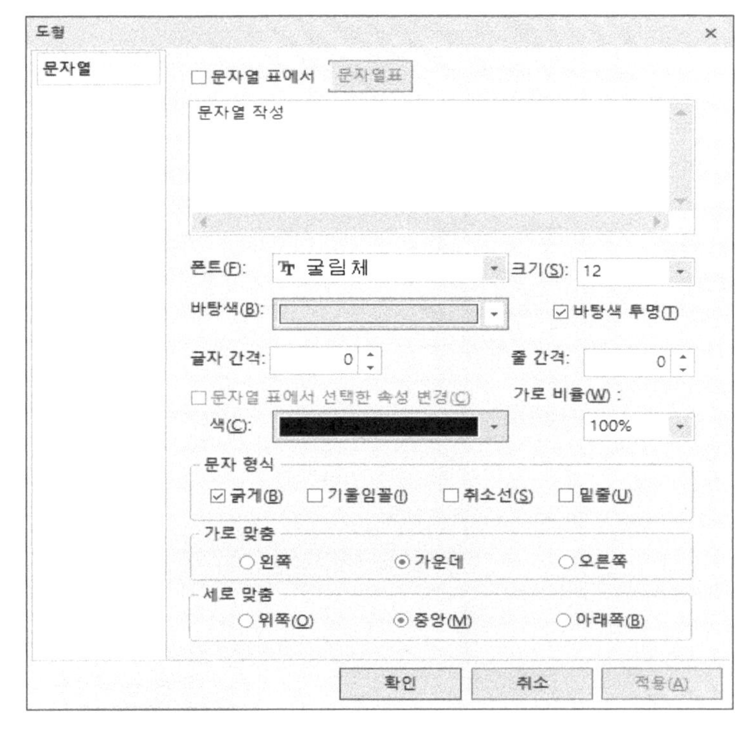

⑤ 설정을 완료하고 크기와 위치를 결정한다.

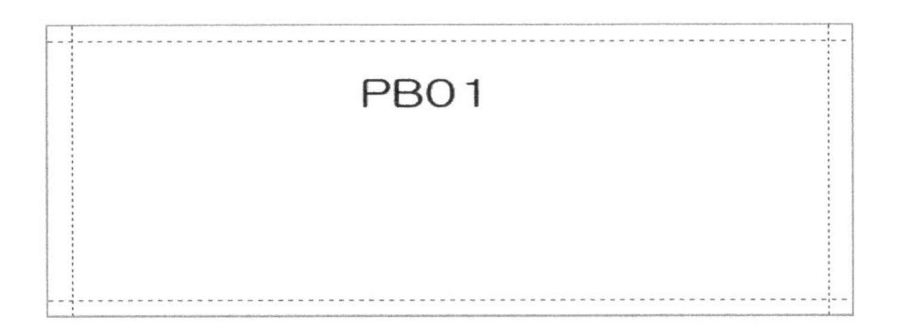

6.3.3 도형 그리기

① 화면 오른쪽 [도구 상자] 창에 있는 [사각형]을 클릭한다.

② 작업 화면의 빈 곳을 선택하면 다음과 같이 도형 설정창이 나타난다.
선 색과 선 모양, 선 두께를 지정할 수 있다.

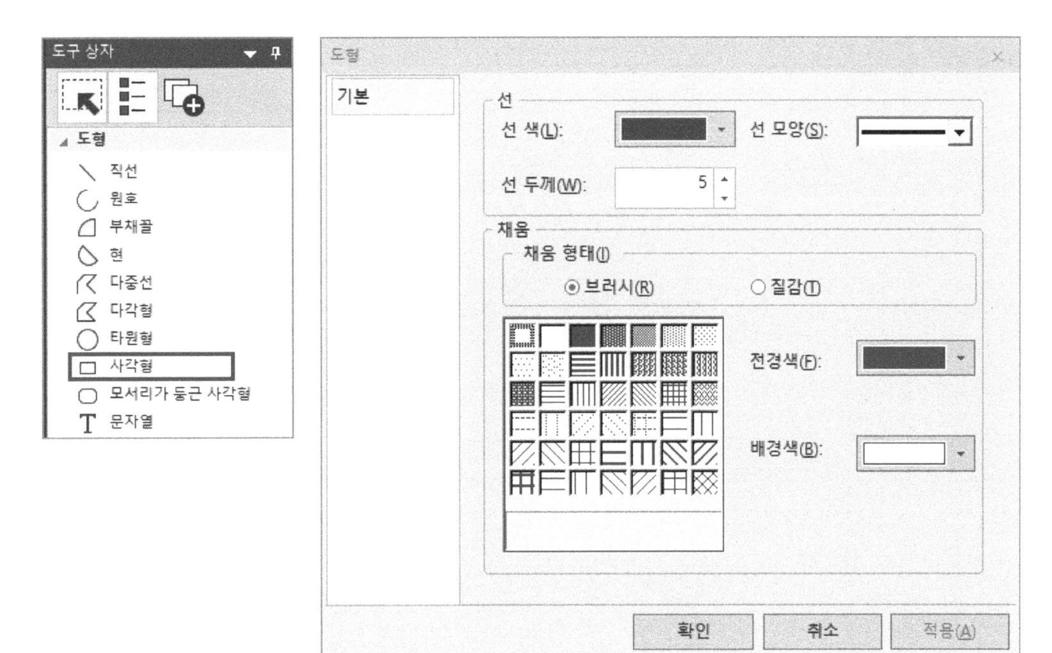

③ 설정이 완료되면 적당한 크기를 결정하고 적절한 위치에 배치한다.

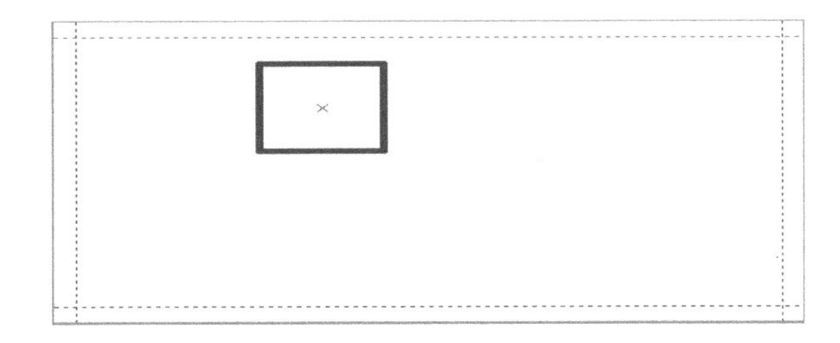

6.3.4 비트 스위치 작화

① 화면 오른쪽 [도구 상자]에서 [비트 스위치]을 클릭한다.

② 작업 화면의 빈 곳을 마우스로 클릭한다.

③ [기본 디바이스]의 [비트 디바이스 설정] 아이콘을 클릭한다.

④ 내부 메모리(M), 출력 메모리(Q), 데이터 블록 메모리(DB) 중에서 지정할 내부 메모리 디바이스를 선택한다.

⑤ PLC 프로그램에서 설정된 디바이스의 어드레싱을 입력한다.

예) M0.0 → TB01 (터치 누름 버튼_1, 시작 버튼)

M0.1 → TB02 (터치 누름 버튼_1, 정지 버튼)

⑥ [확인]을 클릭하고 [비트 디바이스 설정]을 종료한다.

⑦ [동작 형태]는 스위치 용도에 맞게 설정한다. 누름 버튼 스위치는 일반적으로 누를 때만 ON으로 설정한다.

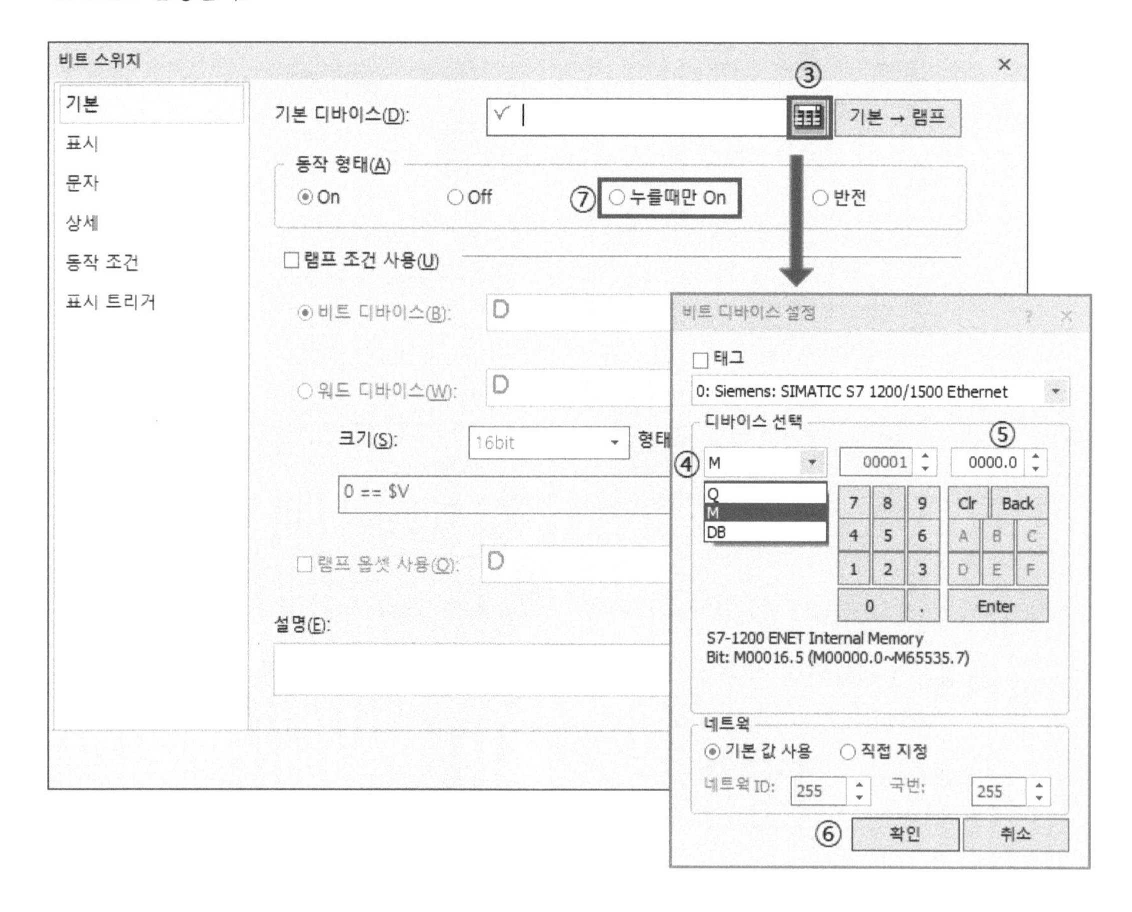

⑧ [표시]로 이동하여 [라이브러리]를 클릭 스위치 이미지를 변경함.

⑨ [라이브러리]를 클릭하면 [그래픽 라이브러리]가 나타난다.

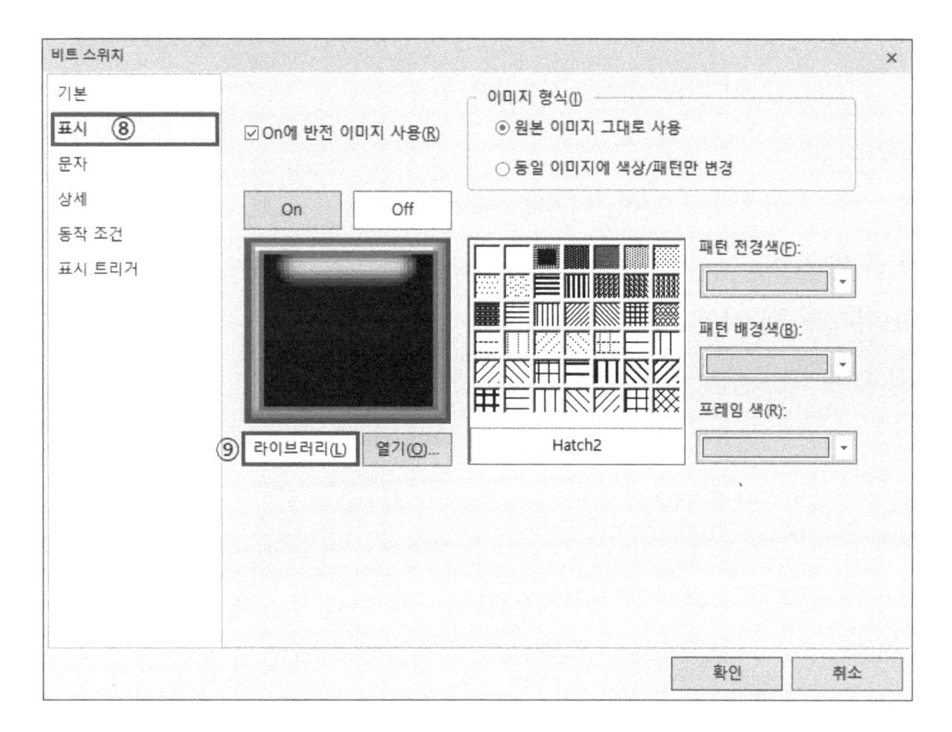

⑩ 적당한 이미지를 선택하여 변경한다.

⑪ 설정이 완료되면 적당한 크기로 설정하여 배치한다.

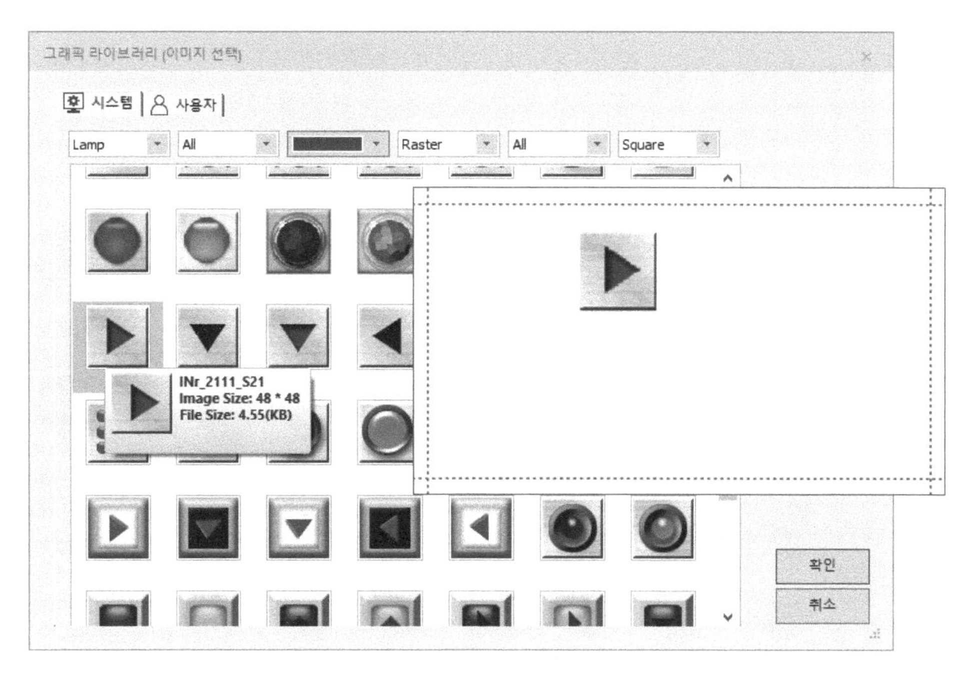

6.3.5 비트 램프 작화

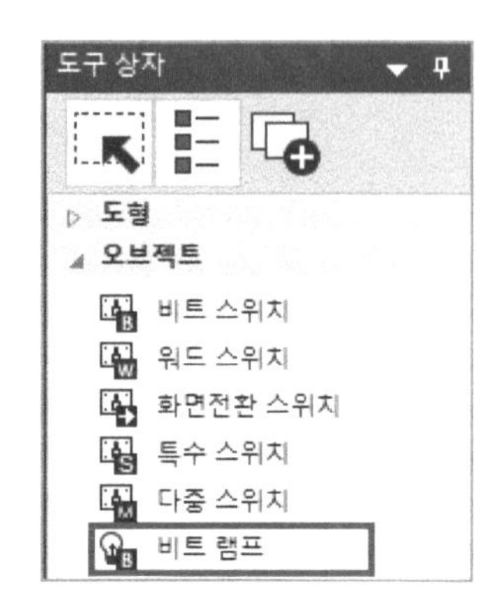

① 화면 오른쪽 [도구 상자] 창에 있는 [비트 램프]을 클릭한다.

② 작업 화면의 빈 곳을 클릭하여 "비트 램프" 창이 나타나면, [기본] → [디바이스]의 출력 메모리 주솟값을 입력한다. (예: Q0.0, Q10.5)

③ [표시]로 이동하여 [ON]의 [라이브러리]를 클릭하여 램프 이미지를 변경한다.

④ [라이브러리]를 클릭하면 [그래픽 라이브러리]가 나타난다. 적당한 이미지를 선택하여 변경한다.

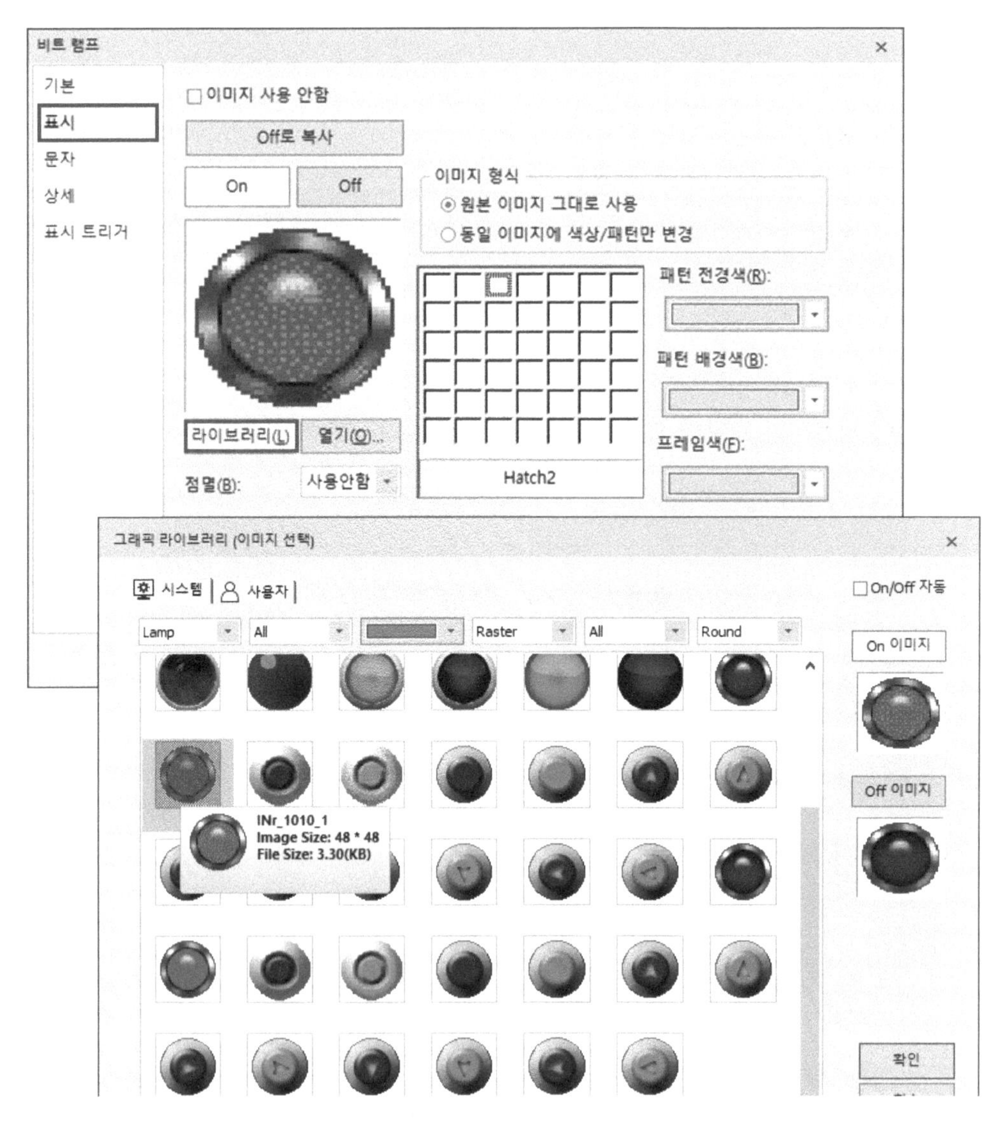

⑤ [OFF]의 [라이브러리]를 클릭하여 램프 이미지를 변경한다.

⑥ [라이브러리]를 클릭하면 [그래픽 라이브러리]가 나타난다.

⑦ 적당한 이미지를 선택하여 변경한다.

⑧ [ON/OFF 자동]을 선택하면 자동으로 이미지가 변경된다.

⑨ 설정이 완료되면 적당한 크기로 설정하여 배치한다.

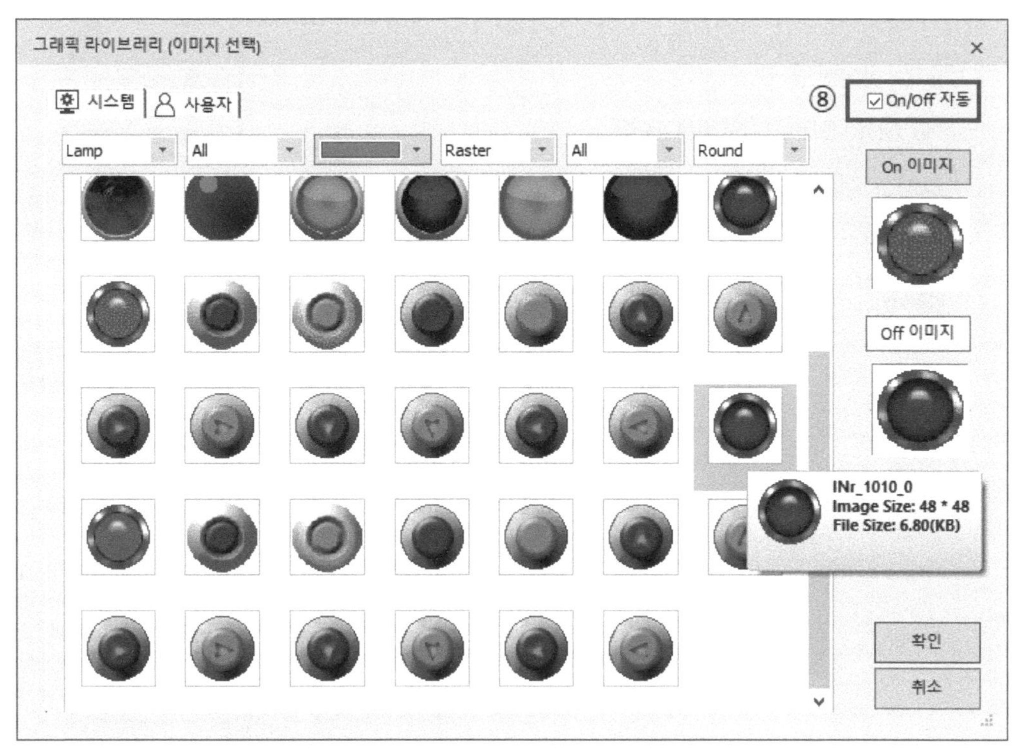

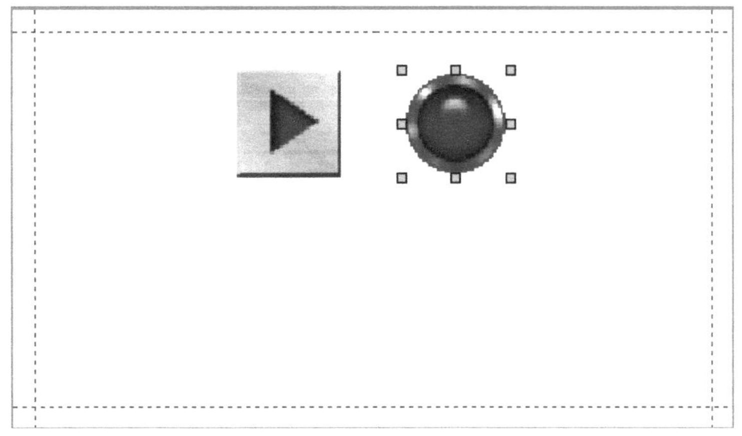

6.3.6 숫자 표시기 작화

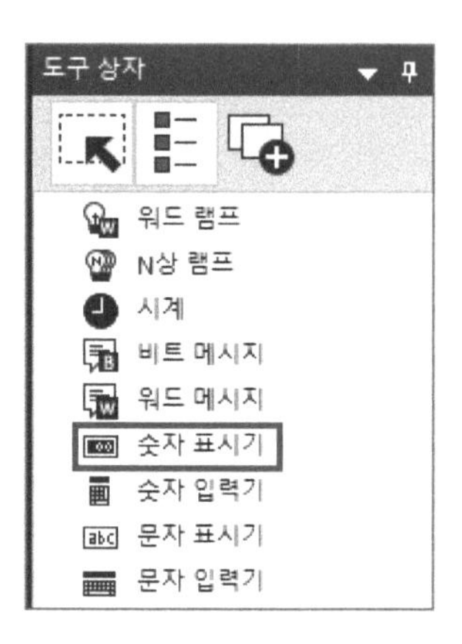

① 화면 오른쪽 [도구 상자]에서 [숫자 표시기]을 클릭한다.

② 작업 화면의 빈 곳을 클릭한다.

③ [기본] → [디바이스]에서 [워드 디바이스] 설정 아이콘을 클릭한다.

④ 디바이스의 종류를 선택하고 PLC에서 할당된 메모리 주소 값을 지정한다.
예) DB10.DBW2, DB10.DBW4

⑤ 크기를 선택하고 [숫자 형태]는 [부호없는 십진]으로 선택하고 숫자 개수는 5로 설정한다.

⑥ [표시]를 클릭하고, [이미지 사용 안 함]으로 선택한다.

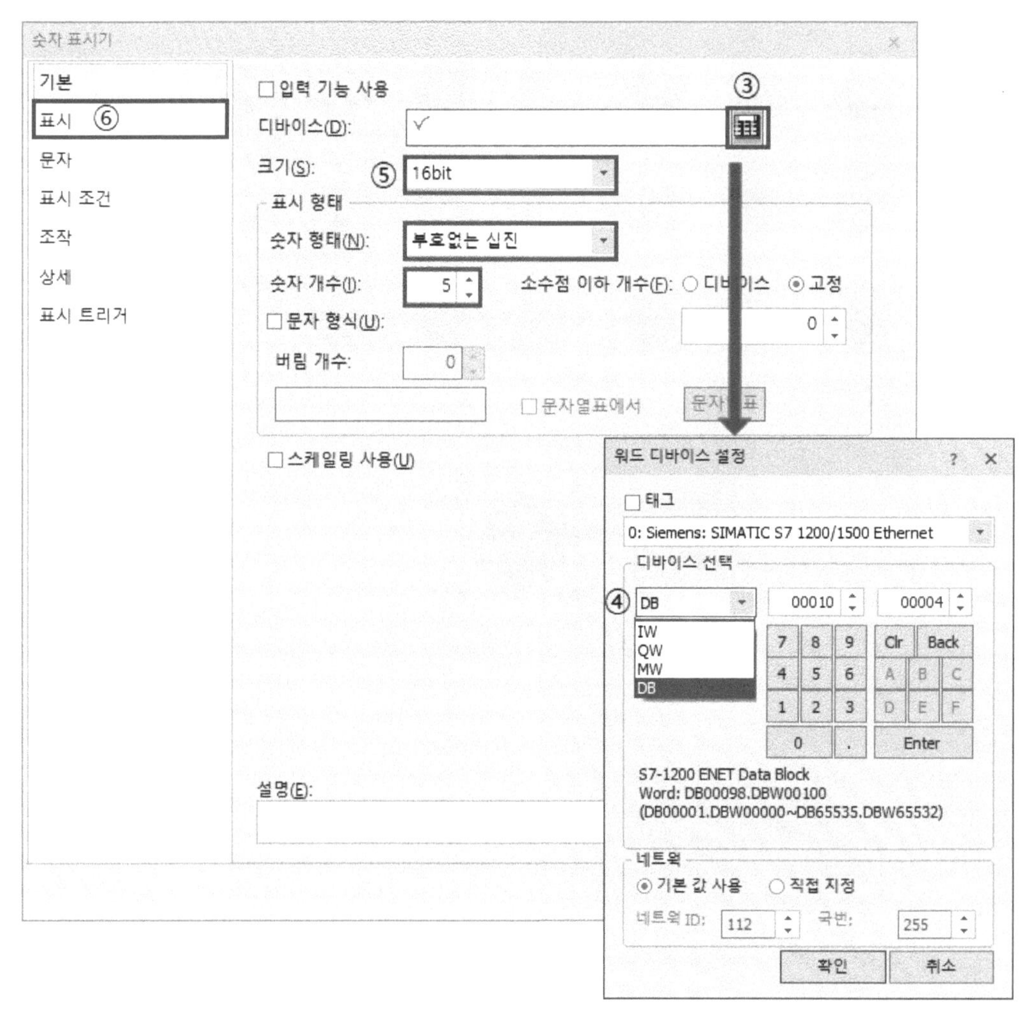

⑦ [문자]로 이동하여 폰트와 크기, 글자색을 선택한다.

문자 형식과 가로 맞춤을 선택하여 확인을 클릭한다.

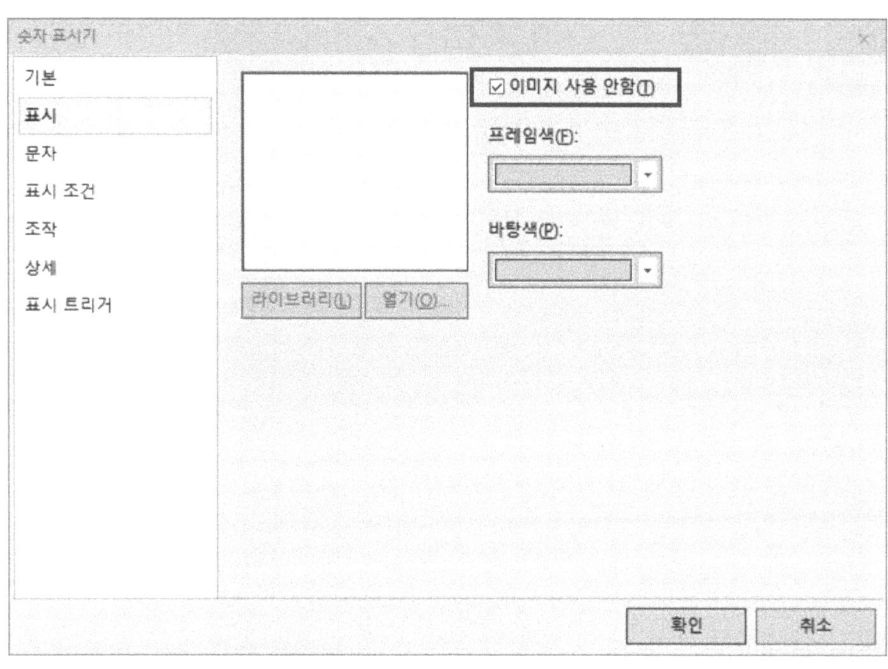

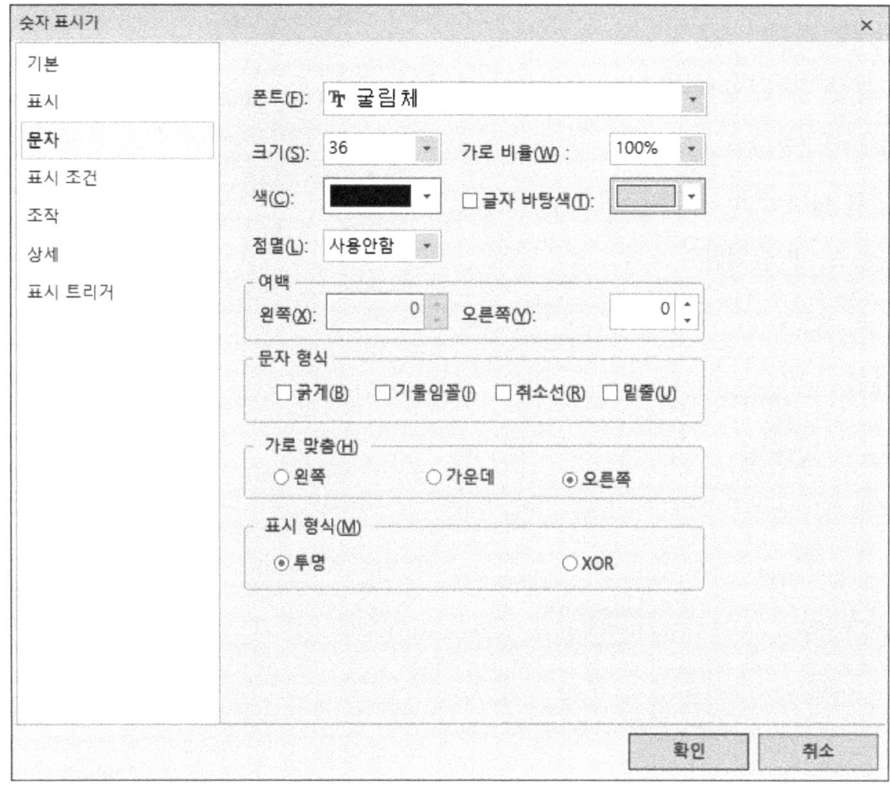

⑧ 설정이 완료되면 크기와 위치를 선정한다.

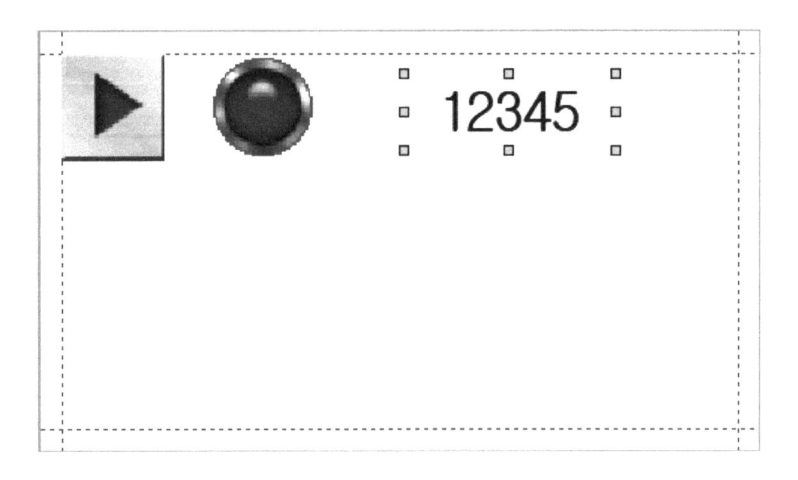

6.3.7 프로젝트 다운로드

① 프로젝트를 저장한다.

② 메뉴의 [통신] → [전송 설정]을 클릭한다.

③ [연결 설정] 창이 나타나면 [Ethernet]를 선택 후 [검색]을 클릭한다.

④ 검색창에 나타난 IP 주소의 XGT Panel을 선택하고 [확인]을 두 번 클릭한다.

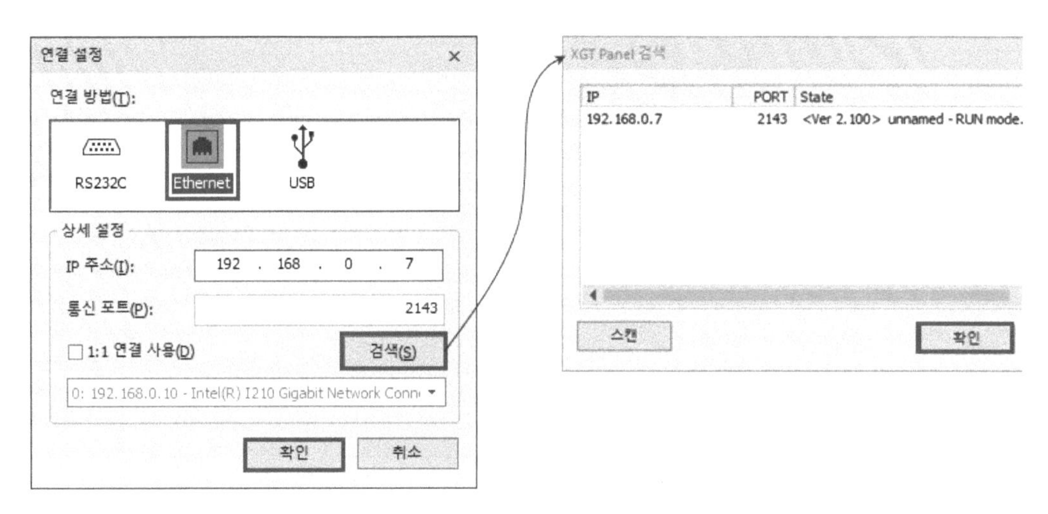

⑤ 툴바 메뉴에서 [통신] → [보내기]를 선택한다.

⑥ 연결 대상이 Ethernet이고 IP 주소가 일치하는지 확인 후 [보내기]를 클릭한다.

⑦ 보내기를 클릭하면 프로젝트 PC에서 HMI로 전송된다.

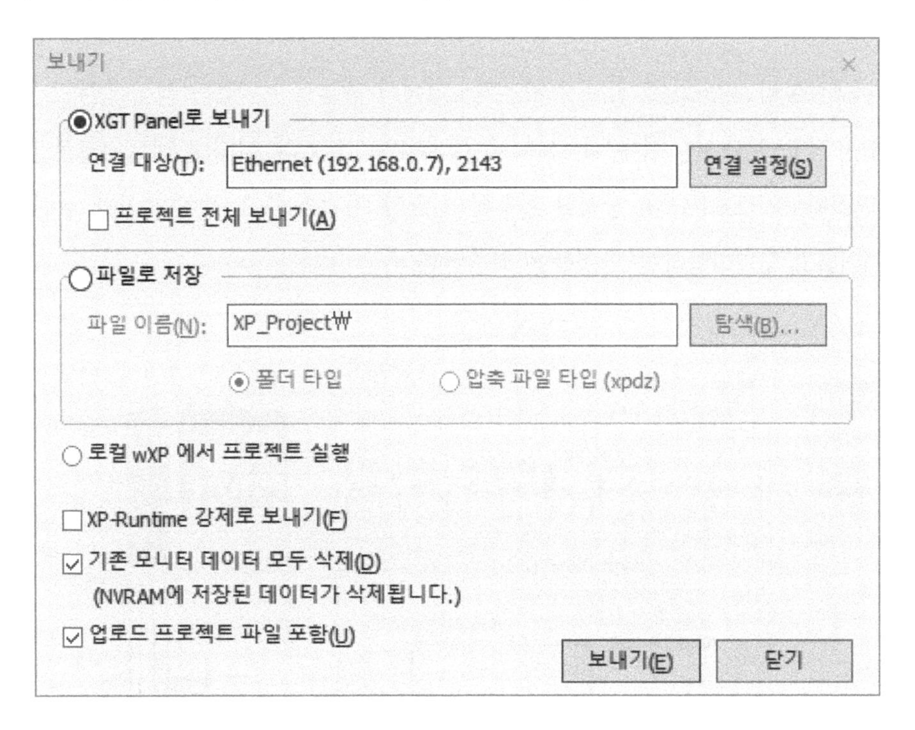

07 전기 공압 제어 실습

제조 현장의 생산설비 자동화를 위한 스마트팩토리에서 빼놓을 수 없는 핵심 장치로 공압 기기가 많이 활용되고 있다. 본 절에서는 SIMATIC S7-1200 PLC와 이더넷 네트워크로 [그림 2-30]과 같이 연결된 eXP20의 HMI 장치를 활용하여 공압 기기의 중요 장치인 공압 실린더의 운전 상태를 제어하고 모니터링하는 과정들을 학습한다.

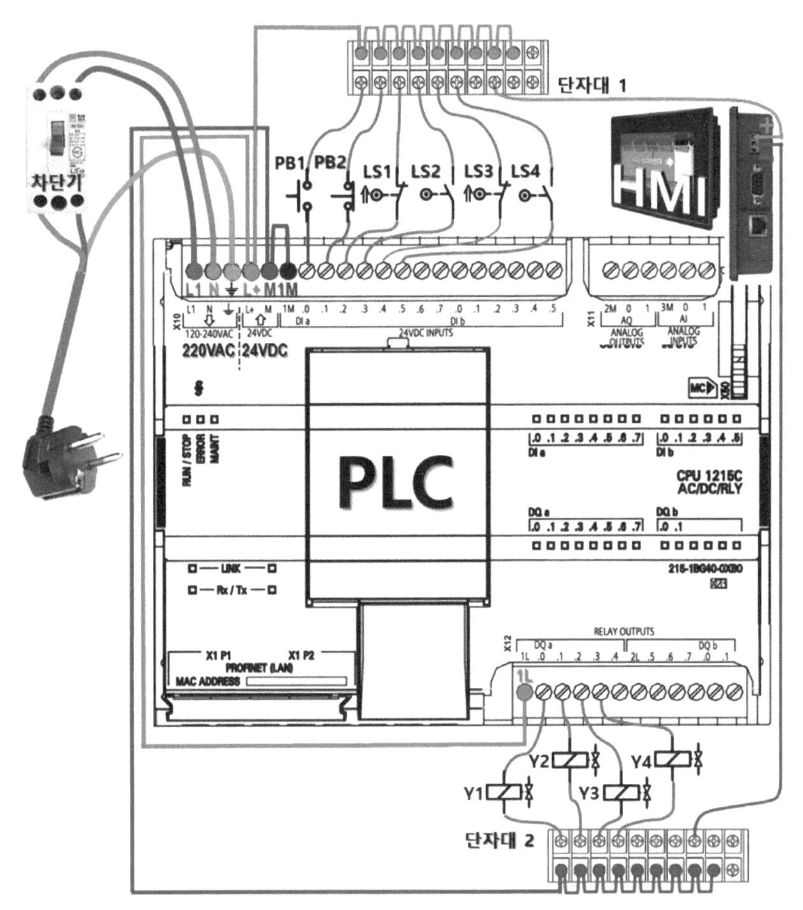

[그림 2-50] PLC 시퀀스 제어 실습을 위한 전기 배선도

전기 공압 제어 장치의 구성 요소 부품들을 [그림 2-50]과 같이 전기 배선하고, [그림 2-51]처럼 공압 기기를 구성하여 실습에 활용한다.

구성 요소 부품으로 누름 버튼 스위치 2개가 시작 버튼 PB1과 정지 버튼 PB2로 사용되고, A 측과 B 측 실린더로 2개의 복동 실린더가 활용된다, 이러한 실린더의 전·후진 방향을 제어하기 위한 A 밸브와 B 밸브로는 편측 5/2 way 솔레노이드 밸브 혹은 양측 5/2 way 솔레노이드 밸브를 사용된다. 이때 편측 솔레노이드만을 사용할 때는 Y1과 Y2 솔레노이드의 여자로 제어 위치가 전환되고, 소자 시에는 압축 스프링에 저장된 복원력에 의해 제어 위치가 원상태로 복귀된다.

또한, A, B 실린더의 후진과 전진 상태를 감지하기 위한 센서로 리밋 스위치 4개를 활용한다. A 실린더의 동작 상태를 감지하기 위해 LS1과 LS2가 쓰이고, B 실린더의 상태를 검출하기 위해 LS3와 LS4가 활용된다.

S7-1200 PLC에 공급되는 전원은 차단기(NFB)를 통해 220V 단상 전원이 공급될 수 있도록 [그림 2-50]과 같이 접지를 포함하여 배선한다. 그리고 PLC의 직류 24V 출력 단자 L+는 PLC 출력 모듈의 1L과 입력부 단자대에 그림과 같이 배선하고, M(GND) 단자 측은 입력 모듈의 1M과 출력부 단자대에 연결한다. 또한, eXP20 HMI 터치는 입·출력부 단자대에 그림에 표시한 대로 배선하여 24Vdc를 공급한다.

PLC의 입력 모듈에는 PB1, PB2의 누름 버튼 스위치와 LS1, LS2, LS3, LS4의 리밋 스위치가 지정된 %I0.0, %I0.1, %I0.2, %I0.3, %I0.4, %I0.5의 접점에 순서대로 연결되도록 배선하고, 출력 모듈에는 A, B 밸브가 모두 양솔일 때 A 밸브의 Y1, Y2와 B 밸브의 Y3, Y4가 %Q0.0, %Q0.1, %Q0.2, %Q0.3 접점에 연결되도록 배선한다.

그리고 실린더의 전·후진 과정에서의 피스톤의 속도를 제어하기 위해 4개의 일방향-유량 제어 밸브(속도 조절 밸브)를 사용한다. 이때 미터아웃 제어 방식으로 A 실린더에서 배출되는 유량을 출구 측에서 조절할 수 있도록 SP1과 SP2를 [그림 2-51]과 같이 설치한다. B 실린더 측에 사용되는 SP3와 SP4 또한, 미터아웃 제어 방식으로 속도 조절이 이루어질 수 있도록 그림과 같이 배치한다. 그리고 공기압 조정 유닛을 사용하여 피스톤의 전·후진 동작 상태에서의 작용력을 조절할 수 있도록 구성한다.

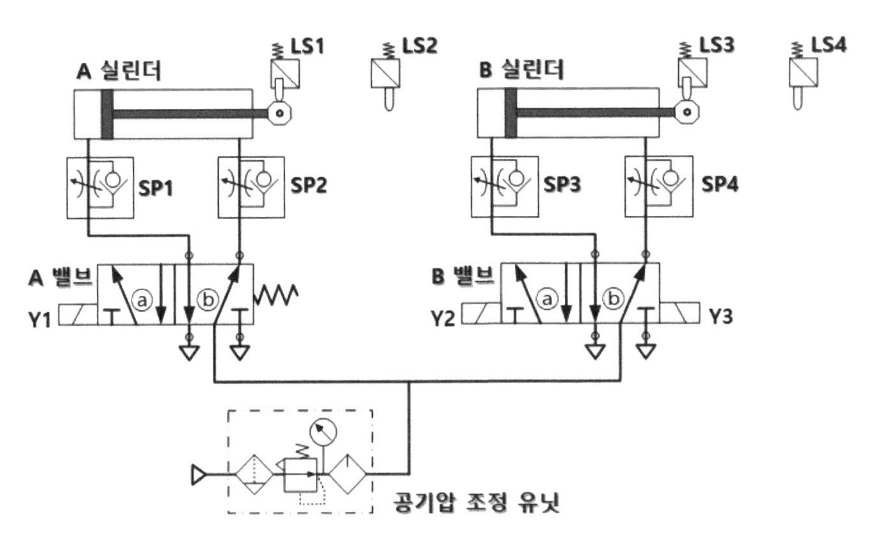

[그림 2-51] PLC 시퀀스 제어 실습을 위한 공압 회로도

7.1 PLC 시퀀스 제어 타이머

- 실습 목표
  - ON 딜레이 타이머 명령어를 사용하여 [그림 2-51]의 공압 회로도에서 A 실린더의 동작을 편솔 밸브를 사용하여 제어할 수 있다.

- 동작 조건
  - [누름 버튼_1]을 눌리면 A 실린더가 전진하고, 전진 완료 상태에서 3초 후, 자동으로 실린더가 후진한다.
  - [누름 버튼_2]을 눌리면 A 실린더가 강제로 후진한다.

- PLC 입출력 메모리 할당표

입력		
태그(TAG)	메모리 주소	기능
PB01	I0.0	A 실린더 전진 시작 누름 버튼_1
PB02	I0.1	A 실린더 강제 후진 누름 버튼_2

LS1	I0.2	A 실린더 후진 완료 감지 리밋 스위치_1
LS2	I0.3	A 실린더 전진 완료 감지 리밋 스위치_2

출력		
태그(TAG)	메모리 주소	기능
Y1	Q0.0	A 편솔 밸브의 코일

- LAD 프로그램 작성

[네트워크 1]: A 실린더 전진 시작 신호 (K01)

A 실린더의 초기 상태는 [그림 2-51]에서와 같이 후진 완료 상태이므로 리밋 스위치 LS01은 ON 상태이어야 한다. 이 상태에서 PB01이 작동되면 실린더의 전진 시작 신호를 담당하는 내부 릴레이 K01이 여자되고, 내부 릴레이 K01에 병렬 연결된 K01의 a 접점에 의해 자기유지된다.

PB02 버튼을 누르기 전까지 활성화(ON)되도록 전진 신호 K01에 대한 자기 유지 회로를 [네트워크 1]에 다음과 같이 작성한다.

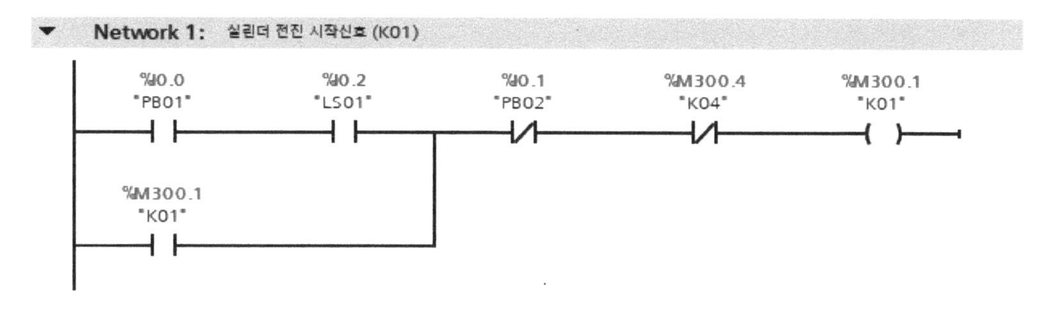

[네트워크 2]: A 실린더 전진 완료 신호 (K02)

A 실린더의 전진 시작 신호를 담당하는 릴레이 K01에 의해 코일 Y1이 [네트워크 5]에서와 같이 여자 되고, 전자기력에 의해 A 밸브의 위치가 ⓑ → ⓐ로 전환되면서 실린더가 전지하게 된다.

전진이 완료되면 리밋 스위치 LS02가 ON 되고, 전진 완료 신호를 담당하는 K02 릴레이가 자기 유지된다. 그리고 K01 신호 다음에 K02 신호가 시퀀스 제어될 수 있도록

K01의 a 접점을 삽입한다. 또한, 전진 완료 시점에서 3초간의 시간 지연 후에 실린더가 후진할 수 있도록 온 딜레이 타이머(TON)를 추가한다.

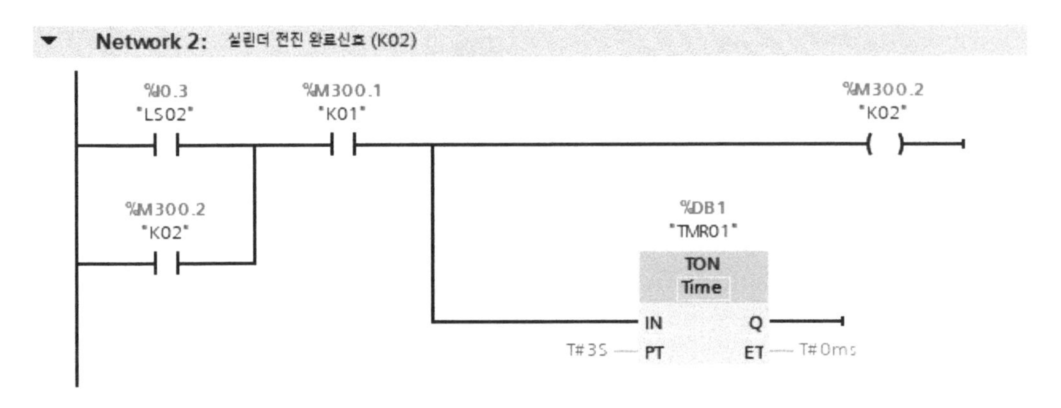

[네트워크 3]: A 실린더 후진 시작 신호 (K03)

실린더의 전진 완료 신호 K02가 활성화됨과 동시에, 3초의 시간 지연 후에 Q 접점으로 타이머 신호가 출력된다. "TMR01".Q의 출력 신호가 감지되면 실린더의 후진 시작 신호를 담당하는 K03 릴레이가 자기 유지되고, 릴레이가 순차적으로 제어될 수 있도록 "TMR01".Q 타이머와 K03 릴레이 사이에 K02 신호의 a 접점을 추가한다.

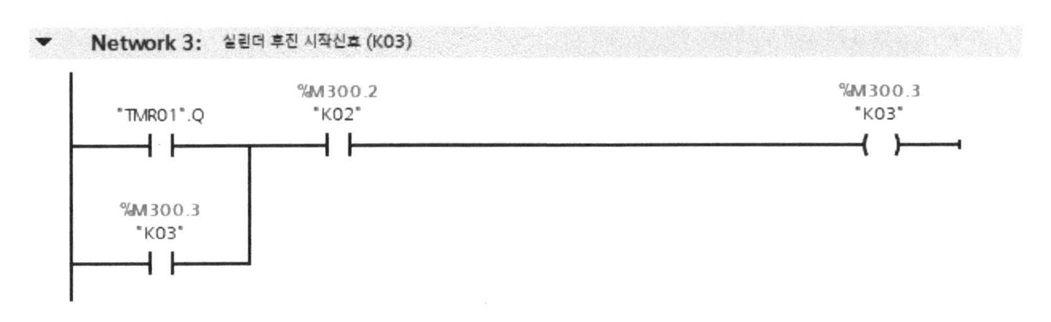

[네트워크 4]: A 실린더 후진 완료 신호 (K04)

내부 릴레이 K03이 ON 되면서 [네트워크 5]에 삽입된 K03 릴레이의 b 접점이 코일 Y1에 공급되는 전류를 차단하게 된다. 따라서 솔레노이드 코일에 생성된 전자기력이 사라져 밸브의 압축 스프링에 저장되어 있든 복원력에 의해 밸브 위치가 ⓐ → ⓑ로 전환되면서 실린더가 후진하게 된다.

실린더의 후진 동작이 완료되면 리밋 스위치 LS01이 ON 되고, 후진 완료 신호 K04가 활성화된다. 이처럼 실린더의 전·후진 동작의 한 사이클이 완료되면 모든 릴레이 신호가 리셋되어야 하므로, K04 내부 릴레이의 b 접점을 [네트워크 1]의 K01 릴레이 앞에 추가하여 모든 동작 신호를 리셋한다.

[네트워크 5]: A 편측 솔레노이드 밸브 제어

A 편측 솔레노이드 밸브에서 코일 Y1의 ON/OFF 동작을 실린더 전진 시작 신호 릴레이 K01의 a 접점과 후진 시작 신호 릴레이 K03의 b 접점을 사용하여 다음과 같이 실린더의 전진과 후진을 제어한다.

Network 5: 편측 솔레노이드밸브 제어

%M300.1 "K01" %M300.3 "K03" %Q0.0 "Y1"

7.2 PLC 시퀀스 제어 카운터

- 실습 목표
  - 카운트 명령어와 [그림 2-51]의 A 편솔 밸브를 사용하여 A 실린더의 동작 프로그램을 작성할 수 있다.

- 동작 조건
  - [누름 버튼_1]을 눌리면 A 실린더가 전진하고, 2초 후에 A 실린더가 후진한다.
  - A 실린더의 전진과 후진 동작이 1회 완료되면 카운터가 1씩 증가한다.
  - 5회 이상 카운터되면 더는 A 실린더가 동작하지 않는다.
  - [누름 버튼_2]을 클릭하면 A 실린더가 강제로 후진하고, 카운터가 리셋된다.

• PLC I/O 할당표

- 7.1 타이머 제어에서의 입출력 메모리 할당표와 동일하다.

• LAD 프로그램 작성

[네트워크 1]: A 실린더 전진 시작 신호 (K01)

%I0.0 "PB01"
%I0.2 "LS01"
"CNT01".QU
%I0.1 "PB02"
%M300.4 "K04"
%M300.1 "K01"
%M300.1 "K01"

[네트워크 2]: A 실린더 전진 완료 신호 (K02)

%I0.3 "LS02"
%M300.1 "K01"
%M300.2 "K02"
%M300.2 "K02"
%DB1 "TMR01"
TON Time
IN Q
T#2S PT ET T#0ms

[네트워크 3]: A 실린더 후진 시작 신호 (K03)

"TMR01".Q
%M300.2 "K02"
%M300.3 "K03"
%M300.3 "K03"

[네트워크 4]: A 실린더 후진 완료 신호 (K04)

%I0.2 "LS01" %M300.3 "K03" %M300.4 "K04"

[네트워크 5]: A 편측 솔레노이드 밸브 제어 (Y1)

%M300.1 "K01" %M300.3 "K03" %Q0.0 "Y1"

[네트워크 6]: 카운터 제어

가산 카운터(CTU)를 사용하여 5회 이상 실린더의 왕복운동이 카운터되면 실린더가 동작하지 않도록 프로그램한다. "CNT01"의 CU 접점에서 내부 릴레이 K04 신호가 OFF 상태에서 ON 상태로 변경될 때, 즉 A 실린더의 왕복운동이 완료될 때마다 카운팅값이 1씩 올라가게 된다.

CTU에 누적된 카운팅값이 PV(Preset value)에서 설정한 값 5보다 크거나 같으면 카운터의 Q 접점을 통해 전기 신호가 출력된다(ON). 이러한 ["CNT01".Q]의 b 접점을 [네트워크 1]의 실린더 전진 시작 신호 K01 릴레이 앞에 추가하면 왕복운동이 5회 이상이 되면 더는 실린더가 동작하지 않는다.

그리고 PB02 버튼을 누르게 되면 접점 R의 상태가 OFF에서 ON으로 변경되면서 현재까지의 카운팅값이 0으로 리셋되어 "CNT01" 카운터가 초기화된다.

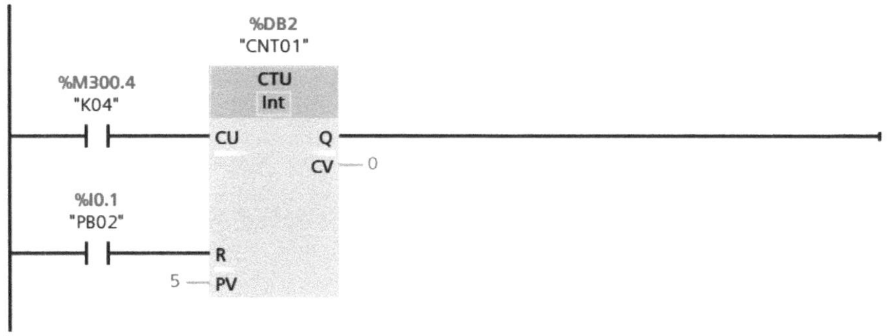

%DB2 "CNT01"
CTU Int
%M300.4 "K04" — CU Q
CV — 0
%I0.1 "PB02" — R
5 — PV

7.3 MOVE 명령어를 통한 제어

- 실습 목표
  - MOVE 명령어와 데이터 블록(DB)을 사용하여 [그림 2-51]의 A 실린더의 동작 상태를 HMI로 제어하고 모니터링할 수 있다.

- 동작 조건
  - HMI 터치스크린의 [비트 스위치_1]을 클릭하면 A 실린더가 전진하고, 2초 후에 실린더가 후진한다. 그리고 리밋 스위치의 ON/OFF 상태를 HMI 화면에 표시한다.
  - A 실린더의 전진과 후진 동작이 1회 완료되면 카운터가 1씩 증가하고, 그 결과를 데이터 블록(DB)에 저장하고, HMI 화면에 모니터링한다.
  - [비트 스위치_2]를 클릭하면 A 실린더가 강제로 후진하고, 카운터가 리셋된다.

- PLC I/O 할당표
  - 7.1 타이머 제어에서의 입출력 메모리 할당표와 동일하다.

- HMI 내부 메모리 할당표

입력			
태그(TAG)	메모리 주소	오브젝트	기능
TB01	M0.0	비트 스위치	A 실린더 전진 시작 비트 스위치_1
TB02	M0.1	비트 스위치	A 실린더 강제 후진 비트 스위치_2

출력			
태그(TAG)	메모리 주소	오브젝트	기능
LS01	I0.2	비트 램프	LS01 리밋 스위치의 ON/OFF 램프
LS02	I0.3	비트 램프	LS02 리밋 스위치의 ON/OFF 램프
-	DB10.DBW0	숫자 표시기	실린더 왕복운동 횟수를 표시

• DB_01 [DB10] 데이터 블록 생성

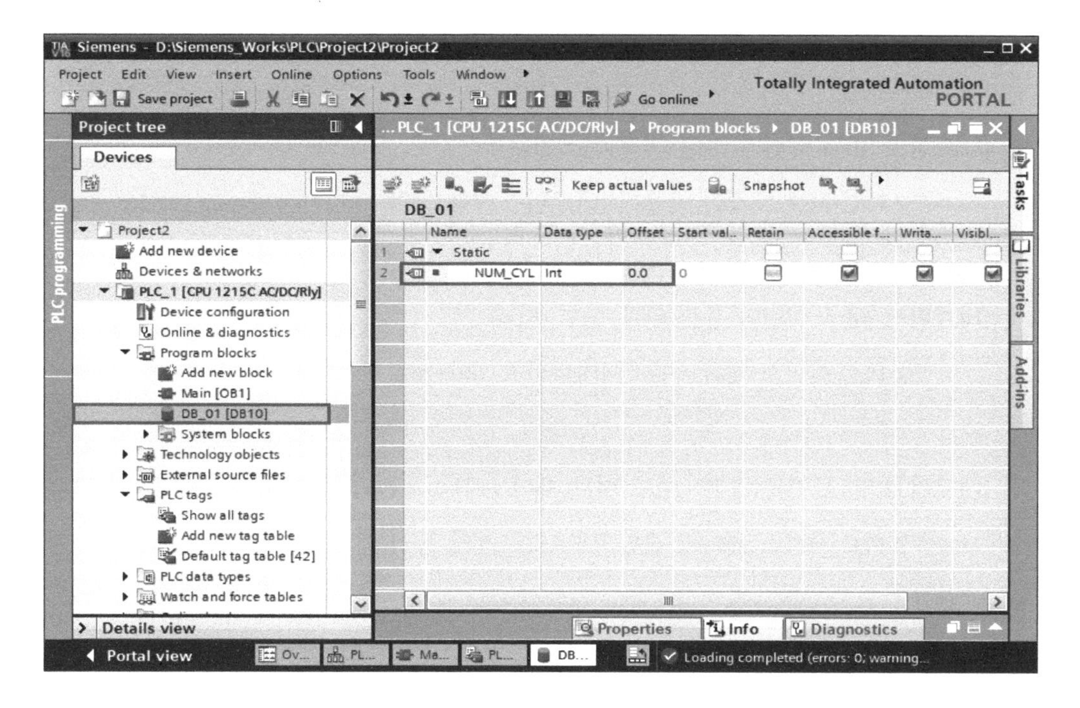

• LAD 프로그램 작성

[네트워크 1]: A 실린더 전진 시작 신호 (K01)

PLC의 입력 모듈에 연결된 실제 물리 세계에 존재하는 PB01 누름 버튼 스위치뿐만 아니라 PLC 내부에 존재하는 비트 메모리를 활용한 HMI 터치스크린의 가상 TB01 스위치를 누르면 현실의 누름 버튼과 동일하게 실린더가 동작하도록 프로그램을 작성한다. 그리고 현실 세계의 PB02 누름 버튼 스위치와 동일한 기능을 갖는 HMI 터치스크린의 TB02 비트 스위치를 추가하여 자동화 설비의 비상정지 버튼으로 활용한다.

[네트워크 1]에 다음과 같이 작성한다.

%I0.0 "PB01"
%I0.2 "LS01"
%I0.1 "PB02"
%M0.1 "TB02"
%M300.4 "K04"
%M300.1 "K01"
%M0.0 "TB01"
%M300.1 "K01"

[네트워크 2]: A 실린더 전진 완료 신호 (K02)

⇒ 7.2 PLC 시퀀스 제어 카운터 [네트워크 2]와 동일

[네트워크 3]: A 실린더 후진 시작 신호 (K03)

⇒ 7.2 PLC 시퀀스 제어 카운터 [네트워크 3]와 동일

[네트워크 4]: A 실린더 후진 완료 신호 (K04)

⇒ 7.2 PLC 시퀀스 제어 카운터 [네트워크 4]와 동일

[네트워크 5]: A 편측 솔레노이드 밸브 제어 (Y1)

⇒ 7.2 PLC 시퀀스 제어 카운터 [네트워크 5]와 동일

[네트워크 6]: 카운터 제어

가산 카운터(CTU)를 사용하여 "CNT01"의 CU 접점에서 내부 릴레이 K04 신호가 OFF 상태에서 ON 상태로 변경될 때마다 카운팅값이 1씩 올라가게 된다. CTU의 카운팅값이 PV의 설정값 1보다 크거나 같으면 카운터의 Q 접점을 통해 전기 신호가 출력된다(ON).

그리고 PB02 누름 버튼처럼 HMI 터치스크린에서 TB02 비트 스위치를 누르게 되면 접점 R의 상태가 OFF에서 ON으로 변경되면서 현재까지의 카운팅값이 0으로 리셋되어 "CNT01" 카운터가 초기화된다. 또한, CV(Current value) 값인 현재까지의 누적 카운팅값을 "CNT_NUM"라는 변수에 저장하도록 프로그램한다.

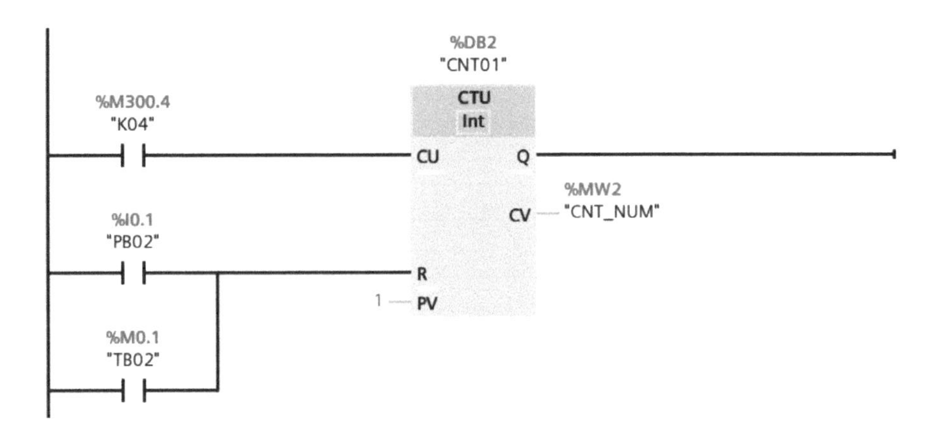

[네트워크 7]: MOVE 명령어

MOVE 명령어를 사용하여 카운터 "CNT01"의 CV에 저장된 "CNT_NUM"값을 데이터 블록 "DB_01".NUM에 저장하고, HMI 터치스크린의 숫자 표시기에 이 누적 카운팅값을 나타내어 실린더의 동작 상태를 모니터링한다.

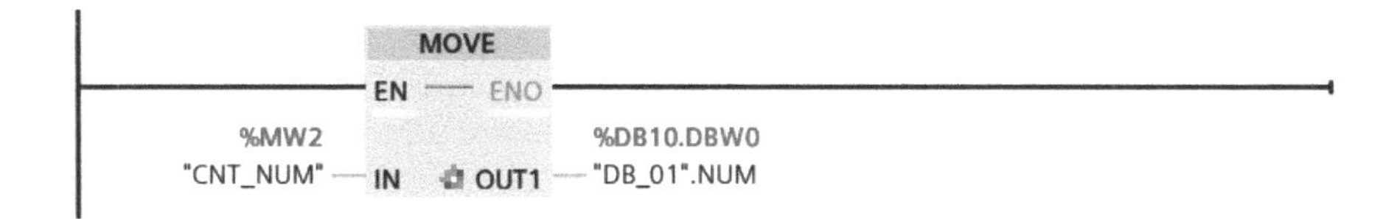

- HMI 작화

① XP-Builder를 실행하고 프로젝트를 생성한다.

② 비트 스위치 작화: PLC 프로그램에서 설정된 디바이스의 어드레싱을 입력한다.

M0.0 → TB01 (비트 스위치_1, A 실린더 전진)

M0.1 → TB02 (비트 스위치_2, A 실린더 강제 후진과 카운터 리셋)

③ 비트 램프 작화: PLC 프로그램에서 설정된 디바이스의 메모리 주소를 입력한다.

I0.2 → LS01 (비트 램프_1, LS01 리밋스위치 ON/OFF 램프)

I0.3 → LS02 (비트 램프_2, LS02 리밋스위치 ON/OFF 램프)

④ 숫자 표시기 작화: PLC 프로그램에서 설정된 디바이스의 메모리 주소를 입력한다.

DB10.DBW0 → 데이터 블록 (데이터 블록에 저장된 카운터값을 표시)

⑤ 문자열 삽입: 문자열 내용을 '카운터'라고 작성하고, 폰트 및 크기를 설정한다.

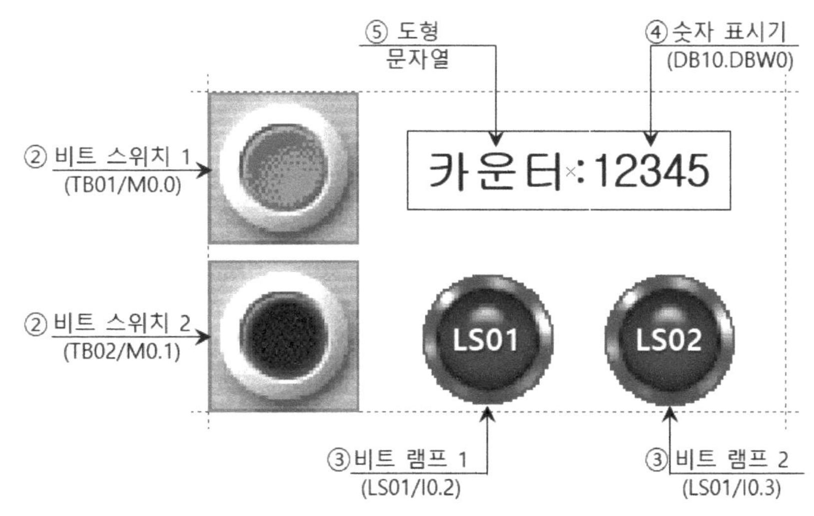

⑥ PC에서 프로젝트를 완료하고, 작화 내용을 HMI로 전송한다.

7.4 비교 명령어를 통한 제어

- 실습 목표
  - [7.3 MOVE 명령어를 통한 제어] 과정에서 비교 명령어를 추가하여 [그림 2-51]의 A 실린더의 동작 상태를 HMI로 제어하고 모니터링할 수 있다.

- 동작 조건
  - HMI 터치스크린의 [비트 스위치_1]을 클릭하면 A 실린더가 전진하고, 2초 후에 실린더가 후진한다.
  - A 실린더의 전진과 후진 동작이 1회 완료되면 카운터가 1씩 증가하고, 그 결과를 데이터 블록(DB)에 저장하고, HMI 화면에 모니터링한다.
  - [비트 스위치_2]를 클릭하면 A 실린더가 강제로 후진하고, 카운터가 리셋된다.
  - 누적 카운팅값이 3 이상이 되면 HMI 화면에 램프_1이 점등되고, 5 이상이 되면 램프_2가 점등되도록 작화한다.

- PLC I/O 할당표
  - 7.1 타이머 제어에서의 입출력 메모리 할당표와 동일하다.

- HMI 내부 메모리 할당표

입력			
태그(TAG)	메모리 주소	오브젝트	기능
TB01	M0.0	비트 스위치	A 실린더 전진 시작 비트 스위치_1
TB02	M0.1	비트 스위치	A 실린더 강제 후진 비트 스위치_2

출력			
태그(TAG)	메모리 주소	오브젝트	기능
LAMP01	M0.2	비트 램프	카운터값이 3 이상이면 점등
LAMP02	M0.3	비트 램프	카운터값이 5 이상이면 점등
-	DB10.DBW0	숫자표시기	실린더 왕복운동 횟수를 표시

• DB_01 [DB10] 데이터 블록 생성

⇒ 7.3 MOVE 명령어를 통한 제어의 [데이터 블록 생성]과 동일

• LAD 프로그램 작성

[네트워크 1]: A 실린더 전진 시작 신호 (K01)

⇒ 7.3 MOVE 명령어를 통한 제어 [네트워크 1]과 동일

[네트워크 2]: A 실린더 전진 완료 신호 (K02)

⇒ 7.2 PLC 시퀀스 제어 카운터 [네트워크 2]와 동일

[네트워크 3]: A 실린더 후진 시작 신호 (K03)

⇒ 7.2 PLC 시퀀스 제어 카운터 [네트워크 3]와 동일

[네트워크 4]: A 실린더 후진 완료 신호 (K04)

⇒ 7.2 PLC 시퀀스 제어 카운터 [네트워크 4]와 동일

[네트워크 5]: A 편측 솔레노이드 밸브 제어 (Y1)

⇒ 7.2 PLC 시퀀스 제어 카운터 [네트워크 5]와 동일

[네트워크 6]: 카운터 제어

⇒ 7.3 MOVE 명령어를 통한 제어 [네트워크 6]과 동일

[네트워크 7]: MOVE 명령어

⇒ 7.3 MOVE 명령어를 통한 제어 [네트워크 7]과 동일

[네트워크 8]: 비교 명령어

가산 카운터 "CTU"의 누적 카운팅값이 저장되는 데이터 블록의 "DB_01".NUM 값이 3 이상이 되면 "LAMP01"의 내부 비트 메모리가 ON 되고, 5 이상이 되면 "LAMP02"의

내부 비트 메모리가 ON 되도록 프로그램한다. LAMP01은 HMI 화면에 비트 램프_1로 작화하고, LAMP02는 비트 램프_2로 작화한다.

%DB10.DBW0
"DB_01".NUM
>=
Int
3
%M0.2
"LAMP01"

%DB10.DBW0
"DB_01".NUM
>=
Int
5
%M0.3
"LAMP02"

• HMI 작화

③ 비트 램프 작화: PLC 프로그램에서 설정된 디바이스의 메모리 주소를 입력한다.

M0.2 → LAMP01 (비트 램프_1, 카운터값이 3 이상이면 점등)

M0.3 → LAMP02 (비트 램프_2, 카운터값이 5 이상이면 점등)

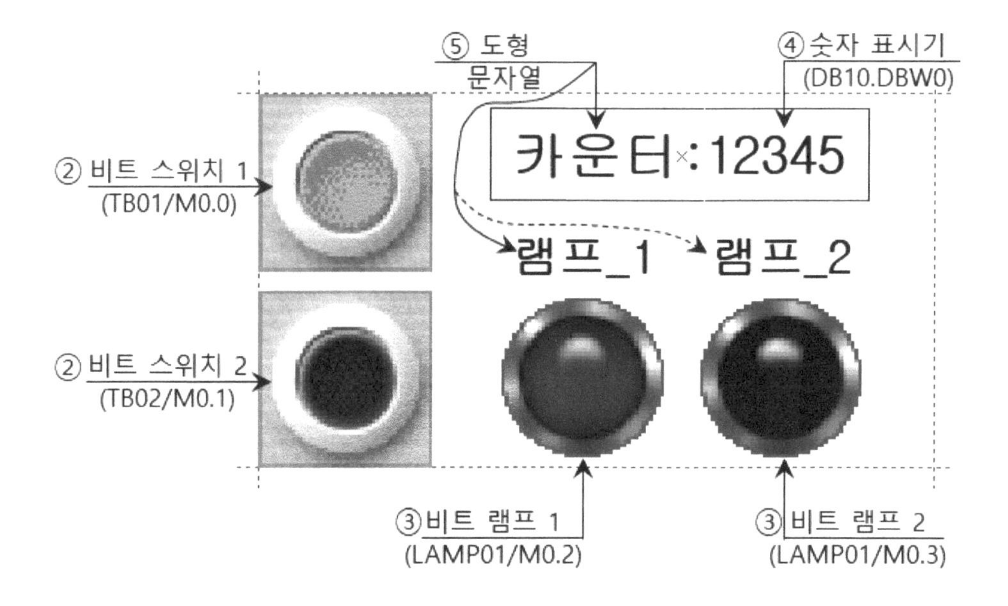

7.5 연산 명령어를 통한 제어

• 실습 목표

- [7.4 비교 명령어를 통한 제어] 과정에서 카운터 명령어를 연산 명령어로 대체하여 [그림 2-51]의 A 실린더의 동작 상태를 HMI로 제어하고 모니터링할 수 있다.

• 동작 조건

- HMI 터치스크린의 [비트 스위치_1]을 클릭하면 A 실린더가 전진하고, 2초 후에 실린더가 후진한다.
- A 실린더의 전진과 후진 동작이 1회 완료되면 연산 명령어에 의해 1씩 증가하고, 그 결과를 데이터 블록(DB)에 저장하고, HMI 화면에 모니터링한다.
- [비트 스위치_2]를 클릭하면 A 실린더가 강제로 후진하고, 카운터가 리셋된다.
- 누적 카운팅값이 3 이상이 되면 HMI 화면에 램프_1이 점등되고, 5 이상이 되면 램프_2가 점등되도록 작화한다.

• PLC I/O 할당표

- 7.1 타이머 제어에서의 입출력 메모리 할당표와 동일하다.

• HMI 내부 메모리 할당표

- 7.4 비교 명령어를 통한 HMI 내부 메모리 할당표와 동일하다.

• DB_01 [DB10] 데이터 블록 생성

⇒ 7.3 MOVE 명령어를 통한 제어의 [데이터 블록 생성]과 동일

• LAD 프로그램 작성

[네트워크 1]: A 실린더 전진 시작 신호 (K01)

⇒ 7.3 MOVE 명령어를 통한 제어 [네트워크 1]과 동일

[네트워크 2]: A 실린더 전진 완료 신호 (K02)

⇒ 7.2 PLC 시퀀스 제어 카운터 [네트워크 2]와 동일

[네트워크 3]: A 실린더 후진 시작 신호 (K03)

⇒ 7.2 PLC 시퀀스 제어 카운터 [네트워크 3]와 동일

[네트워크 4]: A 실린더 후진 완료 신호 (K04)

⇒ 7.2 PLC 시퀀스 제어 카운터 [네트워크 4]와 동일

[네트워크 5]: A 편측 솔레노이드 밸브 제어 (Y1)

⇒ 7.2 PLC 시퀀스 제어 카운터 [네트워크 5]와 동일

[네트워크 6]: 연산 명령어를 통한 제어

가산 카운터 'CTU'의 기능과 유사한 연산 명령어 INC(증분)를 사용하여 실린더의 전·후진 왕복운동의 횟수를 카운팅할 수 있도록 프로그램한다. 내부 메모리 영역에 할당된 변수 "CNT_NUM"는 INC 명령어에 의해 EN 접점이 ON 되면 "CNT_NUM = CNT_NUM + 1"과 같이 1씩 증가시킨다.

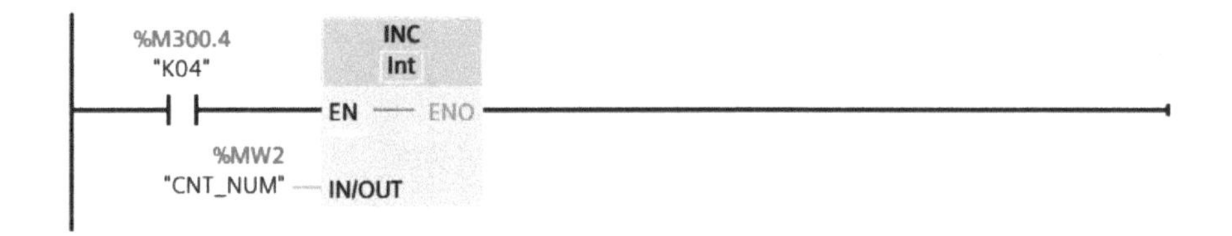

[네트워크 7]: MOVE 명령어

가산 카운터 'CTU' 명령어에는 PB02나 TB02 버튼을 사용하여 "R" 접점이 ON 될 때 현재까지의 카운팅값을 리셋할 수 있는 초기화 기능이 있었다. 이러한 리셋 기능을 MOVE 명령어를 사용하여 다음과 같이 프로그램한다.

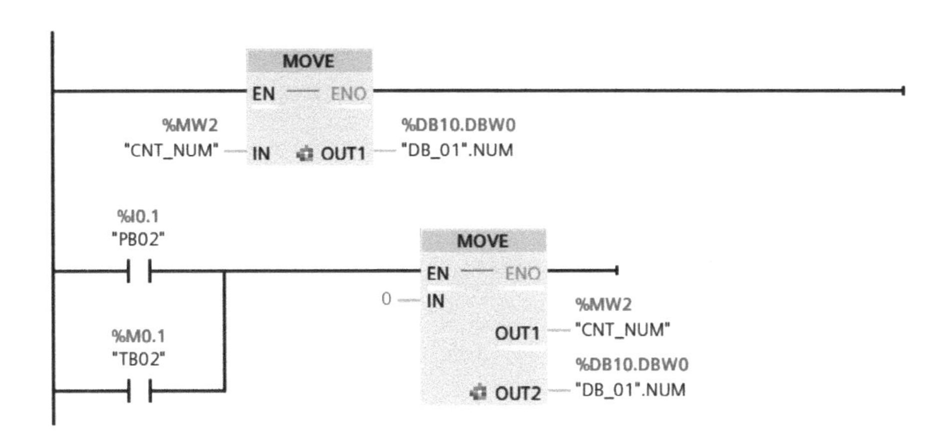

[네트워크 8]: 비교 명령어

⇒ 7.4 비교 명령어를 통한 제어 [네트워크 8]과 동일

- HMI 작화

⇒ 7.4 비교 명령어를 통한 제어 [HMI 작화]와 동일

7.6 연속 왕복 동작 제어

- 실습 목표
  - [7.5 연산 명령어를 통한 제어]에서 요구된 연속 왕복 동작 횟수만큼 〈그림 2.51〉의 A 실린더가 구동될 수 있도록 HMI로 제어하고 모니터링할 수 있다.

- 동작 조건
  - HMI 터치스크린의 [비트 스위치_1]을 클릭하면 A 실린더가 전진하고, 2초 후에 실린더가 후진하는 동작 과정이 연속적으로 반복 실행된다.
  - A 실린더의 전진과 후진 동작이 1회 완료되면 INC 연산 명령어에 의해 1씩 증가하고, 그 결과는 데이터 블록(DB)에 저장되며, HMI 화면을 통해 모니터링한다.
  - [비트 스위치_2]를 클릭하면 A 실린더가 강제로 후진하고, 카운터가 리셋된다.

- 누적 왕복 횟수가 3 이상이 되면 HMI 화면에 램프_1이 점등되고, 5 이상이 되면 램프_2가 점등되면서 실린더의 연속 반복 동작이 멈출 수 있도록 작화한다.

• PLC I/O 할당표

- 7.1 타이머 제어에서의 입출력 메모리 할당표와 동일하다.

• HMI 내부 메모리 할당표

- 7.4 비교 명령어를 통한 HMI 내부 메모리 할당표와 동일하다.

• DB_01 [DB10] 데이터 블록 생성

⇒ 7.3 MOVE 명령어를 통한 제어의 [데이터 블록 생성]과 동일

• LAD 프로그램 작성

[네트워크 1]: A 실린더 연속 왕복 동작 시작 신호 (K00)

PLC 입력 모듈의 첫 번째 접점에 연결된 PB01(%I0.0) 누름 버튼이나 TB01(%M0.0)의 HMI 터치 버튼을 누르면, 실린더의 연속 왕복 동작을 담당하는 K00 릴레이가 ON 되면서 실린더가 작동한다.

PB02 버튼이나 HMI 터치스크린의 TB02 버튼을 누르게 되면 실린더의 연속 동작이 멈추게 되고, 실린더의 누적 왕복 횟수가 초기화된다.

실린더의 누적 왕복 횟수가 5회 이상이 되면, LAMP02의 b 접점이 ON 되고 실린더의 연속 동작 신호인 K00 릴레이가 OFF 되면서 실린더가 멈추게 된다.

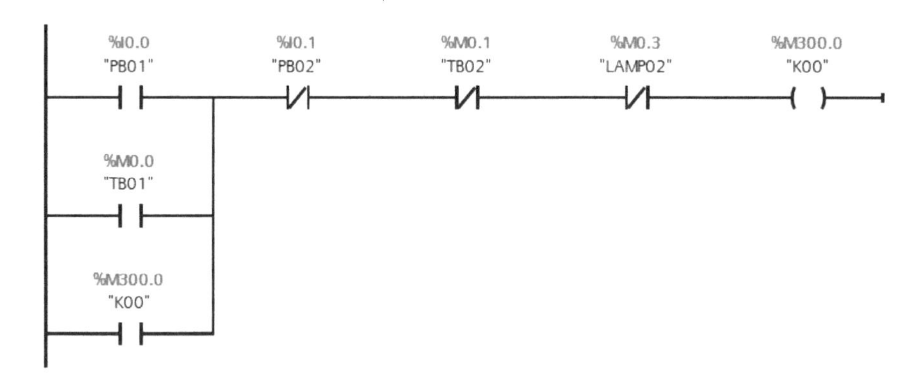

[네트워크 2]: A 실린더 전진 시작 신호 (K01)

A 실린더의 초기 자세는 후진 완료 상태이다. 따라서 실린더의 후진 완료 상태를 감시하는 리밋 스위치 LS01은 ON 상태이어야 한다. 이러한 초기 상태에서 연 속동작 시작 신호 K00이 ON 되면 실린더의 전진 시작 신호를 담당하는 내부 릴레이 K01이 여자되면서 실린더의 연속 왕복운동이 시작된다.

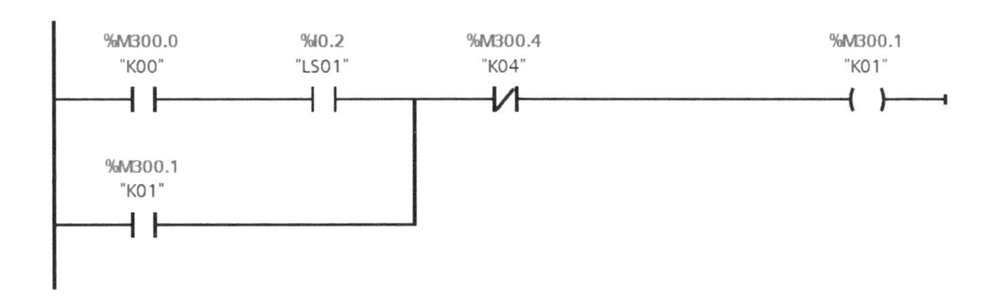

[네트워크 3]: A 실린더 전진 완료 신호 (K02)

⇒ 7.2 PLC 시퀀스 제어 카운터 [네트워크 2]와 동일

[네트워크 4]: A 실린더 후진 시작 신호 (K03)

⇒ 7.2 PLC 시퀀스 제어 카운터 [네트워크 3]과 동일

[네트워크 5]: A 실린더 후진 완료 신호 (K04)

⇒ 7.2 PLC 시퀀스 제어 카운터 [네트워크 4]와 동일

[네트워크 6]: A 편측 솔레노이드밸브 제어 (Y1)

⇒ 7.2 PLC 시퀀스 제어 카운터 [네트워크 5]와 동일

[네트워크 7]: 연산 명령어를 통한 제어

⇒ 7.5 연산 명령어를 통한 제어 [네트워크 6]과 동일

[네트워크 8]: MOVE 명령어

⇒ 7.5 연산 명령어를 통한 제어 [네트워크 7]과 동일

[네트워크 9]: 비교 명령어

⇒ 7.4 비교 명령어를 통한 제어 [네트워크 8]과 동일

- HMI 작화

⇒ 7.4 비교 명령어를 통한 제어 [HMI 작화]와 동일

7.7 객체 지향 프로그램 작성

- 실습 목표
  - [7.6 연속 왕복 동작 제어]에서 하나의 [OB1] 블록으로 작성된 선형 프로그램을 기능별 작업 영역으로 구별된 펑션 블록 [FB1]과 [FB2]로 나누고, 메인 프로그램 [OB1]이 개별 펑션블록 프로그램 [FB1]과 [FB2]를 호출함으로써 데이터를 전달할 수 있는 **객체 지향** 프로그램으로 구조화시킬 수 있다.
  - 공압 실린더의 전진과 후진 동작을 제어하는 부분을 펑션 블록 [FB1]으로 작성하고, 왕복 동작 횟수를 감지하는 기능을 펑션 블록 [FB2]로 작성한다.
  - [OB1]에서 개별 펑션 블록 [FB1]과 [FB2]를 호출하여 요구된 연속 왕복 동작 횟수만큼 [그림 2-51]의 A 실린더가 구동될 수 있도록 HMI로 제어하고 모니터링할 수 있다.

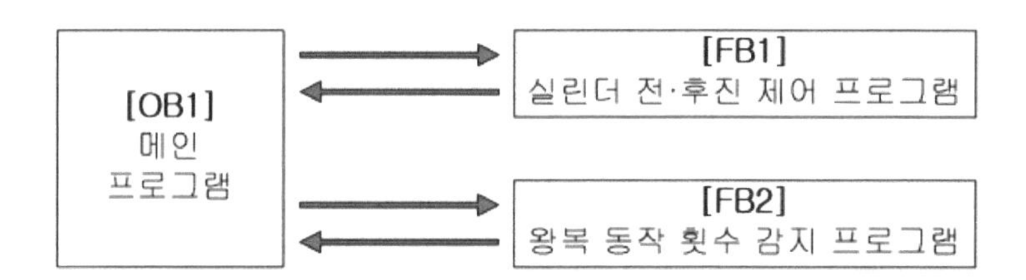

- 동작 조건
  - HMI의 시작 버튼을 클릭하면 A 실린더가 전진하고, "TIME_B" 파라미터에 설정된 시간만큼 실린더의 후진 동작이 지연되도록 한다. 이처럼 실린더의 전진과 후진 동작이 [OB1]과 [FB1]에 의해 연속적으로 반복 실행되도록 제어한다.
  - A 실린더의 전·후진 동작이 **1회 완료**되면 왕복 동작 횟수 감지를 위한 개별 펑션 블록

[FB2]에 의해 1씩 증가하고, 그 결과가 글로벌 데이터 블록 [DB10]에 저장되며, HMI 화면을 통해 모니터링된다.

- HMI의 정지 버튼을 누르면 실린더가 강제로 후진하고, 카운터가 리셋된다.
- 누적 왕복 횟수가 5 이상이 되면 HMI 화면에 "램프_1"이 점등되고, 10 이상이 되면 "램프_2"가 점등되면서 실린더의 동작이 멈출 수 있도록 작화한다.

• PLC I/O 할당표

- 7.1 타이머 제어에서의 입출력 메모리 할당표와 동일하다.

• DB_01 [DB10] 데이터 블록 생성

⇒ 7.3 MOVE 명령어를 통한 제어의 [데이터블록 생성]과 동일

• 실린더 전 · 후진 동작 제어 [FB1] 개별 프로그램 작성

- "FB01" 펑션 블록의 구조

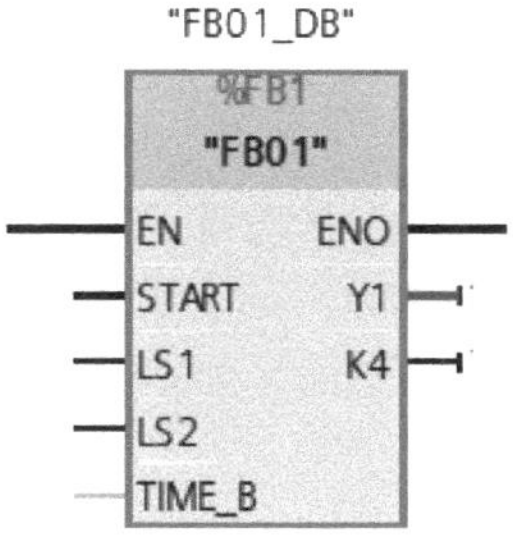

- [FB1]은 메인 프로그램 [OB1]에서 호출될 때 실행되는 서브 루틴이다.

- 호출하는 [OB1]은

  ① 시작 신호 (Name: START, Data type: Bool)

  ② 후진 완료 신호 (Name: LS1, Data type: Bool)

  ③ 전진 완료 신호 (Name: LS2, Data type: Bool)

  ④ 사용자 설정 시간 (Name: TIME_B, Data type: Time)

  값들을 호출되는 [FB1]에 <u>입력 변수</u>로 전달한다.

- 그리고 호출되는 [FB1]은 이러한 입력 변수들로 개별 프로그램을 실행한 다음,

  ① 편솔 방향 제어 밸브 코일의 여자 신호 (Name: Y1, Data type: Bool)

  ② 실린더 전·후진 동작 완료 릴레이 신호 (Name: K4, Data type: Bool)

  값들을 [OB1]에 출력 변수로 전달하게 된다.

- 이러한 입출력 데이터값들은 개별 펑션 블록 [FB1]이 실행된 후에도 계속 사용될 수 있도록 글로벌 메모리인 데이터 블록 [DB1]에 저장된다.

  ※ 메인 프로그램 [OB1]에서 호출되는 [FB]는 연산 중에 [OB1]과의 데이터 입·출력을 위해 데이터를 저장하기 위한 [DB]가 할당된다.

- 호출되는 [FB1]은 호출하는 [OB1]과의 데이터 입·출력 변수 외에 개별 펑션 블록 [FB1] 프로그램 내부에서 사용되는 정적 내부 변수들이 반드시 정의되어야 한다.

  ① 실린더의 전진 시작 릴레이 신호 (Name: K1, Data type: Bool)

  ② 실린더의 전진 완료 릴레이 신호 (Name: K2, Data type: Bool)

  ③ 실린더의 후진 시작 릴레이 신호 (Name: K3, Data type: Bool)

  ④ 실린더의 후진 동작 지연 시간 (Nave: TMR01, Data type: TON_Time)

  ※ [FB1] 내부에 또 다른 [FB] 또는 시스템 펑션 블록 [SFB]을 사용할 때는 Multiple Instance Call을 통해서 해당 [FB]의 정적 내부 변수 (Stat)에 구조체 변수로 등록하여야 한다.

- 펑션 블록 [FB1] 변수 지정하기

1) 프로젝트 트리에서 [Add new block]을 더블클릭하면, 새로운 블록을 추가할 수 있는 대화상자가 나타난다. "Function block" 'FB'을 선택하고, [Name]은 "FB01", [Number]는 [Manual]로 지정하고 '1'을 입력한 다음, [OK]를 클릭한다.

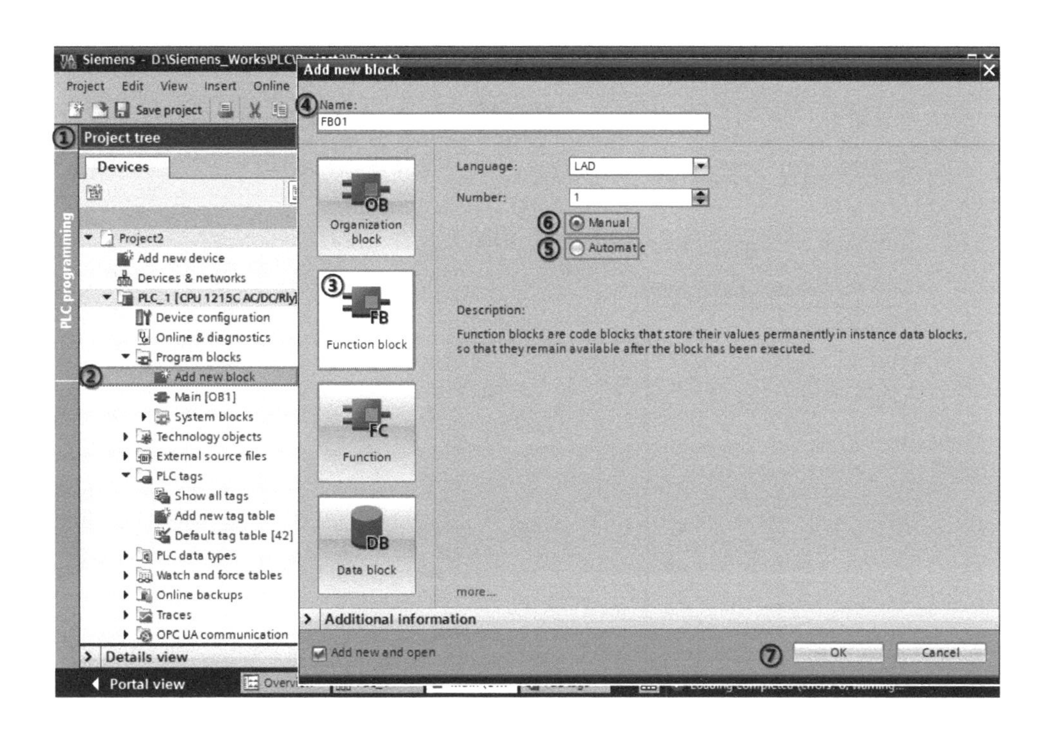

2) [Program blocks] → "FB01 [FB1]"을 더블클릭한다. 'Block interface' 혹은 [▼] 화살표를 클릭하면 개별 펑션 블록 [FB1]에 정의될 Input(입력)/Output(출력)/Static(정적 내부) 변수들을 지정할 수 있는 창이 나타난다.

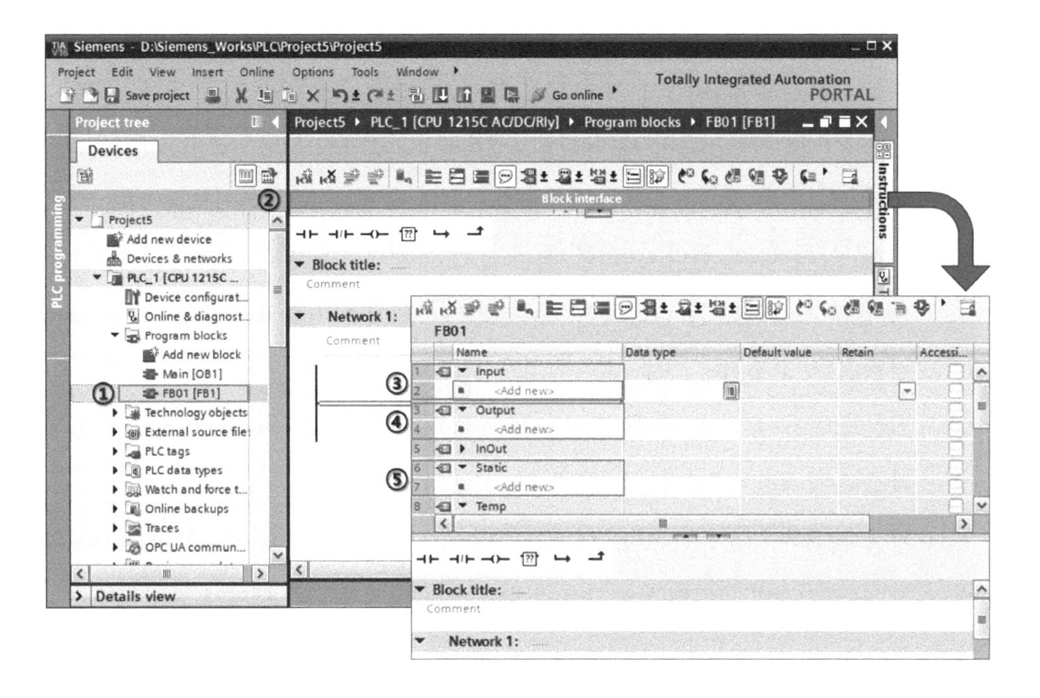

3) [FB1] 펑션 블록에 지정될 변수들에 대한 Name과 Data Type을 정의한다. 변수 지정이 완료되면 [ ]을 클릭하고, 지정한 변수들을 활용하여 "실린더 전·후진 동작 제어"를 위한 개별 프로그램을 작성한다.

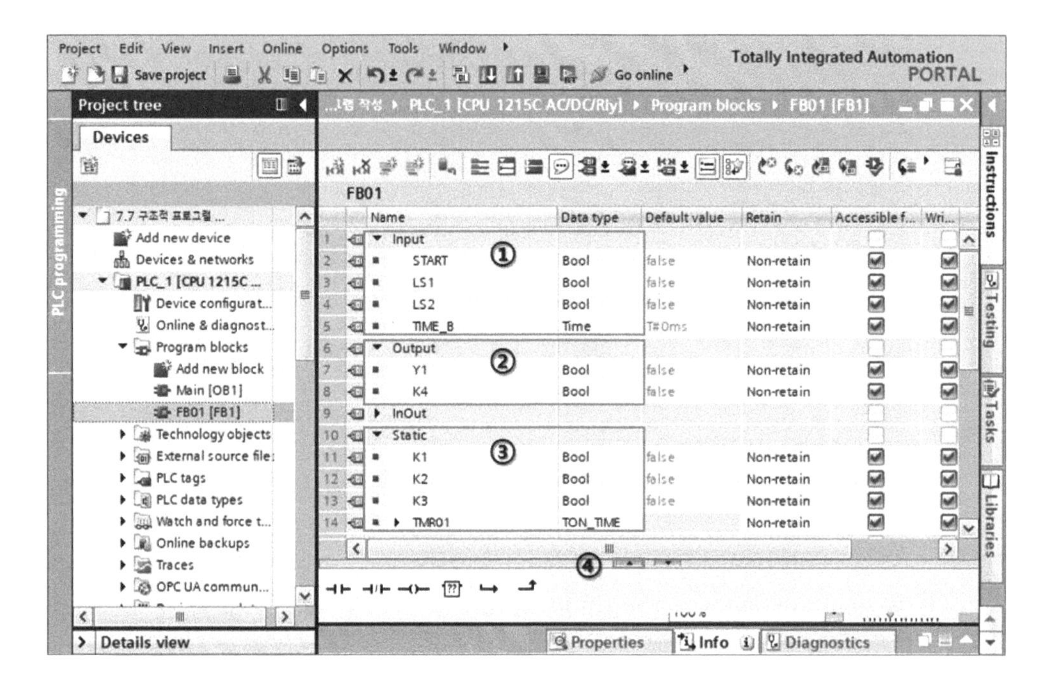

[네트워크 1]: A 실린더 전진 시작 신호 (K1)

메인 프로그램 [OB1]에서 개별 펑션 블록 [FB1]을 호출하면, 입력 변수 START, LS1, LS2 및 TIME_B 파라미터의 데이터가 호출하는 [OB1]에서 호출되는 [FB1]으로 전달된다. A 실린더의 초기 상태는 [그림 2-51]에서와 같이 후진 완료 상태이므로 리밋 스위치 LS1은 "ON" 상태이어야 한다. 이러한 초기 조건 아래에서 START 신호가 "ON' 되면, 실린더의 전진 시작 신호를 담당하는 내부 릴레이 K1이 여자되고, 내부 릴레이 K1에 병렬 연결된 K1의 a 접점에 의해 자기 유지가 된다.

실린더의 전·후진 동작 완료 신호 K4가 감지될 때까지 릴레이 K1이 활성화(ON)되도록 자기 유지 회로를 [FB1]의 [네트워크 1]에 작성한다.

펑션 블록에 사용되는 모든 변수는 [Block interface] 창에 반드시 정의되어 있어야 하고, 프로그램의 네트워크에 사용될 때는 변수명 앞에 "#" 문자가 붙게 된다.

#START #LS1 #K4 #K1

#K1

[네트워크 2]: A 실린더 전진 완료 신호 (K2)

[네트워크 5]에서와 같이 실린더의 전진 시작 신호를 담당하는 릴레이 K1의 a 접점에 의해 편솔 밸브의 솔레노이드 코일 Y1에 전류가 통전되고, 이로 인해 코일에 생성된 전자기력으로 밸브 위치가 전환되면서 A 실린더가 전지하게 된다.

실린더의 전진이 완료되면 리밋 스위치 LS2가 ON 되고, K1 신호 다음에 K2 신호가 시퀀스 제어될 수 있도록 K1의 a 접점을 LS2와 K2 릴레이 사이에 삽입한다. 또한, 전진 완료 시점에서 TIME_B 파라미터에 설정된 시간만큼 지연되어, 실린더가 후진할 수 있도록 시스템 펑션 블록인 온 딜레이 타이머 [TON]을 추가한다. 그리고 전진 완료 신호를 담당하는 K2 릴레이의 a 접점을 사용하여 자기 유지 회로를 작성한다.

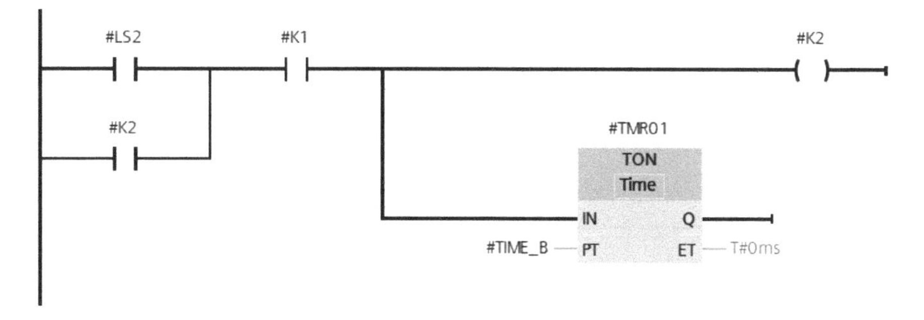

※ 펑션 블록 [FB1] 내부에 시스템 펑션 블록(SFB)에 해당하는 [TON]의 “TMR01”을 삽입할 때는 Multiple Instance Call 형태로 해당 [FB1]의 정적 내부 변수에 등록하여야 한다. 만약 Single Instance로 변수를 등록하게 되면 메인 프로그램 [OB1]에서 [FB1]을 호출할 때마다 “TMR01”은 상수처럼 항상 동일한 값을 출력하게 된다.

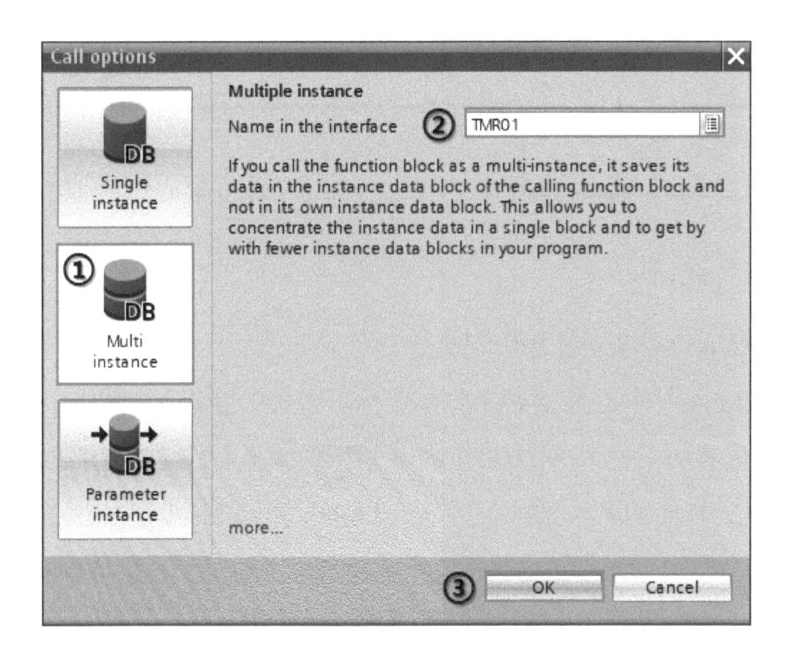

[네트워크 3]: A 실린더 후진 시작신호 (K3)

실린더의 전진 완료 신호 K2가 활성화됨과 동시에, TIME_B 시간만큼 지연 후에 Q 접점으로 타이머 신호가 출력된다. "TMR01".Q의 출력 신호가 감지되면 실린더의 후진 시작 신호를 담당하는 K3 릴레이가 자기 유지되고, 릴레이가 순차적으로 제어될 수 있도록 "TMR01".Q 타이머와 K3 릴레이 사이에 K2 신호의 a 접점이 추가된다.

[네트워크 4]: A 실린더 후진 완료 신호 (K4)

내부 릴레이 K3가 ON 되면서 [네트워크 5]에 삽입된 K3 릴레이의 b 접점이 편솔 밸브 코일의 Y1에 공급되는 전류를 차단하게 된다. 따라서 솔레노이드 코일에 생성된 전자기력이 사라지게 되고, 방향 전환 과정 동안에 압축 스프링에 저장된 탄성 변형 에너지에 의해 밸브 위치가 다시 원위치로 전환되면서 실린더가 후진하게 된다.

실린더의 후진 동작이 완료되면 리밋 스위치 LS1이 ON 되고, 후진 완료 신호 K4가 활성화된다. 이처럼 실린더의 전·후진 동작에 관한 한 사이클이 완료되면 모든 릴레이 신호가 리셋되어야 하므로, K4 내부 릴레이의 b 접점을 [네트워크 1]의 K1 릴레이 앞에 추가하여 모든 신호를 초기화하도록 프로그램한다.

#LS1 #K3 #K4

[네트워크 5]: A 편측 솔레노이드 밸브 제어

편측 솔레노이드 방향 제어 밸브에서 코일 Y1의 ON/OFF 상태에 따라 실린더의 전진과 후진 동작이 제어될 수 있도록 실린더의 전진 동작은 릴레이 K1의 a 접점을 사용하고, 후진 동작은 릴레이 K3의 b 접점을 사용한다.

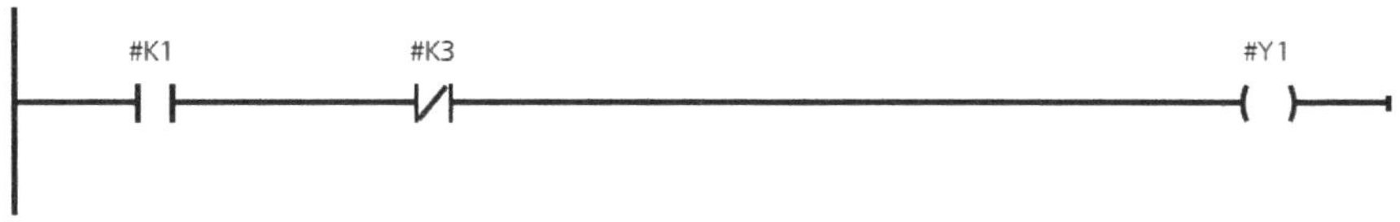

#K1 #K3 #Y1

- 왕복 동작 횟수 감지 [FB2] 개별 프로그램 작성

- [FB2] 펑션 블록의 구조

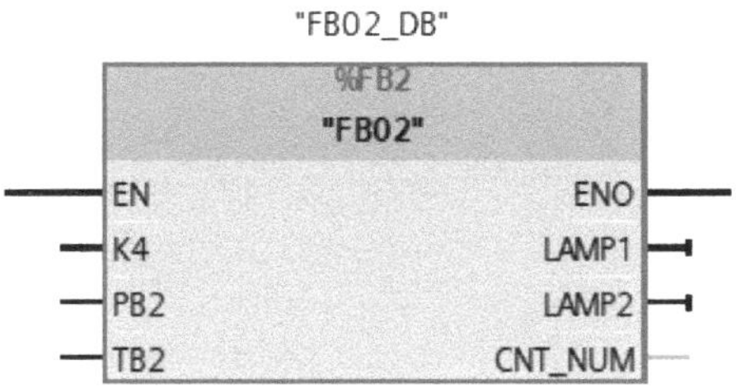

"FB02_DB"
%FB2
"FB02"
EN ENO
K4 LAMP1
PB2 LAMP2
TB2 CNT_NUM

- [FB2]는 메인 프로그램 [OB1]에서 호출될 때 실행되는 서브 루틴이다.

- 메인 프로그램 [OB1]은

① 실린더 전·후진 동작 완료 릴레이 신호 (Name: K4, Data type: Bool)

② 실린더 누적 반복 횟수 초기화 누름 버튼 (Name: PB2, Data type: Bool)

③ 실린더 누적 반복 횟수 초기화 터치 버튼 (Name: TB2, Data type: Bool)

값들을 호출되는 [FB2]에 입력 변수로 전달한다.

- [FB2]는 개별 프로그램을 실행한 다음,

  ① 비트 램프_1 점등 신호 (Name: LAMP1, Data type: Bool)

  ② 비트 램프_2 점등 신호 (Name: LAMP2, Data type: Bool)

  ③ 실린더 누적 반복 횟수 (Name: CNT_NUM, Data type: Int)

  값들을 [OB1]에 출력 변수로 전달하게 된다.

- [OB1]에서 [FB2]를 호출하면, 개별 프로그램 [FB2]의 입출력 데이터값들은 데이터 블록 [DB2]에 저장된다.

- [FB2]의 개별 프로그램에서 사용되는 정적 내부 변수는 없다.

- 펑션 블록 [FB2] 변수 지정하기

  [FB2]에 사용될 변수들의 Name과 Data Type을 정의하고, 이 변수들을 사용하여 "왕복 동작 횟수 감지"를 위한 개별 프로그램을 작성한다.

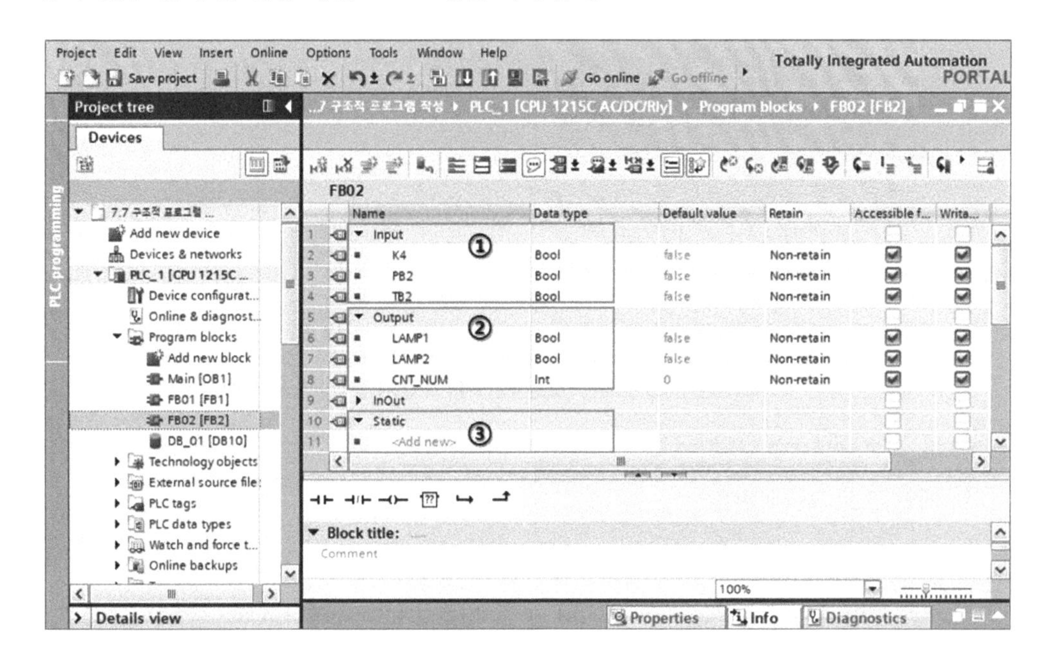

[네트워크 1]: INC 연산 명령어

메인 프로그램 [OB1]이 펑션 블록 [FB2]를 호출하면, 실린더의 후진 완료 신호 K4가 입력신호로 [FB2]에 전달되고, [FB2]의 출력 변수로 지정된 "CNT_NUM" 변수는 INC 명령어에 의해 K4 신호가 ON 되면 "CNT_NUM = CNT_NUM + 1"과 같이 1씩 증가하여 출력되고, 그 결과를 [OB1]에 전달한다.

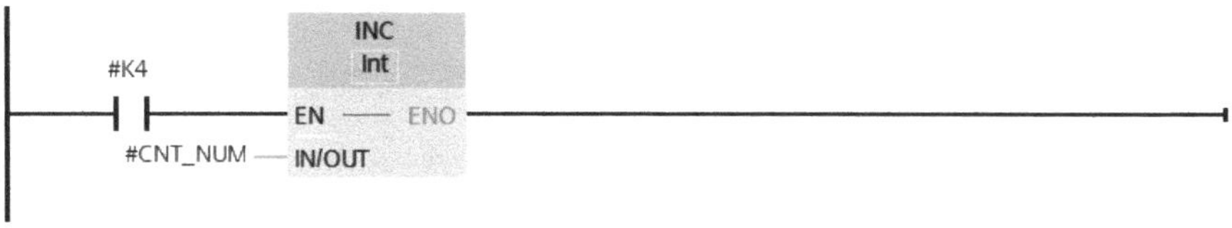

#K4
INC
Int
EN — ENO
#CNT_NUM — IN/OUT

[네트워크 2]: MOVE 명령어

[OB1]으로부터 PB2나 TB2 신호가 [FB2]에 전달되면, 현재까지의 누적 왕복 횟수가 초기화하게 된다. 즉 CNT_NUM 변수에 저장된 왕복 횟수 값을 MOVE 명령어를 사용하여 0으로 리셋한다.

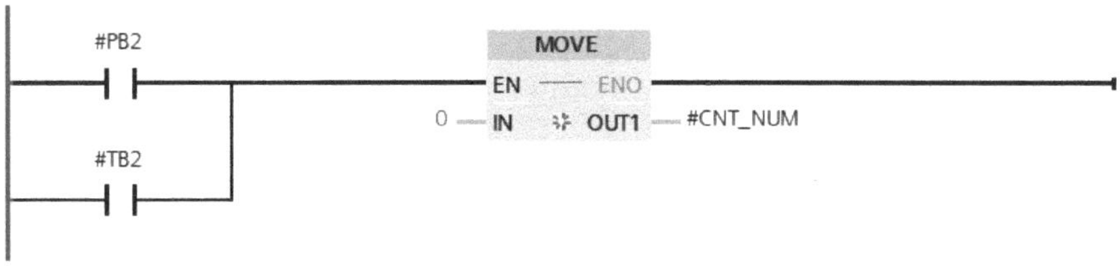

#PB2
#TB2
MOVE
EN — ENO
0 — IN OUT1 — #CNT_NUM

[네트워크 8]: 비교 명령어

"CNT_NUM" 변수에 누적된 왕복 횟수 값이 5 이상이 되면 "LAMP1"의 출력 신호가 ON 되고, 10 이상이 되면 "LAMP2"의 출력 비트 신호가 ON 된다.

#CNT_NUM
>=
Int
5
#LAMP1

#CNT_NUM
>=
Int
10
#LAMP2

• 메인 프로그램 [OB1] 작성

[네트워크 1]: 실린더 동작 신호 (K00)

실린더의 구동 시작 누름 버튼 PB01이나 터치 버튼 TB01이 ON 되면 실린더의 전진 시작 신호를 담당하는 내부 릴레이 K00이 여자되고, 내부 릴레이 K00에 병렬 연결된 a 접점에 의해 자기 유지가 된다.

실린더의 강제 후진 버튼 PB02 혹은 터치 버튼 TB02를 누르면, 실린더 동작 신호를 담당하는 K00 릴레이가 OFF 되어 실린더의 동작이 멈추게 된다.

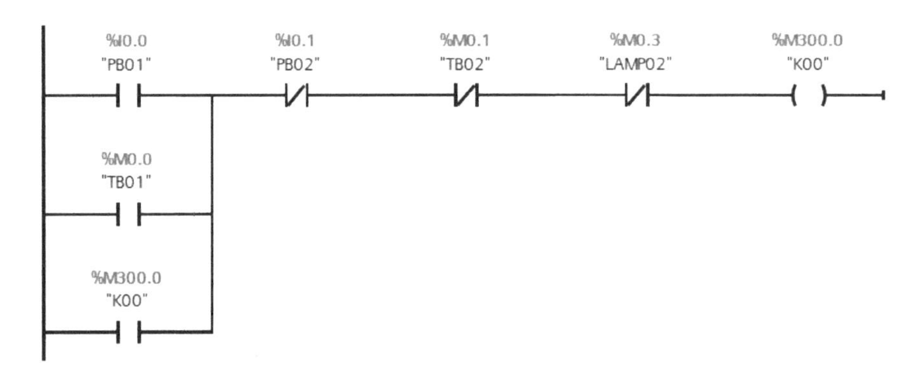

[네트워크 2]: [FB1] 호출하기

1) 프로젝트 트리의 [Program blocks] → "FB01 [FB1]"을 마우스로 클릭하고 끌어서 [네트워크 2]의 렁 위에 놓으면, 펑션 블록 [FB1]에 대한 데이터 블록 [DB1]을 추가할 수 있는 대화상자가 나타난다. [Name]은 "FB01_DB", [Number]는 [Manual]로 지정하고 '1'을 입력한 다음, [OK]를 클릭한다.

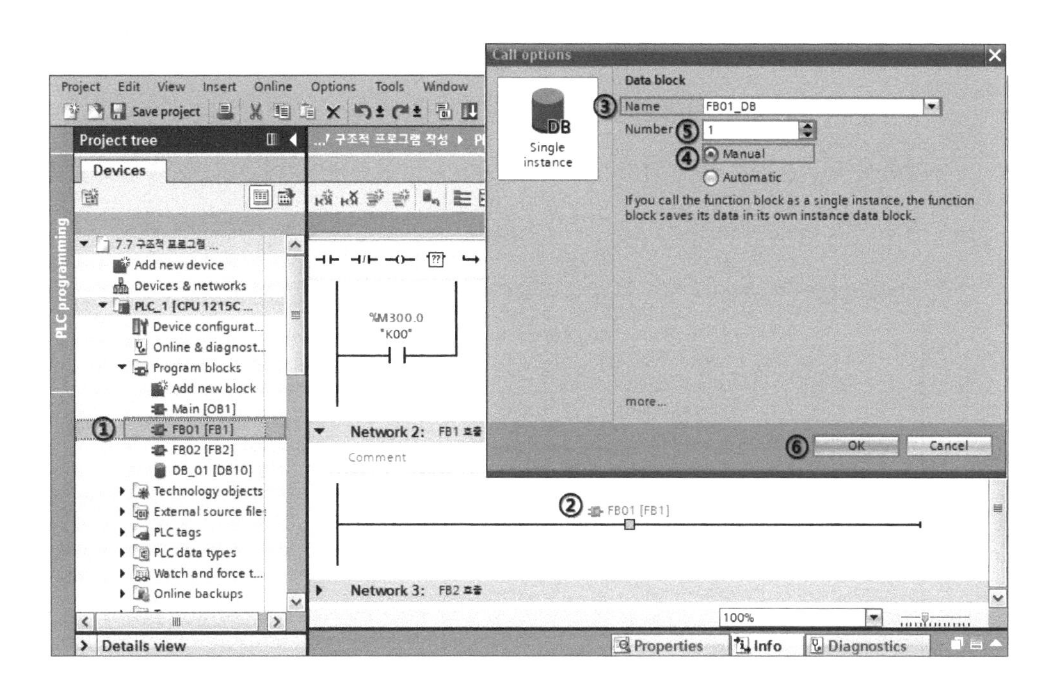

2) [Program blocks] → "FB01_DB [DB1]"을 더블클릭하면, 데이터 블록 [DB1]에서 펑션 블록 [FB1]의 개별 프로그램 작성 과정에서 설정한 변수들의 Name과 Data Type을 확인할 수 있다.

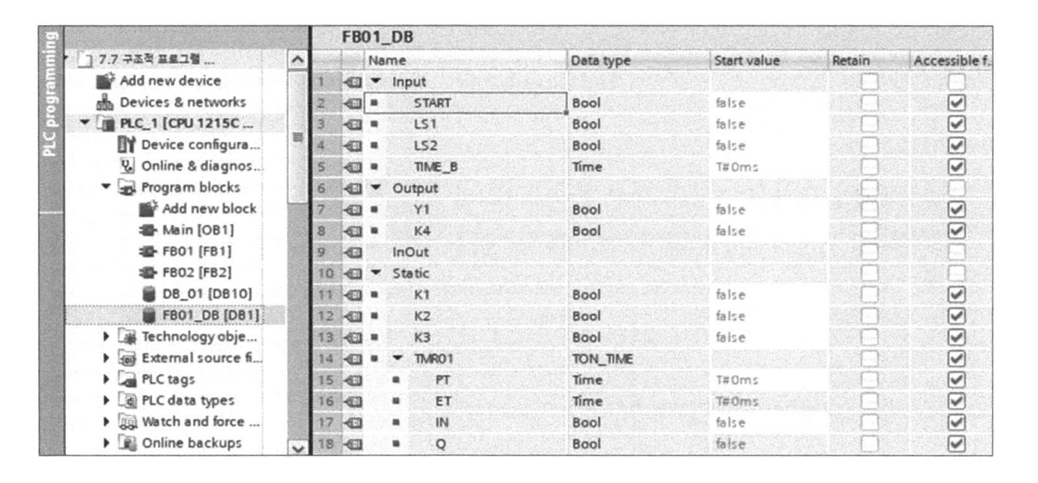

3) [OB1]의 [네트워크 2]에 추가된 펑션 블록 [FB1]의 왼편에는 입력 파라미터값을 설정하고, 오른편에는 출력 파라미터값을 정의한다. 여기서 K00은 실린더의 동작 여부를 결정하는 내부 릴레이로, [FB1]에 ON/OFF 상태값을 입력 신호로 전달하게 된다. 그리고 LS01과 LS02는 공압 실린더의 전진과 후진 상태를 검출하는 리밋 스위치이고, "T#1S"

는 실린더가 전진 완료 상태에서 1초간 시간 지연 후에 후진하도록 지정한 값으로 그 상태값들이 [FB1]에 입력 신호로 전달된다. 이러한 입력 신호로 [FB1]이 내부 연산을 수행하게 되고, 편솔 밸브의 코일 Y1의 ON/OFF 상태와 실린더의 후진 완료 신호 K4의 비트 메모리 상태를 출력하여 각각 [OB1]의 SOL1과 K04에 전달하게 된다.

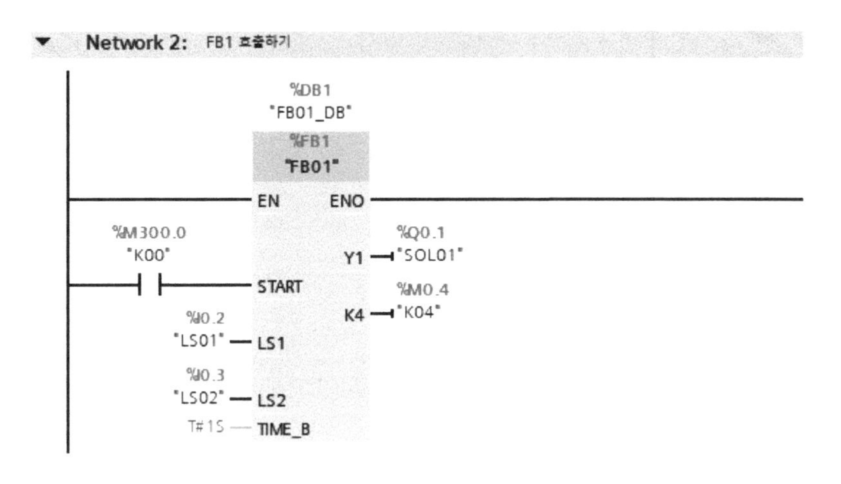

[네트워크 3]: [FB2] 호출하기

1) "FB02 [FB2]"을 마우스로 끌어서 [OB1]의 [네트워크 3]에 추가한다. 데이터 블록 대화상자에서 [Name]은 "FB02_DB", [Number]는 [Manual]로 지정하고 '2'를 입력한다.

2) [DB2]을 더블클릭하면, 펑션 블록 [FB2]의 개별 프로그램을 작성하면서 정의한 변수들의 Name과 Data Type을 확인할 수 있다.

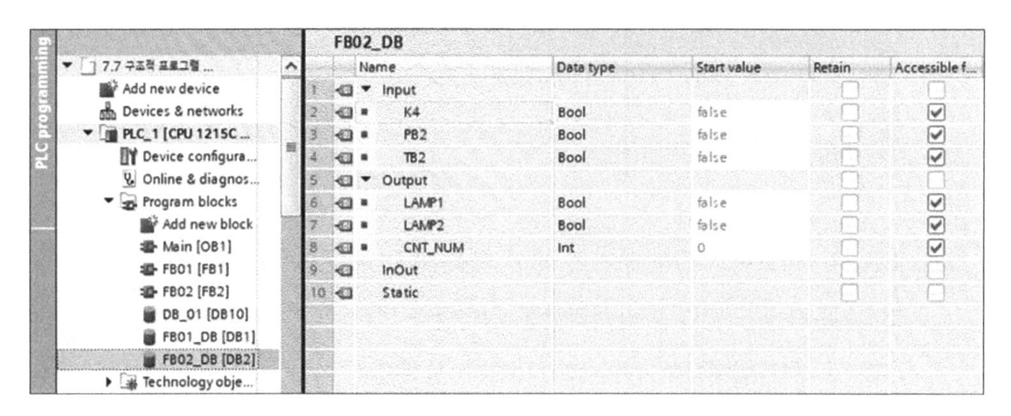

	Name	Data type	Start value	Retain	Accessible f...
1	▼ Input			☐	☐
2	K4	Bool	false	☐	☑
3	PB2	Bool	false	☐	☑
4	TB2	Bool	false	☐	☑
5	▼ Output			☐	☐
6	LAMP1	Bool	false	☐	☑
7	LAMP2	Bool	false	☐	☑
8	CNT_NUM	Int	0	☐	☑
9	InOut			☐	☐
10	Static			☐	☐

3) [네트워크 3]에서 펑션 블록 [FB2]의 왼편에는 입력 신호를 정의하고, 오른편에는 출력 신호를 설정한다. 실린더의 후진 완료 신호 K04의 비트 메모리 상태와 누적 왕복 횟수를 리셋하기 위한 누름 버튼 PB02와 터치 버튼 TB02의 상태 정보가 펑션 블록 [FB2]에 전달되고, 이러한 입력 신호로 내부 연산을 수행한 다음, 누적 왕복 횟수가 5회 이상이면 LAMP1을 ON 시키고, 10회 이상이 되면 LAMP2가 점등되면서 실린더 동작이 멈출 수 있도록 [OB1]의 LAMP01과 LAMP02에 그 정보가 전달된다. 그리고 "CNT_NUM" 변수에 실린더의 누적 왕복 횟수를 저장하여 [OB1]의 "DB_01".NUM 파라미터에 전달한다.

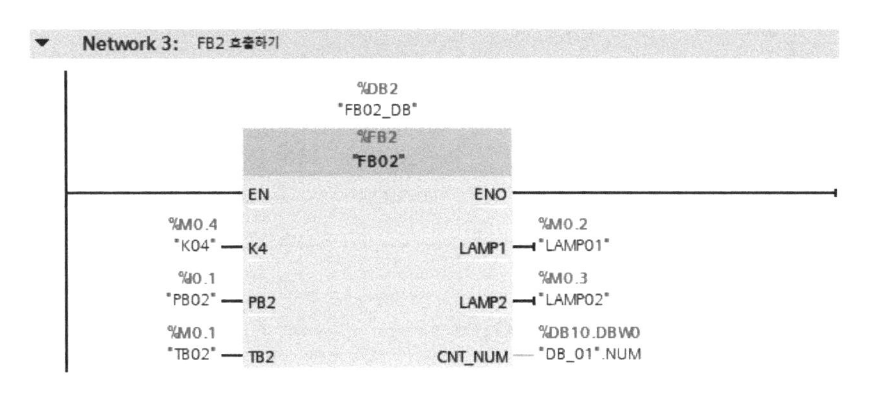

- HMI 작화

⇒ 7.4 비교 명령어를 통한 제어 [HMI 작화]와 동일

7.8 공압 실린더 제어

7.8.1 편솔 밸브 제어

- 실습 목표: A, B 편솔 밸브를 사용하여 두 공압 실린더를 순차 제어할 수 있다.

- 동작 조건: (약호: A+, B+, B-, A-), (방향 제어 밸브 : A, B 모두 편솔)

- B 실린더 전진 완료 후, 5초의 시간이 지나간 다음에 A 실린더가 후진한다.

- A, B 두 공압 실린더의 전진과 후진 속도를 속도 조절 밸브로 제어한다.
- HMI 터치스크린의 [비트 스위치_1]을 클릭하면 실린더 동작이 시작되고, 리밋 스위치의 ON/OFF 상태를 HMI 화면에 표시한다.
- A, B 두 실린더의 동작이 1회 완료되면 카운터가 1씩 증가하고, 그 결과를 데이터 블록(DB)에 저장하고, HMI 화면에 모니터링한다.
- [비트 스위치_2]를 클릭하면 실린더 동작이 강제로 정지되고, 카운터가 리셋된다.

• 변위-단계선도 작성

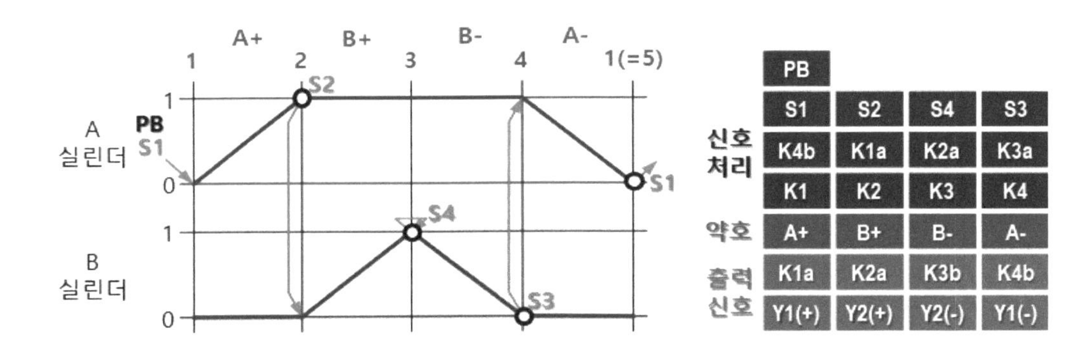

• PLC 입출력 메모리 할당표

입력		
태그(TAG)	메모리 주소	기능
PB01	I0.0	실린더 동작 시작 누름 버튼_1
PB02	I0.1	실린더 동작 정지 누름 버튼_2
LS1	I0.2	A 실린더 후진 완료 감지 리밋 스위치_1
LS2	I0.3	A 실린더 전진 완료 감지 리밋 스위치_2
LS3	I0.4	B 실린더 후진 완료 감지 리밋 스위치_3
LS4	I0.5	B 실린더 전진 완료 감지 리밋 스위치_4

출력		
태그(TAG)	메모리 주소	기능
Y1	Q0.0	A 편솔 밸브 코일 1
Y2	Q0.1	B 편솔 밸브 코일 2

• HMI 내부 메모리 할당표

입력			
태그(TAG)	메모리 주소	오브젝트	기능
TB01	M0.0	비트 스위치	실린더 동작 시작 비트 스위치_1
TB02	M0.1	비트 스위치	실린더 동작 정지 비트 스위치_2
출력			
태그(TAG)	메모리 주소	오브젝트	기능
LS01	I0.2	비트 램프	LS01 리밋 스위치의 ON/OFF 램프
LS02	I0.3	비트 램프	LS02 리밋 스위치의 ON/OFF 램프
LS03	I0.4	비트 램프	LS03 리밋 스위치의 ON/OFF 램프
LS04	I0.5	비트 램프	LS04 리밋 스위치의 ON/OFF 램프
-	DB10.DBW0	숫자 표시기	실린더 왕복운동 횟수를 표시

• DB_01 [DB10] 데이터 블록 생성

⇒ 7.3 MOVE 명령어를 통한 제어의 [데이터 블록 생성]과 동일

• LAD 프로그램 작성

[네트워크 1]: A 실린더 전진 신호 (K01)

A 실린더가 전진하기 위한 조건은 A 실린더의 후진 작업 완료 여부를 감지하는 리밋 스위치 LS01이 ON 상태에서 시동 스위치가 작동되어야 한다. 즉 현실 세계의 PB01 스위치를 눌리거나 HMI 터치스크린에 있는 가상의 TB01 시작 버튼을 클릭하면 A 실린더의 전진 신호를 담당하는 내부 릴레이 K01이 정지 버튼 PB02 혹은 TB02를 누르기 전까지 ON 상태가 되도록 자기 유지 회로를 다음과 같이 작성한다.

시퀀스 제어 방식에서 양솔-밸브를 사용할 때는 다음 단계의 릴레이가 ON 되면 전 단계의 릴레이가 OFF 되도록 제어하지만, Memory 기능이 없는 편솔-밸브를 사용할 때에는 필요할 때까지 계속 ON 상태를 유지하여야 하므로 다음 단계의 릴레이에 의해 OFF 되지 않고, 맨 마지막 릴레이 K04에 의해 OFF 되도록 프로그램한다.

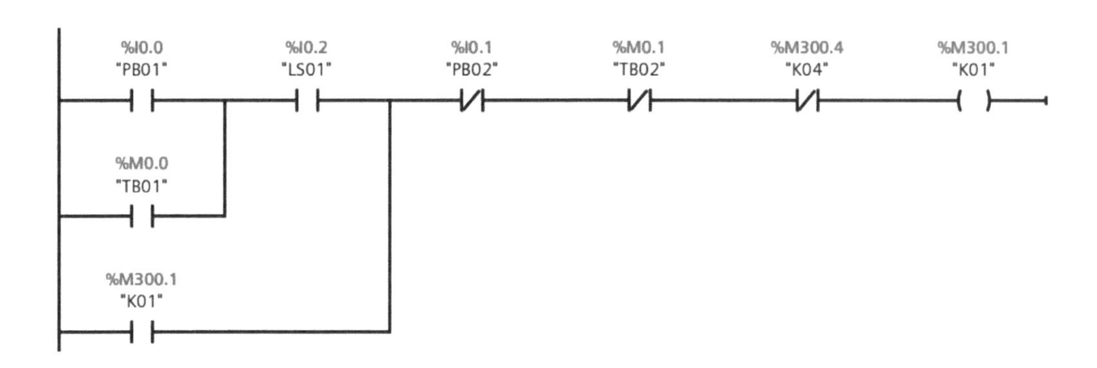

[네트워크 2]: B 실린더 전진 신호 (K02)

B 실린더가 전진 작업을 하기 위한 조건으로는 첫 번째 A 실린더 전진 작업의 완료 여부를 확인하는 LS02 리밋 스위치의 ON 상태 제어 신호가 필요하다. 두 번째 작업은 시퀀스 제어의 작업 순서를 지키기 위해 K01 릴레이가 ON 되어 있어야 한다.

따라서 K01 릴레이의 a 접점을 LS02 스위치와 K02 릴레이 사이에 삽입한다. 즉 K02 릴레이가 작동되기 위해서는 K01 릴레이와 LS02 리밋 스위치가 ON 되어 있어야 하고, K02 릴레이 또한 자기 유지되어야만 한다.

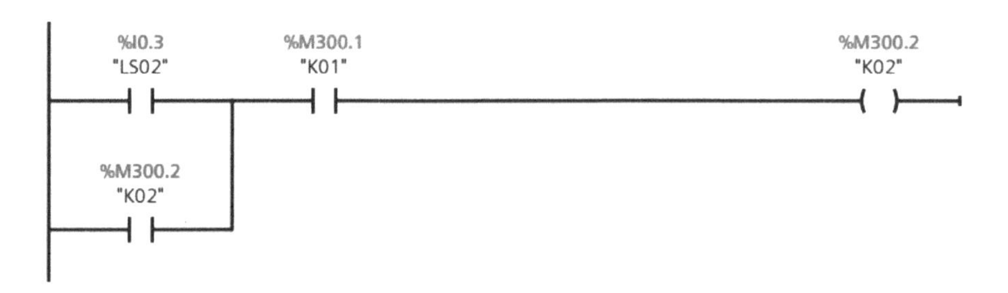

[네트워크 3]: B 실린더 후진 신호 (K03)

B 실린더가 후진 작업을 하기 위한 조건으로, 먼저 B 실린더의 전진 완료 여부를 감지하는 리밋 스위치 LS04와 B 실린더의 전진 신호를 담당하는 K02 릴레이가 모두 ON 상태이어야 한다.

그리고 B 실린더가 전진 완료된 시점부터 5초의 시간이 경과된 후에 B 실린더의 후진 신호를 담당하는 K03 릴레이가 ON 되어야 하므로 온 딜레이 타이머 TON을 K02의 a 접점과 K03 내부 릴레이 사이에 추가한다. 즉 B 실린더가 후진 작업을 시작하기 위해서는 반드시 K01, K02, K03 릴레이 모두가 반드시 ON 상태이어야 한다.

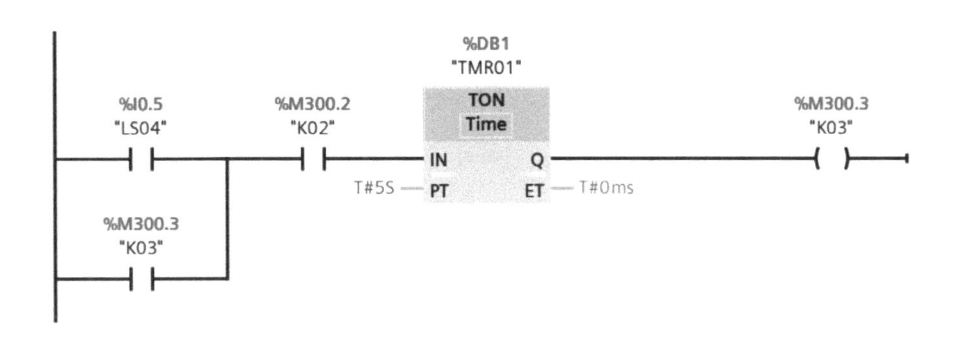

[네트워크 4]: A 실린더 후진 신호 (K04)

마지막 실린더 동작으로 A 실린더가 후진하여야 한다. A- 작업을 담당하는 내부 릴레이 K04가 작동되기 위한 조건은 전단계 작업의 완료를 확인하는 리밋 스위치 LS03과 전단계 내부 릴레이 K03이 ON 되어 있어야 한다. A- 작업은 이 공압 실린더 제어에서 마지막 작업이기 때문에 이 동작이 완료되면 모든 제어는 리셋되어야 한다. 즉 K04 내부 릴레이에 의해 모든 내부 릴레이가 OFF 되어야 한다.

모든 내부 릴레이를 OFF 시키는 가장 간단한 방법은 K01 내부 릴레이를 OFF 시키는 것이다. 즉 K01 OFF → K02 OFF → K03 OFF → K04 OFF 순서로 차례대로 OFF 되기 때문에 모든 제어 시스템이 리셋되게 되고, A 실린더는 후진 동작을 하게 된다. 그리고 마지막 작업을 담당하는 내부 릴레이는 자기 유지를 설정할 필요가 없다.

즉 K04 내부 릴레이가 작동되면서 모든 내부 릴레이가 OFF 되고, 공압 실린더 제어가 종료되기 때문이다. 이처럼 공압 실린더 제어에 편솔-밸브를 이용하면 배선이 간단함으로 가장 경제적인 방법이지만, 전원이 갑자기 차단되면 모든 실린더가 즉시 초기 상태로 복구되므로 큰 사고를 유발할 수도 있다.

%I0.4
"LS03"
%M300.3
"K03"
%M300.4
"K04"
%M300.4
"K04"

[네트워크 5]: A 실린더 출력 신호 (Y1)

A 편솔-밸브에서 코일 Y1의 ON/OFF 출력 신호로 A 실린더의 전진과 후진 동작을 제어한다. 전진 신호을 담당하는 K01의 a 접점과 후진 신호를 담당하는 내부 릴레이 K04의 b 접점을 사용하여 A 실린더의 전진과 후진을 제어한다.

하지만 마지막 실린더 작업에서 K01 내부 릴레이는 K04 내부 릴레이가 ON 되는 순간 OFF 되므로 A- 작업을 위해 Y1을 별도로 OFF 시키는 작업을 사용하지 않아도 된다.

%M300.1
"K01"
%Q0.0
"Y01"

[네트워크 6]: B 실린더 출력 신호 (Y2)

B 편솔-밸브에서 코일 Y2의 ON/OFF 출력 신호로 B 실린더의 전진과 후진 동작을 제어한다. 전진 신호을 담당하는 K02의 a 접점과 후진 신호를 담당하는 내부 릴레이 K03의 b 접점을 사용하여 B 실린더의 전진과 후진을 다음과 같이 제어한다.

[네트워크 7]: 카운터 제어

가산 카운터(CTU)를 사용하여 "CNT01"의 CU 접점에서 내부 릴레이 K04가 ON 될 때마다 카운팅값이 1씩 올라가게 된다. 그리고 PB02 스위치 또는 HMI의 TB02 스위치를 누르게 되면, 접점 R의 상태가 OFF에서 ON으로 변경되면서 현재까지의 카운팅값이 0으로 리셋되어 "CNT01" 카운터가 초기화된다.

또한, CV의 누적 카운팅값을 "CNT_NUM"라는 변수에 저장하도록 다음과 같이 프로그램한다.

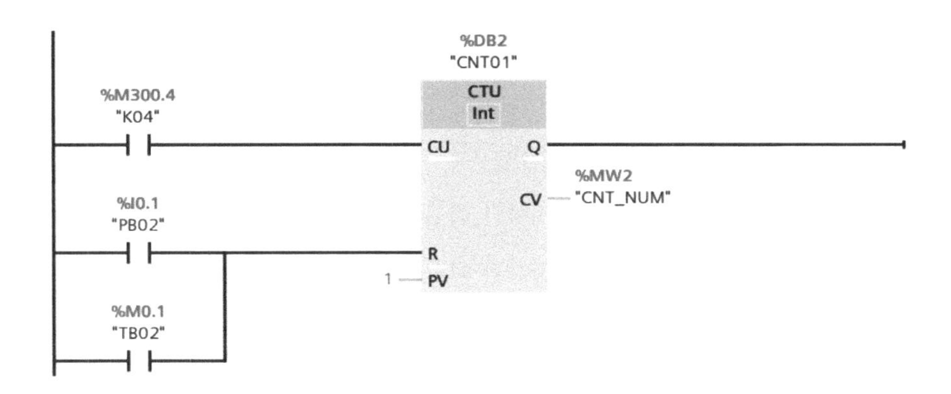

[네트워크 8]: MOVE 명령어

MOVE 명령어를 사용하여 카운터 "CNT01"의 CV에 저장된 "CNT_NUM" 값을 데이터 블록 "DB_01".NUM에 저장하고, HMI 화면의 숫자 표시기에 카운터값을 나타내어 실린더 운동의 반복 횟수를 모니터링한다.

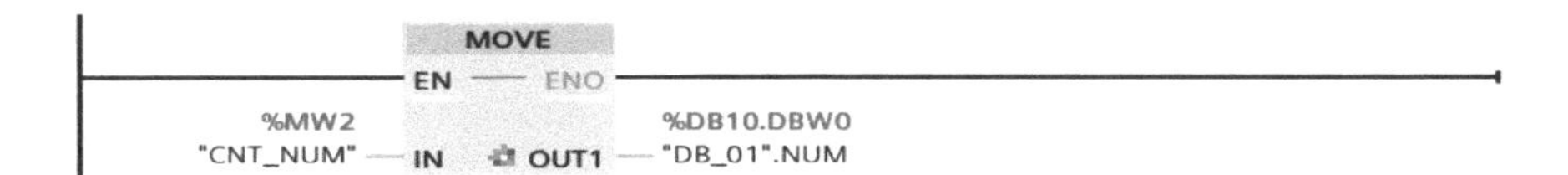

- HMI 작화

③ 비트 램프 작화: PLC 프로그램에서 설정된 디바이스의 메모리 주소를 입력한다.

I0.2 → LS01 (비트 램프_1, LS01 리밋 스위치의 ON/OFF 램프)

I0.3 → LS02 (비트 램프_2, LS02 리밋 스위치의 ON/OFF 램프)

I0.2 → LS01 (비트 램프_1, LS01 리밋 스위치의 ON/OFF 램프)

I0.3 → LS02 (비트 램프_2, LS02 리밋 스위치의 ON/OFF 램프)

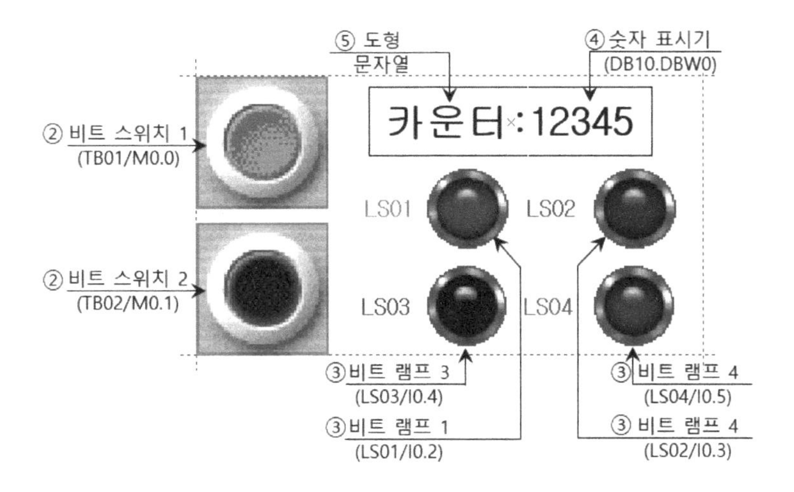

예제 1) 다음의 동작 조건 (1)로 구동하는 공압 실린더를 제어하고 HMI 터치스크린으로 실린더의 구동 상태를 모니터링한다.

- 동작 조건 (1) → (약호: A+, B+, A-, B-), (방향 제어 밸브: A, B 모두 편솔)
  - A 실린더 전진 완료 후, 3초의 시간이 지나간 다음에 B 실린더가 전진한다.
  - B 실린더 전진 완료 후, 5초의 시간이 지나간 다음에 A 실린더가 후진한다.
  - A 실린더 후진 완료 후, 2초의 시간이 지나간 다음에 B 실린더가 후진한다.
  - A, B 두 공압 실린더의 전진과 후진 속도는 속도 조절 밸브를 사용하여 제어한다.
  - HMI 터치스크린의 [비트 스위치_1]을 클릭하면 실린더 동작이 시작되고, 리밋 스위치의 ON/OFF 상태를 HMI 화면에 표시한다.
  - A, B 두 실린더의 동작이 1회 완료되면 카운터가 1씩 증가하고, 그 결과를 데이터 블록(DB)에 저장하고, HMI 화면에 모니터링한다.
  - [비트 스위치_2]를 클릭하면 실린더 동작이 강제로 정지되고, 카운터가 리셋된다.

- 변위-단계선도 작성

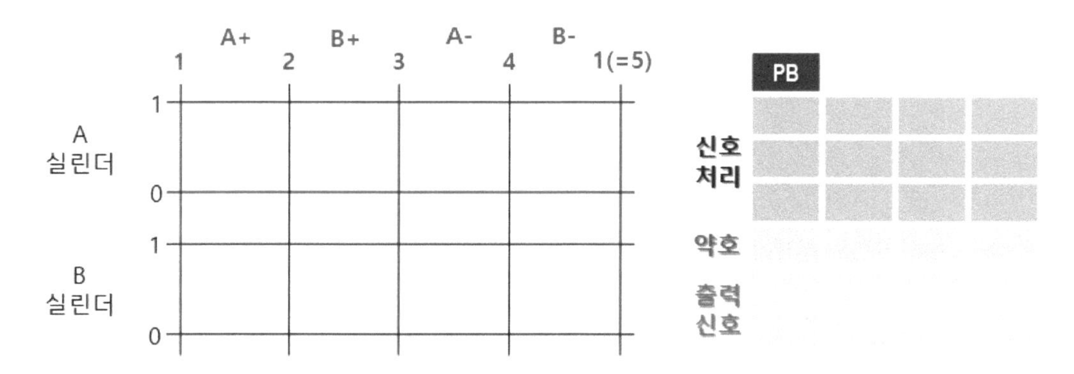

- PLC 입출력 메모리와 HMI 내부 메모리 및 DB_01 [DB10] 데이터 블록은 [7.7.1 편솔 밸브 제어]와 동일하고, HMI 터치스크린의 작화도 일치한다.

• LAD 프로그램 작성

예제 2) 다음의 동작 조건 (2)로 구동하는 공압 실린더를 제어하고 HMI 터치스크린으로 실린더의 구동 상태를 모니터링한다.

- **동작 조건** (2) → (약호: A+, A-, B+, B-), (방향 제어 밸브: A, B 모두 편솔)
  - A 실린더 전진 완료 후, 3초의 시간이 지나간 다음에 A 실린더가 후진한다.
  - A 실린더 후진 완료 후, 5초의 시간이 지나간 다음에 B 실린더가 전진한다.
  - B 실린더 전진 완료 후, 3초의 시간이 지나간 다음에 B 실린더가 후진한다.
  - A, B 두 공압 실린더의 전진과 후진 속도는 속도 조절 밸브를 사용하여 제어한다.
  - HMI 터치스크린의 [비트 스위치_1]을 클릭하면 실린더 동작이 시작되고, 리밋 스위치의 ON/OFF 상태를 HMI 화면에 표시한다.
  - A, B 두 실린더의 동작이 1회 완료되면 연산 명령어에 의해 1씩 증가하고, 그 결과를 데이터 블록(DB)에 저장하고, HMI 화면에 모니터링한다.
  - [비트 스위치_2]를 클릭하면 실린더 동작이 강제로 정지되고, 카운터가 리셋된다.

- **변위-단계선도 작성**

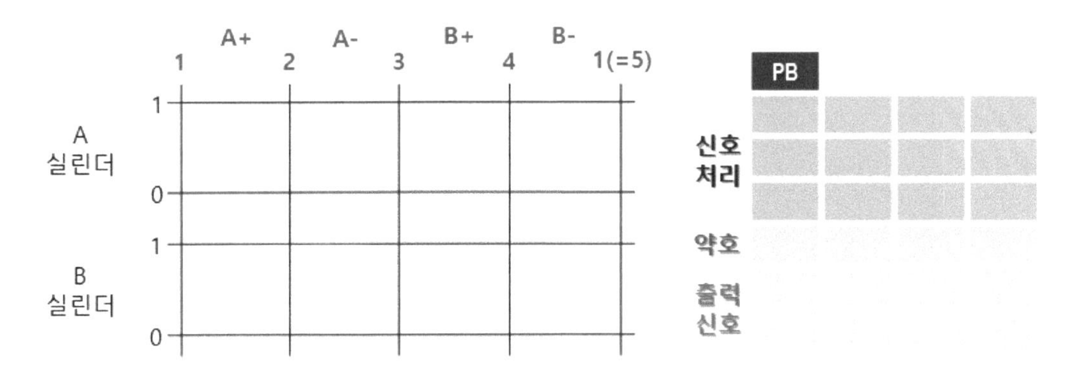

- PLC 입출력 메모리와 HMI 내부 메모리 및 DB_01 [DB10] 데이터 블록은 [7.7.1 편솔 밸브 제어]와 동일하고, HMI 터치스크린의 작화도 일치한다.

- LAD 프로그램 작성

7.8.2 양솔 밸브 제어

- **실습 목표:** A, B 양솔 밸브를 사용하여 두 공압 실린더를 순차 제어할 수 있다.

- **동작 조건:** (약호: A+, B+, B-, A-), (방향 제어 밸브: A, B 모두 양솔)
  - PB02 누름 버튼스위치를 공압 시스템의 SET 스위치로 사용한다.
  - A 실린더 전진 완료 후, 3초의 시간이 지나간 다음에 B 실린더가 전진한다.
  - HMI 터치스크린의 [비트 스위치_1]을 클릭하면 실린더 동작이 시작되고, 리밋 스위치의 ON/OFF 상태를 HMI 화면에 표시한다.
  - A, B 두 실린더의 동작이 1회 완료되면 카운터가 1씩 증가하고, 그 결과를 데이터 블록(DB)에 저장하고, HMI 화면에 모니터링한다.
  - [PB02]나 [TB02]을 클릭하면 카운터가 리셋된다.

- **변위-단계선도 작성**

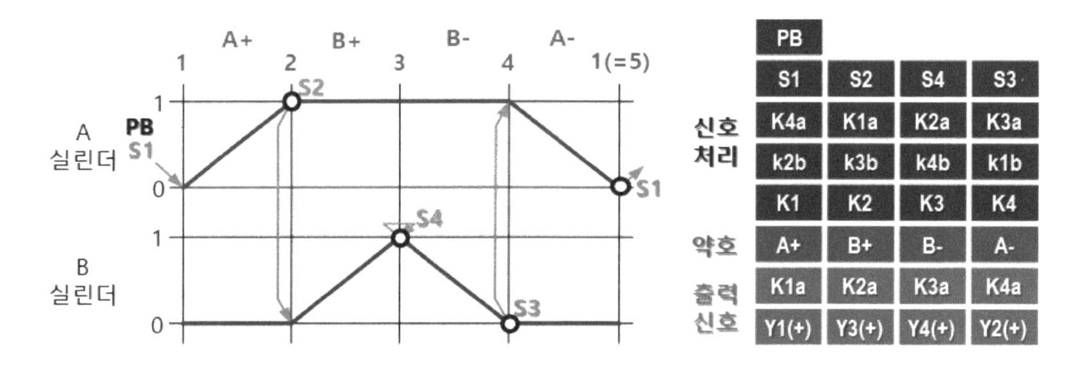

- **PLC 입출력 메모리 할당표**

입력		
태그(TAG)	메모리 주소	기능
PB01	I0.0	시스템 시동 누름 버튼_1
PB02	I0.1	시스템 초기화/ 카운트 리셋 누름 버튼_2
LS1	I0.2	A 실린더 후진 완료 감지 리밋 스위치_1

LS2	I0.3	A 실린더 전진 완료 감지 리밋 스위치_2
LS3	I0.4	B 실린더 후진 완료 감지 리밋 스위치_3
LS4	I0.5	B 실린더 전진 완료 감지 리밋 스위치_4

출력		
태그(TAG)	메모리 주소	기능
Y1	Q0.0	A 양솔 밸브 좌측 코일 1
Y2	Q0.1	A 양솔 밸브 우측 코일 2
Y3	Q0.2	B 양솔 밸브 좌측 코일 3
Y4	Q0.3	B 양솔 밸브 우측 코일 4

- HMI 내부 메모리 할당표

입력			
태그(TAG)	메모리 주소	오브젝트	기능
TB01	M0.0	비트 스위치	시스템 시동 비트 스위치_1
TB02	M0.1	비트 스위치	시스템 초기화/카운트 리셋 비트 스위치_2

출력			
태그(TAG)	메모리 주소	오브젝트	기능
LS01	I0.2	비트 램프	LS01 리밋 스위치의 ON/OFF 램프
LS02	I0.3	비트 램프	LS02 리밋 스위치의 ON/OFF 램프
LS03	I0.4	비트 램프	LS03 리밋 스위치의 ON/OFF 램프
LS04	I0.5	비트 램프	LS04 리밋 스위치의 ON/OFF 램프
-	DB10.DBW0	숫자표시기	실린더 왕복운동 횟수를 표시

- DB_01 [DB10] 데이터 블록 생성

⇒ 7.3 MOVE 명령어를 통한 제어의 [데이터 블록 생성]과 동일

• LAD 프로그램 작성

[네트워크 1]: A 실린더 전진 신호 (K01)

A 실린더의 초기 자세가 후진 상태이므로 리밋 스위치 LS1은 이미 작동된 상태이다. 그리고 공압 시스템을 초기화 상태로 설정하는 [네트워크 4]에 설치된 SET 스위치에 의해 K04 릴레이의 a 접점은 닫힌 상태로 폐회로(ON)가 된다.

그리고 K02 릴레이는 순차 제어 방식에 따라 아직 여자되지 않은 상태이므로 K02의 b 접점은 닫힌 폐회로 상태이다. 이러한 조건에서 PB01 버튼을 누르면 릴레이 K01이 여자되고, 릴레이 K01에 병렬 연결된 K01의 a 접점에 의해 자기 유지가 된다.

그러면 [네트워크 5]의 K01 릴레이의 또 다른 a 접점에 의해 솔레이노이드 Y1이 여자되어 A 밸브의 제어 위치를 전환시켜 실린더 A가 전진한다. 그리고 HMI 터치스크린에서 TB01 비트 스위치를 클릭하면 PB01과 동일하게 A 실린더가 전진할 수 있도록 프로그램한다.

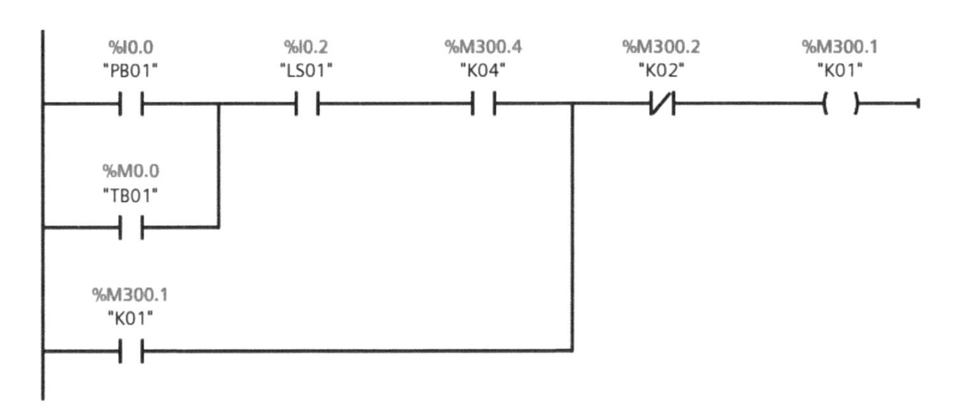

동작 정리:

[네트워크 1] PB01(TB01) → K01 릴레이 여자 → 첫 번째 K01a 접점에 의해 자기 유지 → [네트워크 5] 두 번째 K01a 접점 ON → 솔레노이드 코일 Y1 여자 → A 양솔 밸브의 제어 위치 전환 → A 실린더 전진 시작

[네트워크 2]: B 실린더 전진 신호 (K02)

A 실린더가 전진하여 리밋 스위치 LS2가 작동되고, [네트워크 1]의 K01 릴레이에 의해 [네트워크 2]의 K01a 접점은 이미 닫힌 폐회로 상태이다. 그리고 순차 제어 방식에 따라

K03 릴레이는 K02 릴레이 다음에 차례대로 여자되므로, K03b 접점은 폐회로 상태이다. 이러한 시퀀스 제어 조건에 의해 K02 릴레이가 여자될 수 있다.

하지만 A 실린더가 전진 완료 후 3초의 시간이 경과된 후에 B 실린더가 전진하여야 하므로, K03b 접점과 K02 출력 코일 사이에 온 딜레이 타이머(TON)을 추가하여 LS02가 작동되고, 3초 시간이 지난 후에 K02 릴레이가 여자되도록 프로그래밍한다.

이처럼 K02 릴레이가 여자되면, K02 릴레이에 병렬 연결된 K02a 접점에 의해 자기 유지가 된다. 동시에 [네트워크 1]의 K01 릴레이의 자기 유지 회로는 K02 릴레이의 b 접점에 의해 해제가 되고, [네트워크 6]에서는 K02 릴레이의 또 다른 a 접점에 의해 B 밸브의 좌측에 있는 솔레노이드 코일 Y3가 여자되어 실린더 B가 전진 운동을 시작하게 된다.

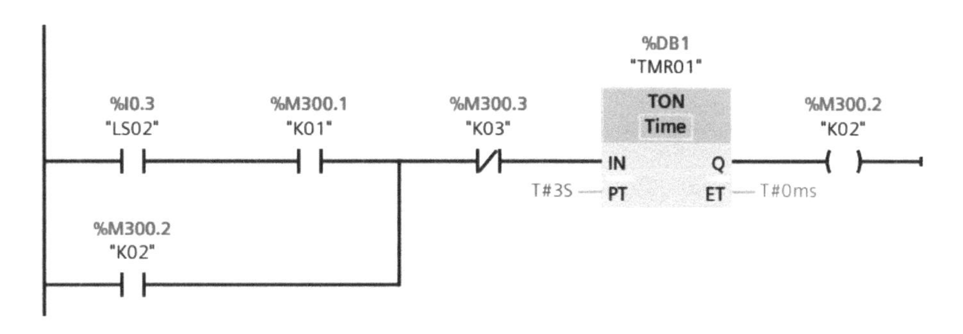

동작 정리:

[네트워크 2] A 실린더 전진 완료 → LS2 작동 → TMR01 타이머 작동 → 3초 후 K02 릴레이 여자 → 첫 번째 K02a 접점에 의해 자기 유지 → [네트워크 1] K02b 접점 해제 → K01 릴레이 자기 유지 회로 해제 → [네트워크 6] K02a 접점 폐회로 → 솔레노이드 코일 Y3 여자 → B 양솔 밸브의 제어 위치 전환 → B 실린더 전진 시작

[네트워크 3]: B 실린더 후진 신호 (K03)

B 실린더가 전진 완료하면 리밋 스위치 LS4가 작동된다. 그리고 [네트워크 2]에서와 같이 K02 릴레이가 여자 상태이므로 [네트워크 3]의 K02a 접점은 이미 폐회로 상태가 된다.

또한, [네트워크 3]의 K04b 접점은 [네트워크 4]의 K04 릴레이가 시퀀스 제어 논리에 따라 아직 여자되지 않은 폐회로 상태이므로 K03 릴레이가 여자될 수 있고, K03 릴레이에 병렬 연결된 a 접점에 의해 자기 유지가 된다.

동시에 [네트워크 2]의 K02 릴레이의 자기 유지 회로는 K03 릴레이의 b 접점에 의해 해제된다. 그리고 [네트워크 7]에서 K03a 접점에 의해 B 밸브의 우측에 있는 솔레노이드 코일 Y4가 여자되고, 동시에 [네트워크 6]에 K02a 접점이 연결 해제되므로 B 밸브의 좌측에 장착된 솔레노이드 코일 Y3가 소자되어 전자기력을 상실하게 되므로, Y4의 전자기력에 의해 밸브의 위치가 전환되어 실린더 B가 후진을 시작하게 된다.

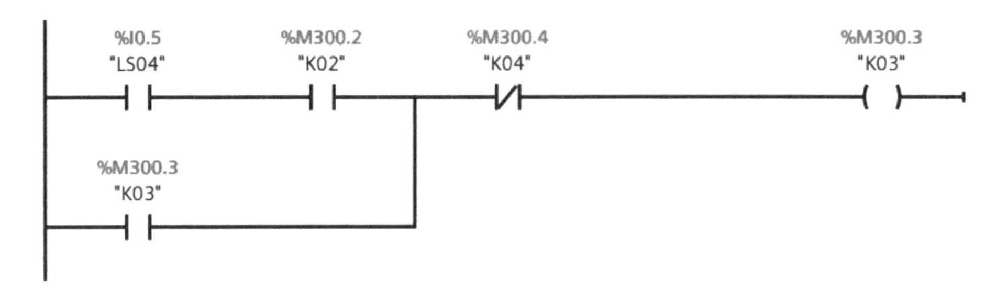

동작 정리:

[네크워크 3]: B 실린더 전진 완료 → LS4 작동 → K03 릴레이 여자 → K03 릴레이의 a 접점에 의해 자기 유지 → [네트워크 2] K03b 접점 해제 → K02 릴레이 자기 유지 회로 해제 → [네트워크 6] K02a 접점 열림 → 솔레노이드 코일 Y3 소자 → [네트워크 7] K03a 접점 닫힘 → 솔레노이드 코일 Y4 여자 → B 양솔 밸브의 제어 위치 전환 → B 실린더 후진 시작

[네트워크 4]: A 실린더 후진 신호 (K04)

B 실린더가 후진 완료하면 LS3가 작동되고, K03 릴레이가 ON 상태이므로 K03a 접점은 닫힌 상태이다. 또한, [네트워크 1]의 K01 릴레이는 이미 자기 유지가 해제된 상태이므로 [네트워크 4]의 K01b 접점은 닫힌 폐회로 상태이다.

따라서 K04 릴레이가 여자될 수 있고, K4a 접점에 의해 자기 유지 상태가 된다. 동시에 [네트워크 3]의 K03 릴레이의 자기 유지 회로는 K04b 접점에 의해 해제가 된다. 그리고 [네트워크 8]에서 K04a 접점에 의해 A 밸브의 우측에 장착된 솔레노이드 코일 Y2가 여자되고, [네트워크 5]의 K01a 접점은 이미 열린 상태이므로 A 밸브의 좌측 Y1은 소자 상태이다. 따라서 Y2의 자기력에 의해 밸브의 위치가 전환되어 실린더 A가 후진을 시작할 수 있다.

그리고 A, B 두 실린더가 모두 양솔 밸브에 의해 전·후진 방향이 제어될 때는 시스템을 초기화하는 SET 버튼을 추가하여 [네트워크 1]에서 K04a 접점이 닫힌 상태가 될 수 있도록 전기 배선을 하여야 한다. 본 예에서는 PB02 누름 버튼스위치와 HMI의 TB02 터치 버튼이 SET 버튼으로 사용된다.

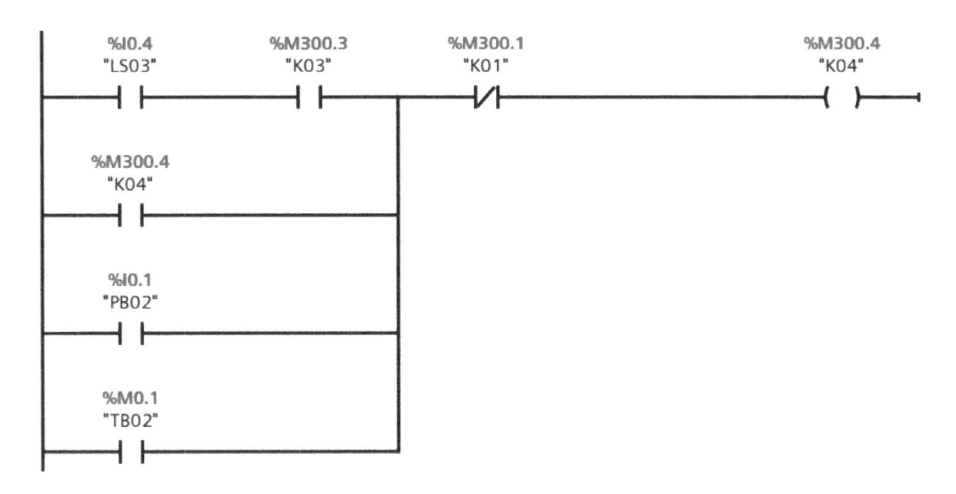

동작 정리:

[네트워크 4] B 실린더 후진 완료 → LS3 작동 → K04 릴레이 여자 → K04a 접점에 의해 자기 유지 → [네트워크 3] K04b 접점 해제 → K03 릴레이 자기 유지 회로 해제 → [네트워크 7] K03a 접점 열림 → B 밸브의 좌측 솔레노이드 코일 Y3 소자 → [네트워크 7] K03a 접점 닫힘 → B 밸브의 우측 솔레노이드 코일 Y4 여자 → B 양솔 밸브의 제어 위치 전환 → B 실린더 후진 시작

[네트워크 5]: A 밸브 좌측 솔레노이드 코일 여자 (Y1) → A 실린더 전진

%M300.1
"K01"
%Q0.0
"Y1"

[네트워크 6]: B 밸브 좌측 솔레노이드 코일 여자 (Y3) → B 실린더 전진

%M300.2
"K02"
%Q0.2
"Y3"

[네트워크 7]: B 밸브 우측 솔레노이드 코일 여자 (Y4) → B 실린더 후진

%M300.3
"K03"
%Q0.3
"Y4"

[네트워크 8]: A 밸브 우측 솔레노이드 코일 여자 (Y2) → A 실린더 후진

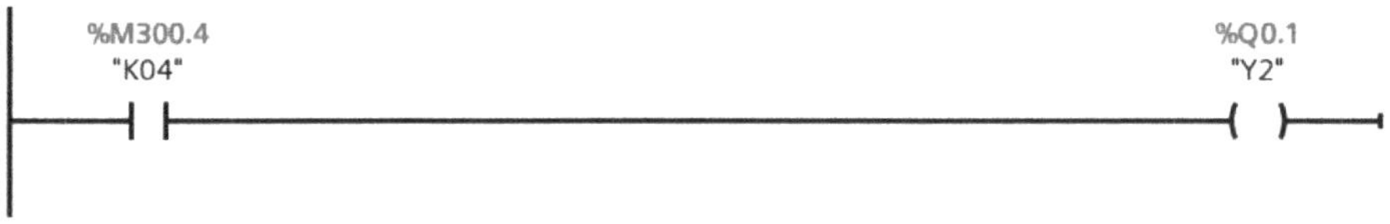

%M300.4
"K04"
%Q0.1
"Y2"

[네트워크 9]: 카운터 제어

⇒ 7.7.1 편솔 밸브 제어의 [네트워크 7]과 동일

[네트워크 10]: MOVE 명령어

⇒ 7.7.1 편솔 밸브 제어의 [네트워크 8]과 동일

- HMI 작화

⇒ 7.7.1 편솔 밸브 제어의 [HMI 작화]와 동일

예제 1) 다음의 동작 조건 (1)로 구동하는 공압 실린더를 제어하고 HMI 터치스크린으로 실린더의 구동 상태를 모니터링한다.

- 동작 조건 (1) → (약호: A+, B+, A-, B-), (방향 제어 밸브: A, B 모두 양솔)
  - PB02 누름 버튼스위치를 공압 시스템의 SET 스위치로 사용한다.
  - A 실린더 전진 완료 후, 2초의 시간이 지나간 다음에 B 실린더가 전진한다.
  - B 실린더 전진 완료 후, 3초의 시간이 지나간 다음에 A 실린더가 후진한다.
  - A 실린더 후진 완료 후, 2초의 시간이 지나간 다음에 B 실린더가 후진한다.
  - HMI 터치스크린의 [비트 스위치_1]을 클릭하면 실린더 동작이 시작되고, 리밋 스위치의

ON/OFF 상태를 HMI 화면에 표시한다.

- A, B 두 실린더의 동작이 1회 완료되면 카운터가 1씩 증가하고, 그 결과를 데이터 블록 (DB)에 저장하고, HMI 화면에 모니터링한다.
- [PB02]나 [TB02]을 클릭하면 카운터가 리셋된다.

• 변위-단계선도 작성

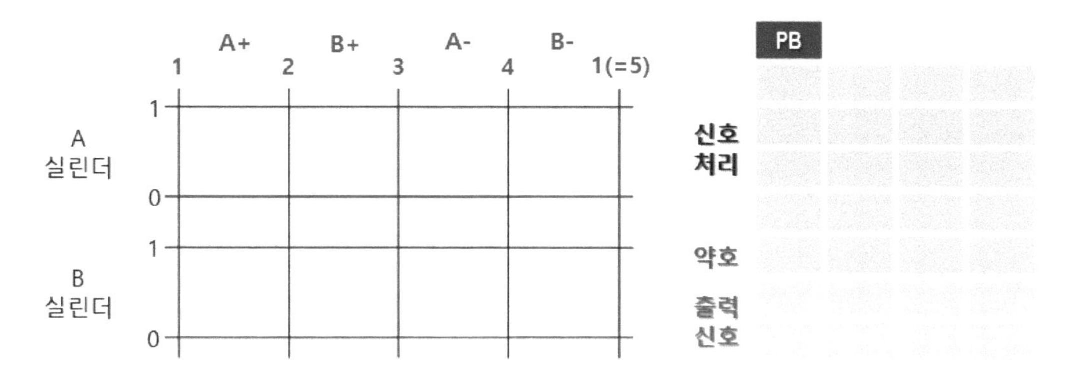

• PLC 입출력 메모리와 HMI 내부 메모리 및 DB_01 [DB10] 데이터 블록은 [7.7.2 양솔 밸브 제어]와 동일하고, HMI 터치스크린의 작화도 일치한다.

• LAD 프로그램 작성

예제 2) 다음의 동작 조건 (2)로 구동하는 공압 실린더를 제어하고 HMI 터치스크린으로 실린더의 구동 상태를 모니터링한다.

- 동작 조건 (2) → (약호: A+, A-, B+, B-)
  - PB02 누름 버튼스위치를 공압 시스템의 SET 스위치로 사용한다.
  - A 실린더 전진 완료 후, 3초의 시간이 지나간 다음에 A 실린더가 후진한다.
  - A 실린더 후진 완료 후, 5초의 시간이 지나간 다음에 B 실린더가 전진한다.
  - B 실린더 전진 완료 후, 3초의 시간이 지나간 다음에 B 실린더가 후진한다.
  - HMI 터치스크린의 [비트 스위치_1]을 클릭하면 실린더 동작이 시작되고, 리밋 스위치의 ON/OFF 상태를 HMI 화면에 표시한다.
  - A, B 두 실린더의 동작이 1회 완료되면 카운터가 1씩 증가하고, 그 결과를 데이터 블록(DB)에 저장하고, HMI 화면에 모니터링한다.
  - [PB02]나 [TB02]을 클릭하면 카운터가 리셋된다.

- **변위-단계선도 작성**

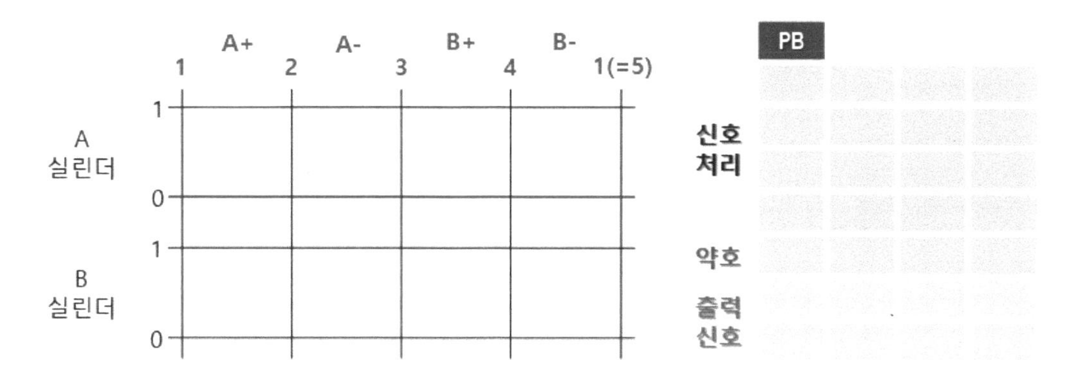

- PLC 입출력 메모리와 HMI 내부 메모리 및 DB_01 [DB10] 데이터 블록은 [7.7.2 양솔 밸브 제어]와 동일하고, HMI 터치스크린의 작화도 일치한다.

• LAD 프로그램 작성

7.8.3 편솔과 양솔 밸브 제어

- **실습 목표:** 편솔 밸브와 양솔 밸브를 함께 사용한 두 공압 실린더를 순차 제어할 수 있다.

- **동작 조건:** (약호: A+, B+, B-, A-), (방향 제어 밸브: A 편솔, B 양솔)
  - A 실린더 전진 완료 후, 2초의 시간이 지난 다음에 B 실린더가 전진한다.
  - B 실린더가 전진 완료 상태에서 3초 시간이 지난 다음에 B 실린더가 후진한다.
  - HMI 터치스크린의 [비트 스위치_1]을 클릭하면 실린더 동작이 시작되고, 리밋 스위치의 ON/OFF 상태를 HMI 화면에 표시한다.
  - A, B 두 실린더의 동작이 1회 완료되면 카운터가 1씩 증가하고, 그 결과를 데이터 블록(DB)에 저장하고, HMI 화면에 모니터링한다.
  - [PB02]나 [TB02]을 클릭하면 카운터가 리셋된다.

- **변위-단계선도 작성**

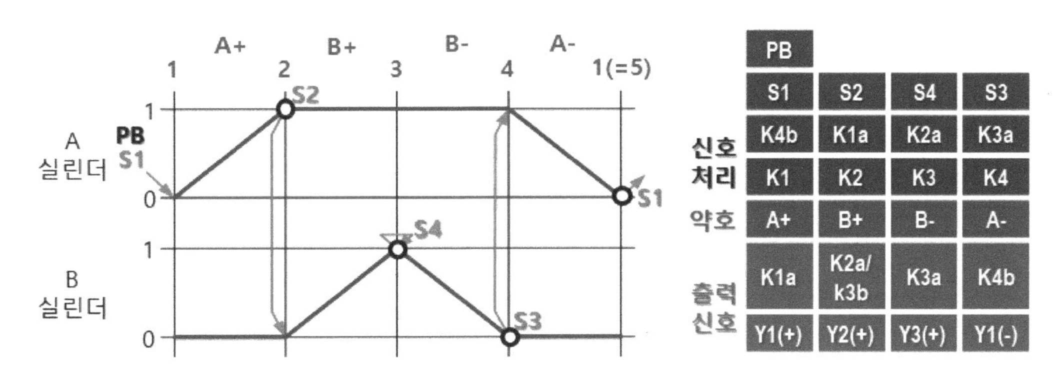

- PLC 입출력 메모리 할당표

입력		
태그(TAG)	메모리 주소	기능
PB01	I0.0	시스템 시동 누름 버튼_1
PB02	I0.1	카운트 리셋 누름 버튼_2
LS1	I0.2	A 실린더 후진 완료 감지 리밋 스위치_1
LS2	I0.3	A 실린더 전진 완료 감지 리밋 스위치_2

LS3	I0.4	B 실린더 후진 완료 감지 리밋 스위치_3
LS4	I0.5	B 실린더 전진 완료 감지 리밋 스위치_4

출력		
태그(TAG)	메모리 주소	기능
Y1	Q0.0	A 편솔 밸브 코일 1
Y2	Q0.1	B 양솔 밸브 코일 2
Y3	Q0.2	B 양솔 밸브 코일 3

- HMI 내부 메모리 할당표

입력			
태그(TAG)	메모리 주소	오브젝트	기능
TB01	M0.0	비트 스위치	시스템 시동 비트 스위치_1
TB02	M0.1	비트 스위치	카운트 리셋 비트 스위치_2

출력			
태그(TAG)	메모리 주소	오브젝트	기능
LS01	I0.2	비트 램프	LS01 리밋 스위치의 ON/OFF 램프
LS02	I0.3	비트 램프	LS02 리밋 스위치의 ON/OFF 램프
LS03	I0.4	비트 램프	LS03 리밋 스위치의 ON/OFF 램프
LS04	I0.5	비트 램프	LS04 리밋 스위치의 ON/OFF 램프
-	DB10.DBW0	숫자표시기	실린더 왕복운동 횟수를 표시

- DB_01 [DB10] 데이터 블록 생성

⇒ 7.3 MOVE 명령어를 통한 제어의 [데이터 블록 생성]과 동일

- LAD 프로그램 작성

[네트워크 1]: A 실린더 전진 신호 (K01)

PB01(TB01) 스위치 누름(클릭) → K01 릴레이 여자 → 첫 번째 K01a 접점에 의해 자기 유지 → [네트워크 2] 두 번째 K01a 접점 ON → [네트워크 5] 세 번째 K01a 접점 ON

→ A 편솔 밸브의 솔레노이드 코일 Y1 여자 → A 밸브의 제어 위치 전환 → A 실린더 전진 시작

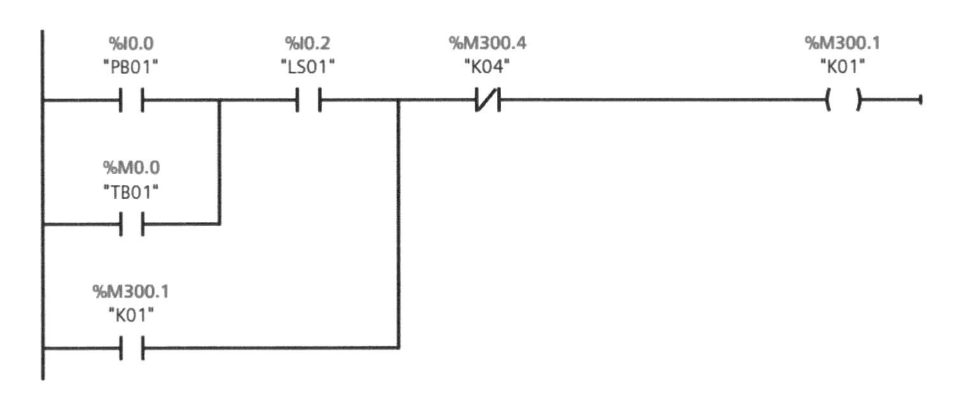

[네트워크 2]: B 실린더 전진 신호 (K02)

A 실린더 전진 완료 → LS2 작동 → TMR01 타이머 작동 → 2초 후 K02 릴레이 여자 → 첫 번째 K02a 접점에 의해 자기 유지 → [네트워크 3] 두 번째 K02a 접점 ON → [네트워크 6] 세 번째 K02a 접점 ON → B 양솔 밸브 좌측 솔레노이드 코일 Y2 여자 → B 밸브의 제어 위치 전환 → B 실린더 전진 시작

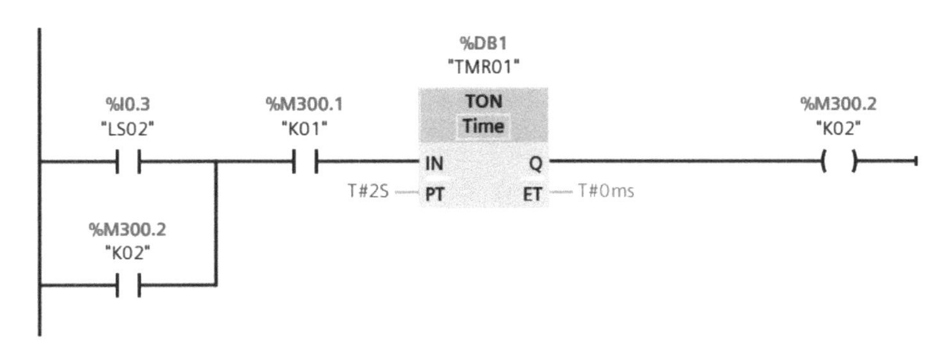

[네트워크 3]: B 실린더 후진 신호 (K03)

B 실린더 전진 완료 → LS4 작동 → TMR02 타이머 작동 → 3초 후 K03 릴레이 여자 → 첫 번째 K03a 접점에 의해 자기 유지 → [네트워크 4] 두 번째 K03a 접점 ON → [네트워크 6] 첫 번째 K03b 접점 OFF → B 양솔 밸브 좌측 솔레노이드 코일 Y2 소자 → [네트워크 7] 세 번째 K03a 접점 ON → B 양솔 밸브 우측 솔레노이드 코일 Y3 여자 → B 밸브의 제어 위치 전환 → B 실린더 후진 시작

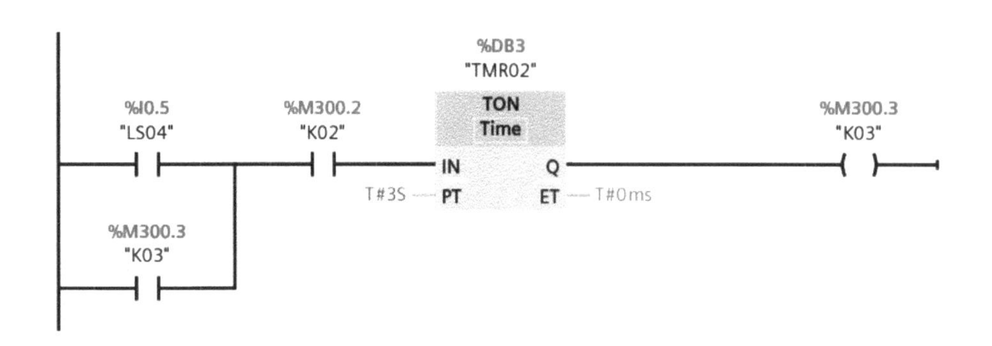

[네트워크 4]: A 실린더 후진 신호 (K04)

B 실린더 후진 완료 → LS3 작동 → K04 릴레이 여자 → [네트워크 1] K04b 접점 해제 → K01 릴레이 자기 유지 회로 해제 → [네트워크 2] K01a 접점 열림 → K02 릴레이 자기 유지 회로 해제 → [네트워크 3] K02a 접점 열림 → K03 릴레이 자기 유지 회로 해제(모든 릴레이가 OFF) → [네트워크 5] K1a 접점 열림 → A 밸브의 좌측 솔레노이드 코일 Y1 소자 → A 편솔 밸브 우측에 장착된 압축 스프링에 축적된 복원력 작용 → A 밸브의 제어 위치 전환 → A 실린더 후진 시작

[네트워크 5]: A 실린더 전진 출력 신호 (Y1)

A 편솔 밸브 좌측 솔레노이드 코일 여자 (Y1) → A 실린더 전진 → A 편솔 밸브 좌측 솔레노이드 코일 소자 (Y1) → A 실린더 후진

%M300.1
"K01"
%Q0.0
"Y1"

[네트워크 6]: B 실린더 전진 출력 신호 (Y2)

B 밸브 좌측 솔레노이드 코일 여자 (Y2) → B 실린더 전진, K03b 열림 → B 밸브 좌측 솔레노이드 코일 소자 (Y2)

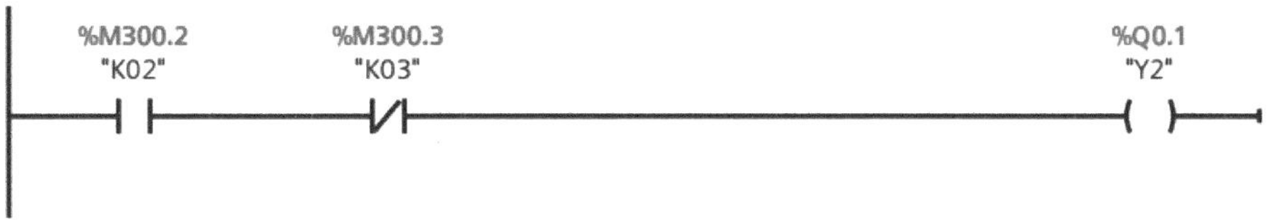

%M300.2 "K02"   %M300.3 "K03"   %Q0.1 "Y2"

[네트워크 7]: B 실린더 후진 출력 신호 (Y3)

B 밸브 우측 솔레노이드 코일 여자 (Y3) → B 실린더 후진

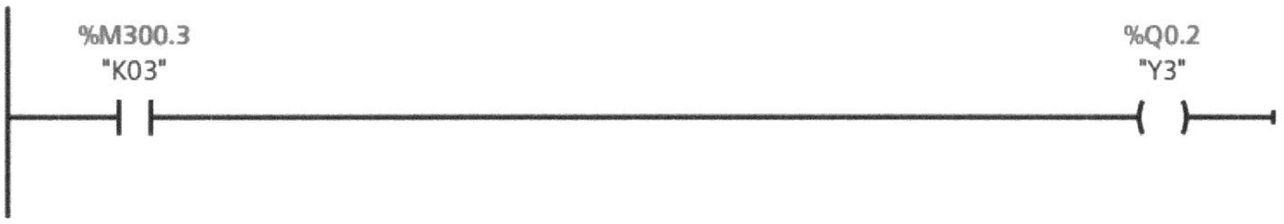

%M300.3 "K03"   %Q0.2 "Y3"

[네트워크 8]: 카운터 제어

⇒ 7.7.1 편솔 밸브 제어의 [네트워크 7]과 동일

[네트워크 9]: MOVE 명령어

⇒ 7.7.1 편솔 밸브 제어의 [네트워크 8]과 동일

- HMI 작화

⇒ 7.7.1 편솔 밸브 제어의 [HMI 작화]와 동일

예제 1) 다음의 동작 조건 (1)로 구동하는 공압 실린더를 제어하고 HMI 터치스크린으로 실린더의 구동 상태를 모니터링한다.

- 동작 조건 (1) → (약호: A+, B+, A-, B-), (방향 제어 밸브: A 편솔, B 양솔)
  - A 실린더 전진 완료 후, 0.5초의 시간이 지나간 다음에 B 실린더가 전진한다.
  - B 실린더 전진 완료 후, 1.5초의 시간이 지나간 다음에 A 실린더가 후진한다.
  - A 실린더 후진 완료 후, 2.5초의 시간이 지나간 다음에 B 실린더가 후진한다.
  - A, B 두 공압 실린더의 전진과 후진 속도는 속도 조절 밸브를 사용하여 제어한다.
  - HMI 터치스크린의 [비트 스위치_1]을 클릭하면 실린더 동작이 시작되고, 리밋 스위치의

ON/OFF 상태를 HMI 화면에 표시한다.

- A, B 두 실린더의 동작이 1회 완료되면 카운터가 1씩 증가하고, 그 결과를 데이터 블록(DB)에 저장하고, HMI 화면에 모니터링한다.
- [비트 스위치_2]를 클릭하면 실린더 동작이 강제로 정지되고, 카운터가 리셋된다.

• 변위-단계선도 작성

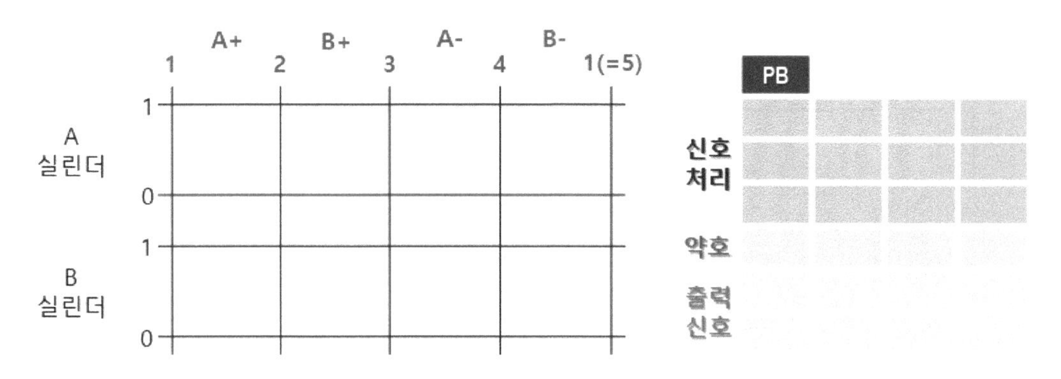

• PLC 입출력 메모리와 HMI 내부 메모리 및 DB_01 [DB10] 데이터 블록은 [7.7.1 편솔 밸브 제어]와 동일하고, HMI 터치스크린의 작화도 일치한다.

• LAD 프로그램 작성

예제 2) 다음의 동작 조건 (2)로 구동하는 공압 실린더를 제어하고 HMI 터치스크린으로 실린더의 구동 상태를 모니터링한다.

- 동작 조건 (2) → (약호: A+, A-, B+, B-), (방향 제어 밸브: A 편솔, B 양솔)
  - A 실린더 전진 완료 후, 1.5초의 시간이 지나간 다음에 A 실린더가 후진한다.
  - A 실린더 후진 완료 후, 1.2초의 시간이 지나간 다음에 B 실린더가 전진한다.
  - B 실린더 전진 완료 후, 1.8초의 시간이 지나간 다음에 B 실린더가 후진한다.
  - A, B 두 공압 실린더의 전진과 후진 속도는 속도 조절 밸브를 사용하여 제어한다.
  - HMI 터치스크린의 [비트 스위치_1]을 클릭하면 실린더 동작이 시작되고, 리밋 스위치의 ON/OFF 상태를 HMI 화면에 표시한다.
  - A, B 두 실린더의 동작이 1회 완료되면 연산 명령어에 의해 1씩 증가하고, 그 결과를 데이터 블록(DB)에 저장하고, HMI 화면에 모니터링한다.
  - [비트 스위치_2]를 클릭하면 실린더 동작이 강제로 정지되고, 카운터가 리셋된다.

- **변위-단계선도 작성**

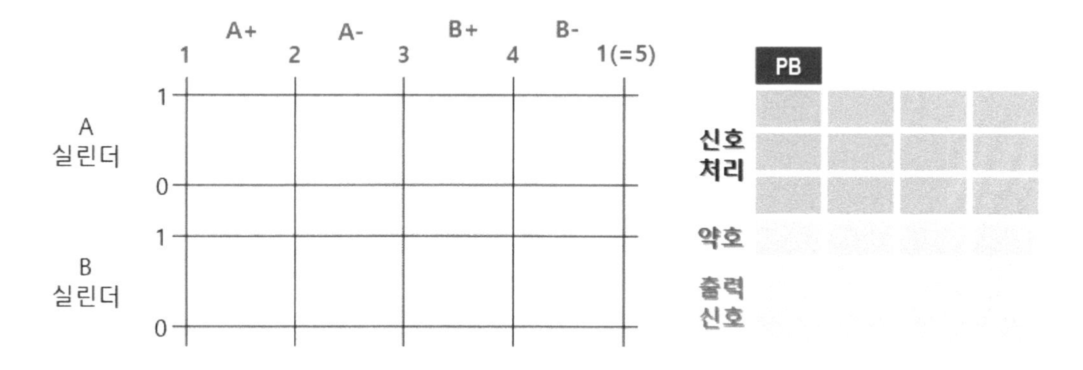

- PLC 입출력 메모리와 HMI 내부 메모리 및 DB_01 [DB10] 데이터 블록은 [7.7.1 편솔 밸브 제어]와 동일하고, HMI 터치스크린의 작화도 일치한다.

• LAD 프로그램 작성

08 빔-엔진(Beam-Engine) 장치의 제어 및 모니터링

본 교과에서는 빔-엔진 장치에 대한 피스톤의 분당 반복 횟수에 관한 설계 목표치를 정의하였고, 장치의 동력원으로는 DC모터를 채택하였으며, 공압 실린더를 장착하여 빔-엔진 장치의 피스톤 왕복운동과 동일한 주기로 실린더의 전·후진 동작이 수행될 수 있도록 현실 세계의 자동화 시스템을 제어하는 것을 목표로 하였다.

이러한 기본 계획하에 요구 성능에 부합한 장치의 구조 형상을 3D 모델링하여 가상 시뮬레이션을 통해 설계 목표치에 부합한 결과가 도출됨을 확인하였다. 이러한 검증 절차를 거쳐 결정된 구성 부품들을 3D 프린터로 제작하였고, 각 부품을 체결용 기계요소를 활용하여 조립하였다.

또한, 공압 실린더와 실린더의 전·후진을 감지하기 위한 리밋 스위치를 빔-엔진 장치의 베이스플레이트에 [그림 2-52]와 같이 장착하여 빔-엔진 자동화 장치의 기계 구조부 제작을 완성하였다.

따라서 본 절에서는 이번 장에서 학습한 자동화 장치의 제어와 모니터링 기술을 바탕으로 빔-엔진 자동화 시스템의 분당 반복 횟수와 공압 실린더의 동작을 제어하기 위한 제어회로를 구성하여 현실 물리 세계의 빔-엔진 자동화 시스템을 완성하고자 한다.

이렇게 완성된 물리 세계의 빔-엔진 장치와 본 교과과정의 제1권 Part I-3장에서 소개한 가상의 디지털 공간에서의 빔-엔진 장치를 네트워크로 연결하여 각 시스템의 운용 정보를 통신으로 서로 주고받아 쌍둥이처럼 똑같이 동작할 수 있도록 빔-엔진 자동화 시스템에 대한 디지털트윈 구축 과정을 다음 장에서 설명한다.

이처럼 빔-엔진 자동화 시스템에 장착된 24V용 DC모터에 전력을 인가하면 분당 162rpm으로 회전하게 되고, 원동기어와 종동기어의 기어비에 따라 빔-엔진 장치의 피스톤이 분당 54회

수직 왕복운동을 하게 된다.

빔-엔진 장치의 피스톤이 하강할 때 피스톤이 전진하고, 상승 시에 후진하도록 실린더를 제어하기 위해 [그림 2-52]와 같이 빔-엔진 자동화 시스템을 구성하였다. 그리고 이러한 자동화 시스템에 대한 전기 배선도와 네트워크 연결 상태 및 유압 회로도를 각각 [그림 2-53], [그림 2-54], [그림 2-55]에 나타내었다.

[그림 2-52]와 [그림 2-53]에서 PB1과 PB2는 입력 모듈에 연결된 누름 버튼스위치로 PB1은 자동화 장치의 시작 버튼이고, PB2는 정지 버튼으로 사용된다, 그리고 LS0는 피스톤의 수직 왕복운동을 감지하기 위한 센서이며, LS1과 LS2는 각각 피스톤의 후진 상태와 전진 상태를 감지하는 리밋 스위치이다.

PLC는 이러한 스위치와 센서로부터 수신되는 입력 신호에 기반을 두어 CPU 모듈에서 연산 처리 과정을 거쳐 그 결과를 출력 모듈에 연결된 모터(MOTOR)와 Y1-코일 그리고 램프에 동작 신호를 전달함으로써 자동화 시스템을 순차 제어한다. PLC의 입력 접점에는 0번부터 4번까지 PB1, PB2, SR1, LS1, LS2가 순서대로 연결되어 있고, 출력 접점에는 0번부터 2번까지 Motor, Y1, LAMP가 결선되어 있다.

그리고 지멘스 SIMATIC S7-1200 PLC는 EtherNet/IP 기반으로 장치를 연결하여 사용할 수 있다. 따라서 Enternet/IP 네트워크망 내부에서 연결된 모든 장치와 연동을 할 수 있다. [그림 2-54]에 빔-엔진 자동화 장치의 네트워크 결선 상태를 나타내었다. 스위칭 허브에 PC와 PLC 및 HMI를 LAN 선으로 연결하고, 각 장치에 주어진 IP주소를 설정하여 모든 기기가 서로 통신하기 위한 하나의 네트워크망을 구축한다.

또한, [그림 2-55]에 빔-엔진 장치의 공압 회로도를 나타내었다. 공압 펌프에 의해 공급되는 압축 공기는 압력 제어 밸브에 의해 공급라인의 설정 압력값으로 감압되어, 실린더의 방향을 제어하기 위한 방향 제어 밸브로 보내어진다.

빔-엔진 장치에는 편측 5/2 way 편솔 밸브가 사용되고, 피스톤의 전·후진 속도는 SP1과 SP2의 속도 제어 밸브를 통과하는 압축 공기의 유량을 미터-인 방식으로 조절하여 제어한다. 그리고 실린더의 후진과 전진 상태를 감지하기 위한 센서로 리밋 스위치 2개가 그림과 같이 설치된다.

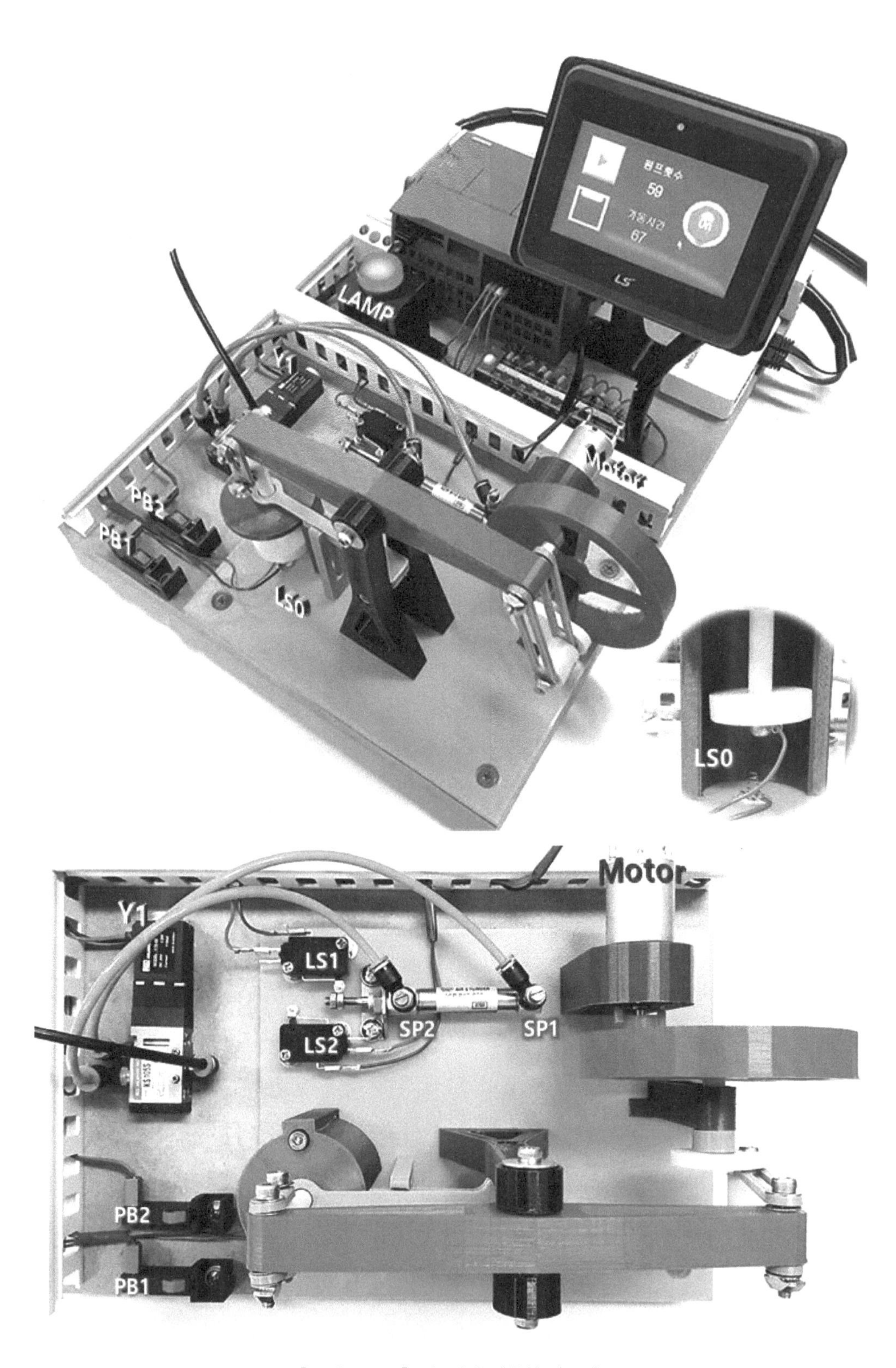

[그림 2-52] 빔-엔진 자동화 시스템

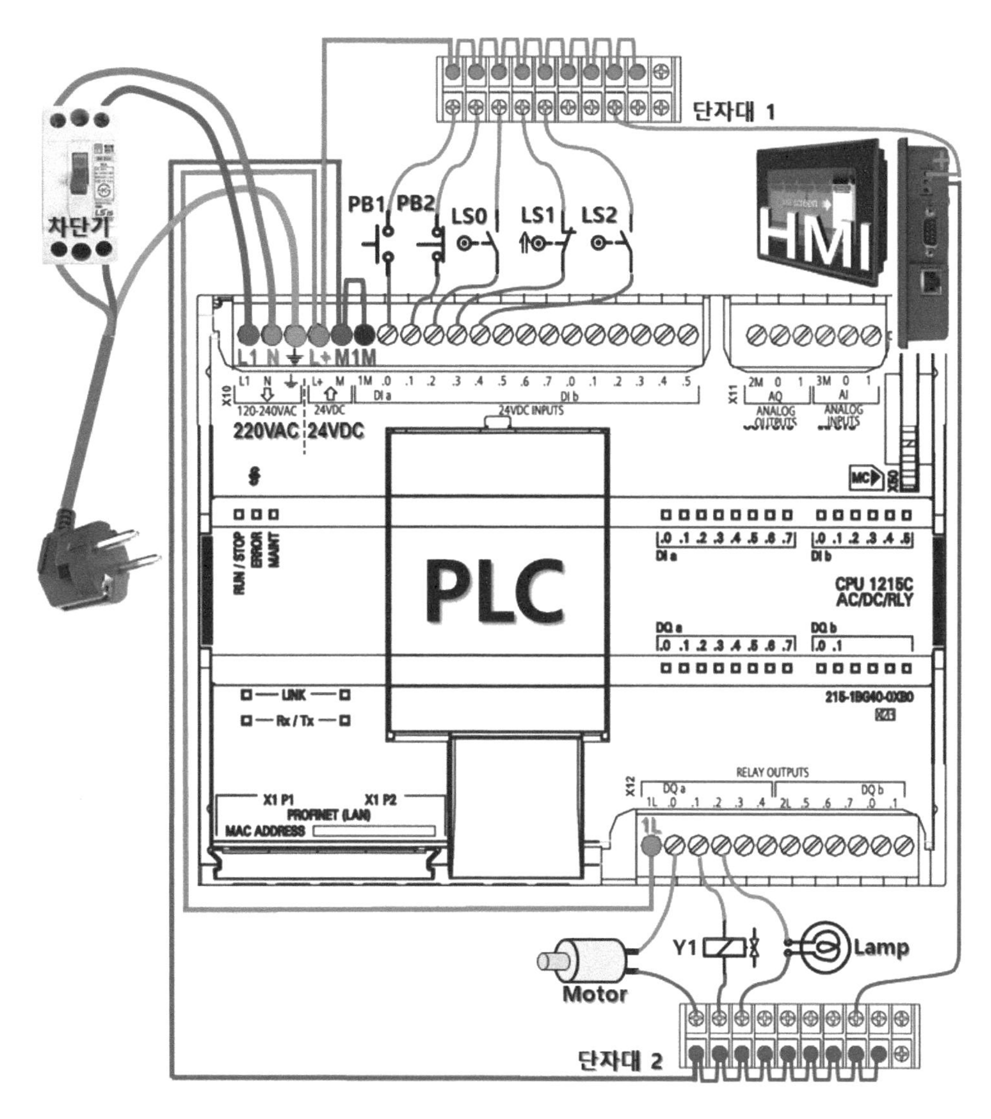

[그림 2-53] 빔-엔진 자동화 시스템의 전기 배선도

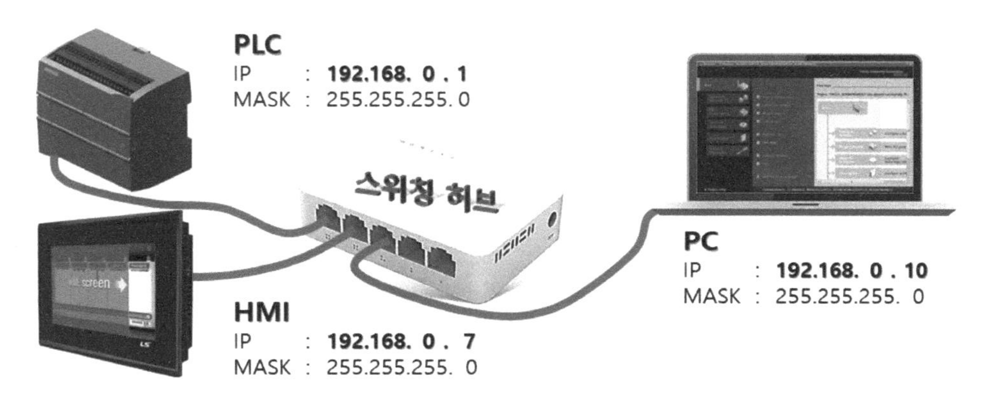

[그림 2-54] 빔-엔진 시스템의 네트워크 연결 설정

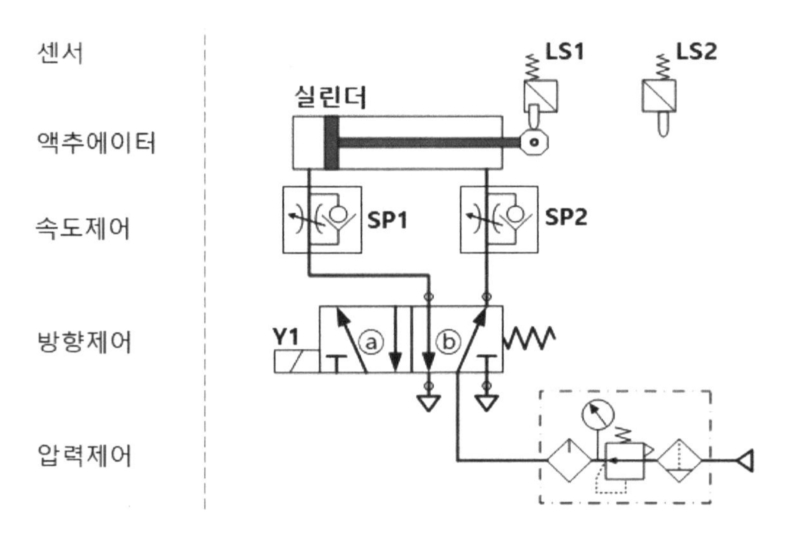

[그림 2-55] 빔-엔진 장치의 공압 회로도

• PLC 입출력 메모리 할당표

입력		
태그(TAG)	메모리 주소	기능
PB1	I0.0	빔-엔진 장치의 동작 시작 누름 버튼_1
PB2	I0.1	빔-엔진 장치의 동작 정지 누름 버튼_2
LS0	I0.2	빔-엔진 피스톤의 수직 왕복운동 감지 센서
LS1	I0.3	실린더 후진 완료 감지 리밋 스위치
LS2	I0.4	실린더 전진 완료 감지 리밋 스위치

출력		
태그(TAG)	메모리 주소	기능
Motor	Q0.0	빔-엔진 장치 구동 모터
Y1	Q0.1	편측 솔레노이드 밸브 코일 1
LAMP	Q0.2	실린더 전진 완료 표시 램프

• HMI 내부 메모리 할당표

입력			
태그(TAG)	메모리 주소	오브젝트	기능
TB1	M0.0	비트 스위치	빔-엔진 장치의 동작 시작 터치 버튼_1
TB2	M0.1	비트 스위치	빔-엔진 장치의 동작 정지 터치 버튼_2

출력			
태그(TAG)	메모리 주소	오브젝트	기능
왕복횟수	DB10.DBW2	숫자 표시기	피스톤의 왕복운동 횟수를 표시
가동시간	DB10.DBW4	숫자 표시기	자동화 설비의 가동 시간을 표시
Motor	Q0.0	비트 램프	모터 구동 출력 신호

• DB01 [DB10] 데이터 블록 생성

빔-엔진 장치에서 데이터 블록의 변수는 설비 상태, 반복 횟수 그리고 가동 시간이다. 설비 상태는 장치의 운전 시작과 정지 상태를 나타낸다. 그리고 반복 횟수는 빔-엔진 장치의 피스톤의 수직 왕복운동 횟수를 의미하고 가동 시간은 설비가 운전을 시작하여 정지할 때까지 총 작업 시간을 말한다.

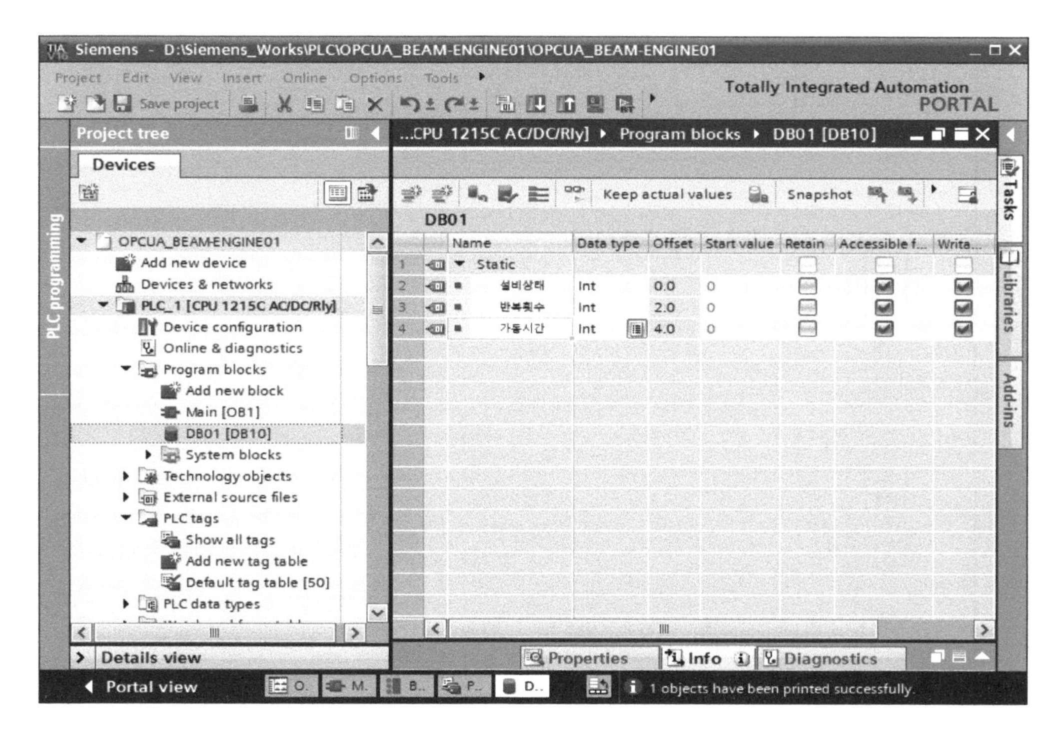

• LAD 프로그램 작성

[네트워크 1]: 설비 상태

PB1 누름 버튼 스위치를 누르거나 HMI 터치스크린에서 TB1 버튼을 클릭하면 MOVE 명령어에 의해 "DB10.DBW0"라는 메모리 주소를 가진 DB01 데이터 블록의 "설비 상태"라는 변수에 정숫값 "1"이 저장된다. 반면에 PB2를 누르거나 TB2를 클릭하면 MOVE 명령어에 의해 "설비 상태"라는 변수에 정숫값 "0"이 저장된다.

그리고 비교 명령어에 의해 "설비 상태"가 1이라고 판정되면, 자동화 설비의 가동 시작 신호를 담당하는 K01 릴레이가 SET 명령어에 의해 ON 되어 스스로 자기 유지되고, 반대로 "설비 상태"가 0으로 판정되면, K01 릴레이가 RESET 명령어에 의해 OFF 된다. 이처럼 K01 릴레이의 a 접점에 의해, 빔-엔진 장치의 구동 모터가 가동되거나 정지하게 된다.

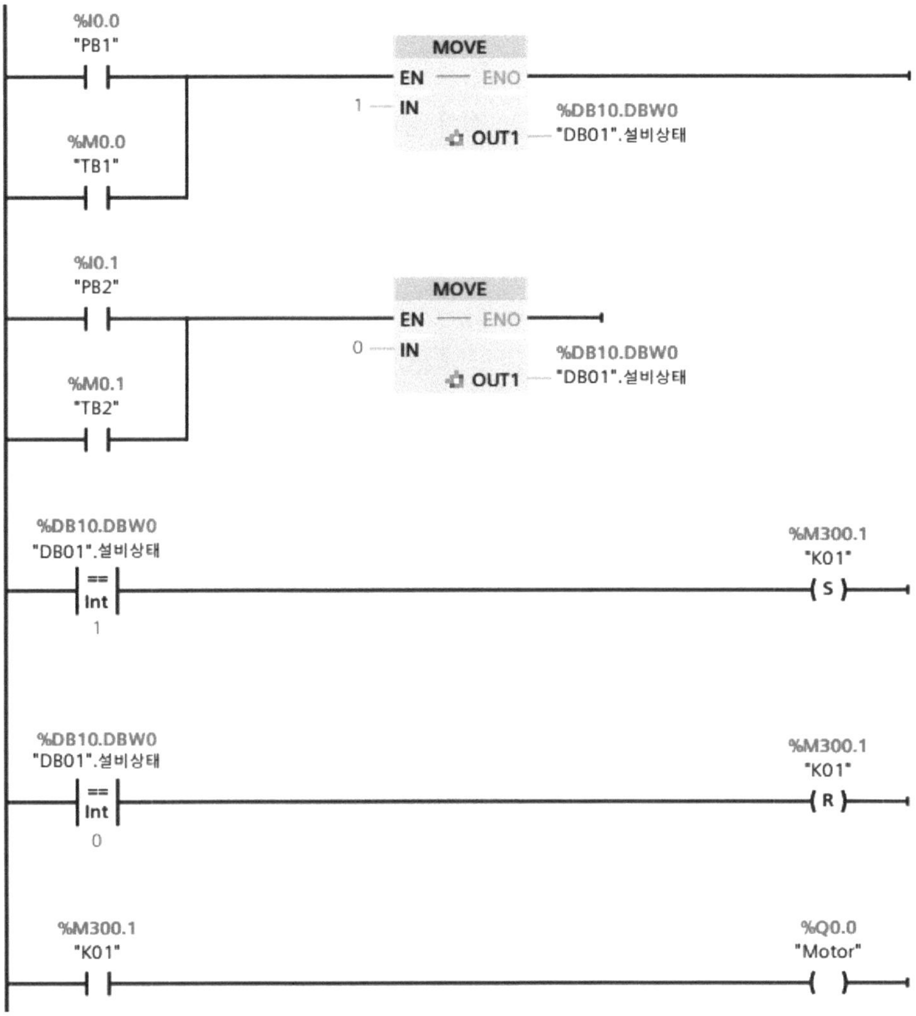

%I0.0
"PB1"
MOVE
EN ENO
1 IN
%DB10.DBW0
OUT1 "DB01".설비상태
%M0.0
"TB1"

%I0.1
"PB2"
MOVE
EN ENO
0 IN
%DB10.DBW0
OUT1 "DB01".설비상태
%M0.1
"TB2"

%DB10.DBW0
"DB01".설비상태
==
Int
1
%M300.1
"K01"
S

%DB10.DBW0
"DB01".설비상태
==
Int
0
%M300.1
"K01"
R

%M300.1
"K01"
%Q0.0
"Motor"

[네트워크 2]: 반복 횟수

빔-엔진 장치의 피스톤이 수직 왕복운동 과정에서 하강할 때에 LS0 센서에 감지가 되고, 그 결과는 피연산자 설정 출력 코일, SR에 의해 LS0의 I0.2 비트값이 펄스 ON 상태에서 OFF 상태로 바뀔 때만 1-스캔이 ON 된다.

그리고 반복 횟수를 카운팅하기 위해 증분 수학 연산자 INC 명령어를 사용한다. SR의 ON 신호가 INC의 입력 접점에 전달되면, DB10.DBW2라는 메모리 주소를 가진 "반복 횟수"라는 변수명의 DB01 데이터 블록에 1씩 증가하여 저장된다. 즉 SR 신호가 ON 될 때마다 "반복 횟수 = 1 + 반복 횟수"가 되도록 저장된다.

그리고 M0.2의 내부 비트 메모리 영역에 "NX_LS0"라는 변수를 설정하였다. 이 변수에는 가상의 디지털 공간에서의 빔-엔진 장치에 의한 왕복운동 과정에서 하강 운동 시에 충돌 센서에 의해 감지되는 신호의 ON/OFF 상태를 저장하게 된다. 이 "반복 횟수"의 변숫값은 HMI의 숫자 표시기로 모니터링된다.

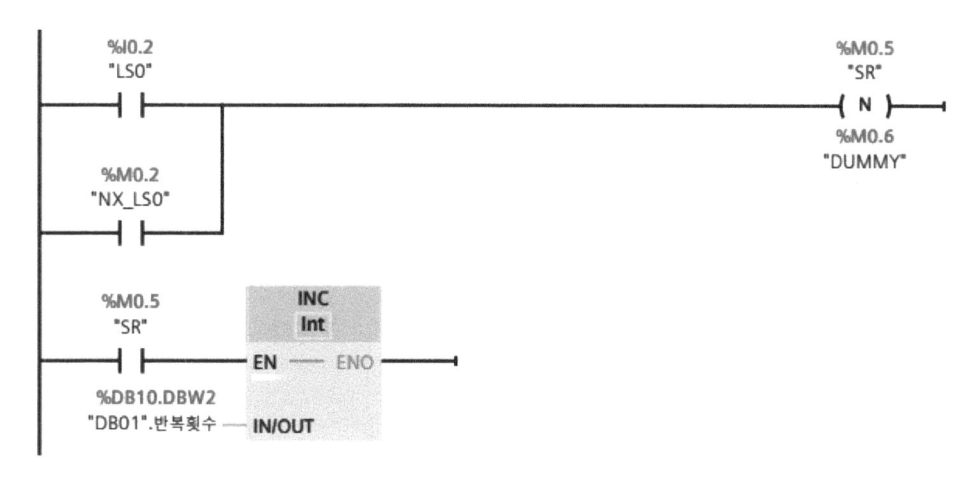

[네트워크 3]: 밸브 상태

빔-엔지 장치의 피스톤 왕복운동과 동일한 주기로 공압 실린더의 전·후진 동작이 수행되고, 빔-엔진 장치의 피스톤이 하강할 때 공압 실린더가 전진하며, 상승 시에 후진하도록 실린더를 제어한다. 먼저 공압 실린더가 전진하기 위한 조건으로 첫째, 빔-엔진 장치가 가동 상태이어야 한다. 즉 "설비 상태"의 변숫값이 1을 만족하여야 한다.

둘째로 실린더가 초기 상태인 후진이 완료된 상태이어야 한다. 따라서 비교 명령어를 사용하여 "설비 상태"가 1이고, 공압 실린더의 후진 완료 상태를 검출하는 리밋 스위치

LS1의 접점 상태가 ON 상태이면, 공압 실린더의 전진 시작 신호를 담당하는 K02 릴레이가 여자되고, 자기 자신과 병렬 연결된 K02 릴레이의 a 접점에 의해 자기 유지가 되도록 프로그램한다.

그러면 ⑤에서와 같이 K02의 또 다른 a 접점에 의해 솔레노이드 코일 Y1이 여자되고 밸브의 제어 위치를 전환시켜 공압 실린더가 전진하게 된다. 다음으로 공압 실린더가 전진을 완료하면 실린더의 전진 완료 상태를 검출하는 리밋 스위치 LS2의 접점 상태가 ON 되고, 실린더의 전진 완료 신호인 K03 릴레이가 여자 되어 자기 유지 상태가 되도록 한다. 그리고 LS02와 K03 릴레이 사이에 K02 a 접점을 추가하여 작업 순서대로 순차적인 릴레이 제어가 가능하도록 한다.

다음 단계로 공압 실린더가 후진하기 위한 조건은 빔-엔진 장치의 피스톤이 하강운동에서 상승운동으로 바뀌거나, 장치의 정지 신호가 감지될 때이다. 따라서 "설비 상태"가 "0"이거나 피스톤의 왕복운동을 검출하기 위한 센서의 입력 비트 신호가 ON(1)에서 OFF(0)로 바뀔 때, 공압 실린더의 후진 시작 신호를 담당하는 K04 릴레이가 자기 유지되도록 하고, 순차 제어를 위해 K03 a 접점을 K04 릴레이 앞에 추가한다. ⑤에서 K04 릴레이가 ON 되면 K04 릴레이의 b 접점에 의해 Y1 솔레노이드에 공급되는 전원이 차단되어 전자기력이 사라지고, 탄성 스프링에 저장되어 있든 복원력에 의해 밸브의 제어 위치가 후진 상태로 전환된다.

후진이 완료되면 리밋 스위치 LS01이 ON 되고, 후진 완료 신호의 K05 릴레이가 여자된다. ①에서 K02 릴레이 앞에 K05 b 접점을 추가하여 후진 완료와 동시에 K02, K03, K04, K05 릴레이가 리셋되도록 프로그램을 작성한다.

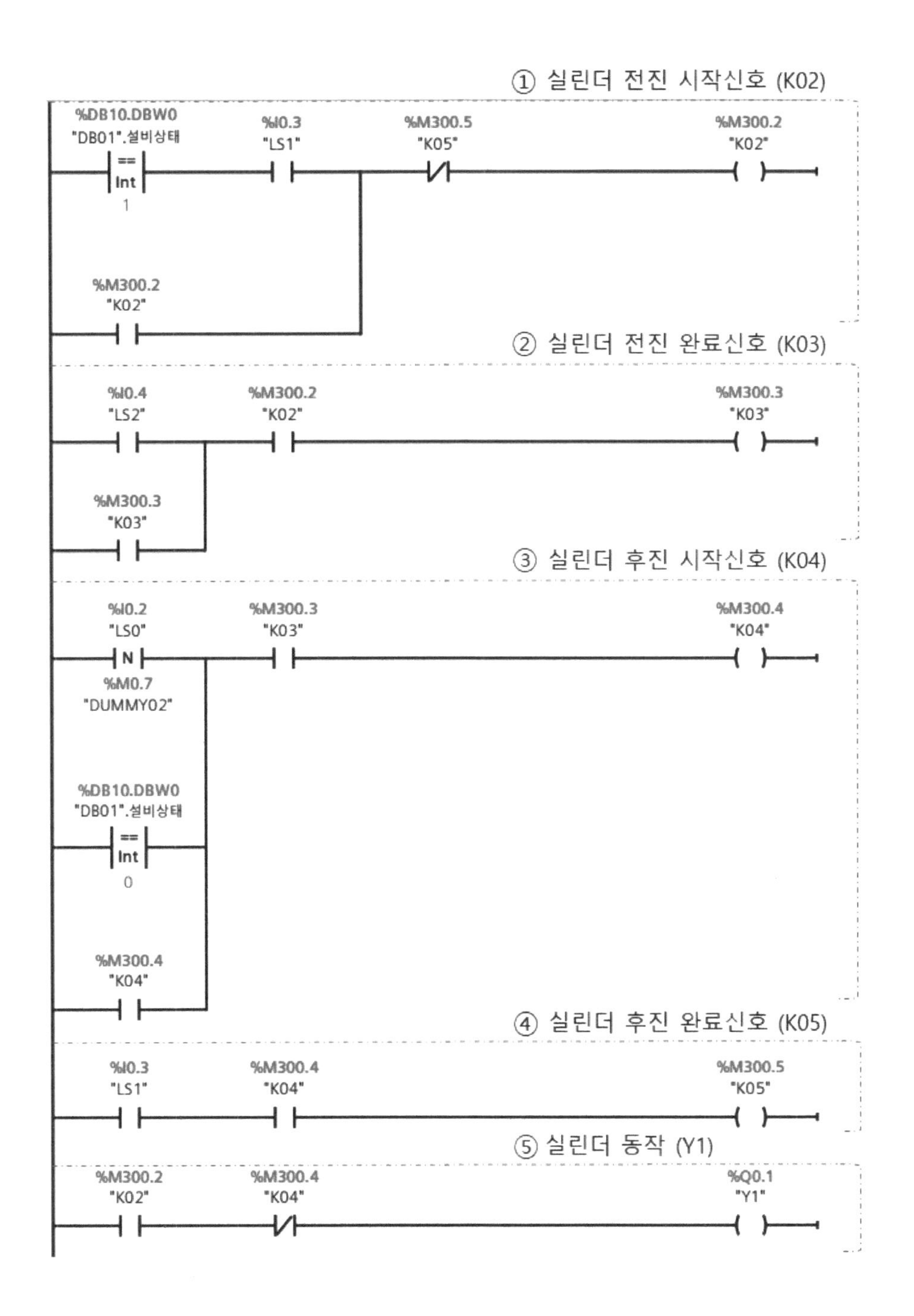

[네트워크 4]: 램프 점등

리밋 스위치 LS2가 ON 되면 출력 LAMP가 점등되고, LS2가 OFF 되면 LAMP가 소등되도록 한다.

%I0.4
"LS2"

%Q0.2
"LAMP"

[네트워크 5]: 가동 시간

빔-엔진 장치의 "설비 상태" 즉 가동 혹은 정지 상태를 나타내는 K01 릴레이의 a 접점에 의해 가동이 시작되면 TONR 타이머의 IN 접점을 통해 전기 신호가 ON 되고, 정지이면 TONR 타이머의 전기 신호가 OFF 된다.

ET 파라미터에 ON 상태의 가동 시간이 MD2라는 메모리 주소에 할당된 "ETIME0" 변수에 저장되고, PT 파라미터값에 설정된 10일(T#10D)에 도달하면, Q 접점을 통해 전기 신호가 출력된다. 그리고 K06 릴레이가 여자 되면 타이머의 R 접점을 통해 전기 신호가 입력되면서 타이머의 경과 시간(ET)이 영(0)으로 리셋된다.

"ETIME0"에 저장되는 시간은 ms 단위이다. 따라서 나눗셈 수학 연산자 DIV 명령어를 사용하여 "ETIME0"의 변숫값에 1000ms를 나누어 주면, 그 결괏값은 s(초) 단위가 되고 "ETIME1" 변수에 그 결괏값을 저장한다.

그리고 "ETIME1" 변수에 저장된 가동 시간 값을 DB10.DBW4라는 메모리 주소에 할당된 DB01 데이터 블록의 "가동 시간"에 MOVE 명령어를 사용하여 복사하여 저장한다. 이 가동 시간은 HMI의 숫자 표시기에서 모니터링된다.

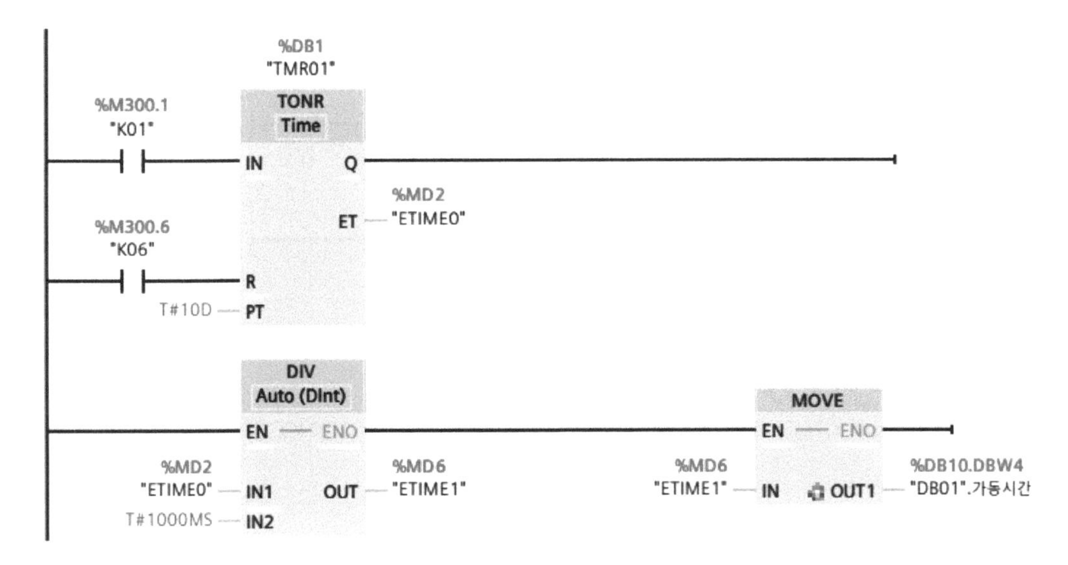

[네트워크 6]: 데이터 리셋

빔-엔진 장치의 "설비 상태"가 정지 상태이면 빔-엔진 장치의 피스톤 왕복운동에 관한 "DB01" 데이트 블록의 DB10.DBW2라는 메모리 주소에 할당된 "반복 횟수"에 저장된 변숫값이 초기화되어 "0"으로 재설정된다.

그리고 가동 시간과 관련된 "ETIME0", "ETIME1", DB01 데이터 블록의 "가동 시간"에 저장된 변숫값이 재설정되어 모두 "0"으로 리셋된다. 또한, "설비 상태"가 정지 상태이면 온 딜레이 타이머(TON)을 사용하여 0.5초 이후에 K06 릴레이가 여자되도록 하고, [네트워크 5]의 TONR 타이머의 RESET 접점에 K06 a 접점을 연결하여 누적 가동 시간이 리셋되도록 프로그램을 작성한다.

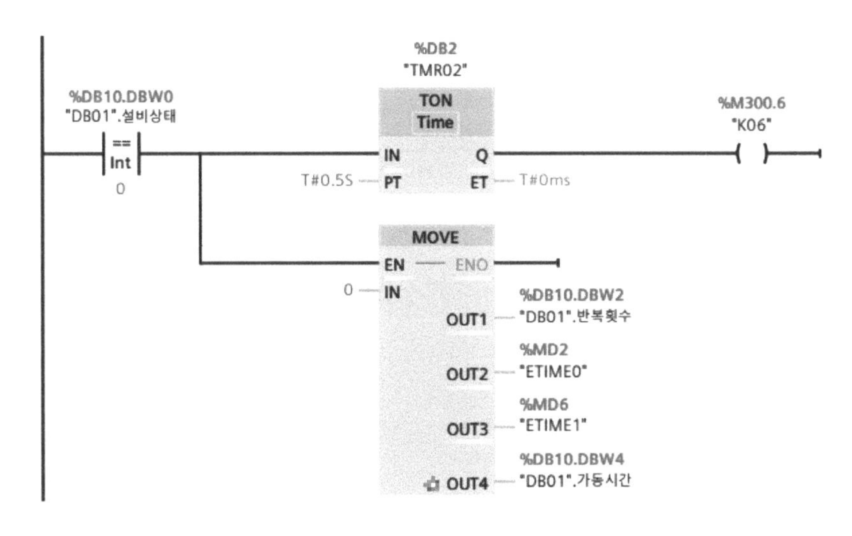

- HMI 작화

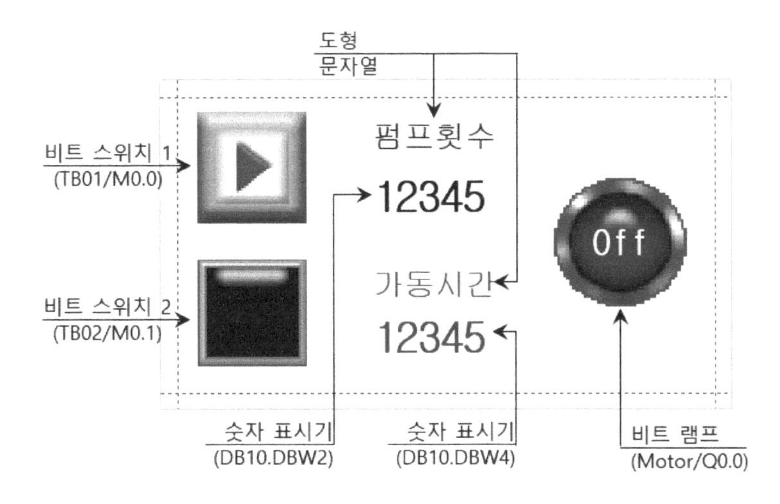

Chapter 03

디지털 트윈 네트워크 구축 실습

01 OPC 통신 이해하기

제조업 관점에서의 디지털 트윈은 생산라인의 공정 프로세스 등의 산업 현장과 관련된 자산들을 의미하는 OT(Operating Technology)와 함께 시뮬레이션, IoT, 빅데이터, 인공지능 등의 IT(Information Technology)가 서로 융합되어 구성된다.

이러한 다양한 환경에서 물리 시스템의 OT 장비와 가상 시스템의 IT 기기 간의 연결성은 필수적이다. 그러나 이것은 서로 다른 인터페이스와 다양한 통신 방식의 기기 간의 연결로 단순한 작업이 아니며, 매우 넓은 영역의 OT 장비와 IT 기기들을 통합해야 한다. 따라서 하나의 시스템이 동일 또는 이기종의 다른 시스템과 아무런 제약 없이 서로 호환되어 정보 교환이 가능한 통신 프로토콜이 필요하다. [24]

본 교재에서 제어기로 사용되는 PLC는 제조업에서 생산라인의 기계 장치를 자동으로 제어하기 위해 가장 일반적으로 사용하는 제어 장치이다. 이러한 PLC는 제조사마다 특화된 산업용 이더넷 프로토콜을 통해 수직 계열화된 최적화 시스템으로 구성되어 있다.

이처럼 제조사별 통신 프로토콜이 서로 다르므로 이기종 PLC 간의 데이터를 HMI와 같은 상위 시스템과 연계하기 위해서는 반드시 PLC 제조사별로 각기 다른 통신 드라이버를 구축해야 한다. 따라서 일반적으로 HMI 공급 업체가 네트워크로 연결된 제조사별 PLC 장비들의 데이터를 상위 시스템으로 보낼 수 있도록 PLC 제조사별 드라이브를 제공하고 있다.

이렇게 PLC 제조업체에 종속되는 기존의 제조사별 통신 규약을 대체하여 모든 제조사 간의 효율적인 통신이 가능하도록 공통 통신 프로토콜을 적용한 OPC(OLE for Process Control)라는 새로운 국제 산업표준 통신 규약이 등장하게 되었다. OPC는 제품이 아니라 응용 프로그램

간에 어떻게 데이터를 주고받아야 하는지를 정의한 기술 표준이다.

하지만 기존의 OPC Classic은 당연히 OT 영역에서 요구되는 표준안을 위한 것이었으며, 마이크로소프트의 Windows를 기반으로 DCOM(Distributed Component Object Model)/COM으로 통신을 하였기 때문에 포트가 지정되어 있었으므로 타 플랫폼에서 구현하는 것에 많은 제약이 있었다. 그리고 자체적인 보안 규격을 갖고 있지 않았기에 보안이 취약하였고, 데이터 액세스(Data Access:DA), 데이터 접근 히스토리(Historical Data Access:HDA), 알람 및 이벤트(Alarms & Events:AE) 등으로 그 기능이 분리된 서버 구조로 이루어져 있었다.

그중에서 OPC DA는 현재의 프로세스 데이터가 포함된 변수를 읽고 쓰고 모니터링할 수 있는 서버를 의미하고, OPC HDA는 지속해서 변화하는 실시간 정보에 접근할 수 없는 경우에 이미 저장된 데이터에 액세스할 수 있는 서버 기능을 제공하였다. 그리고 OPC AE 서버를 통해 이벤트나 알람 및 경보를 수신할 수 있도록 분리되어 있었다. [24, 25]

이러한 한계를 벗어나기 위해 OPC 재단은 2008년에 "개방형 플랫폼 통신 통합 아키텍처"인 OPC-UA(Open Platform Communications Unified Architecture) 1.0을 개발하여 배포하였다. [26] OPC-UA에서는 마이크로소프트의 Windows를 거치지 않으면 안 되는 기존 OPC Classic 구조를 탈피할 수 있도록 개방형 멀티 플랫폼 프로토콜로 개발되었고, 통신 보안이 취약한 문제점을 해결하였으며, 단일 OPC UA 서버에서 DA, HDA, AE 등의 모든 서버 기능을 통합하여 지원할 수 있도록 설계되었다.

따라서 Windows, 안드로이드(Android) 및 iOS 등의 운영 체제에 독립적인 아키텍처로서, C++, .NET, Java 등 모든 프로그램 언어를 지원하고 있으며, 센서, PLC, PC, 스마트폰 및 클라우드 등의 플랫폼에 제약 없이 모든 기기와 시스템에서 구현할 수 있게 되었다.

이는 소위 말하는 IT 영역의 응용 프로그램과 프로토콜과의 연계 및 통합을 의미하며, 이로써 OPC를 기반으로 IIoT와 스마트팩토리를 추구하는 OT와 IT의 궁극적인 통합이 실현될 수 있게 되었다. [27, 28]

OPC 이전의 제조사별 제어 장비들에 대한 네트워크 구성을 [그림 3-1]과 같이 OPC 통신 프로토콜을 통해 서버와 클라이언트 구조로 설정하게 되면, 하위 단에서 상위 시스템까지 모두 같은 프로토콜로 통신을 할 수 있게 된다. 즉 드라이버별로 나누어진 통신 프로토콜을 한 가지로 통합해서 서로의 데이터를 주고받을 수 있게 된다.

이처럼 OPC-UA는 스마트팩토리를 구현하는 데 있어서, 일차적인 데이터 통합 및 시스템 연동을 위한 핵심 기술로 활용되고 있으며, 많은 PLC 제조사들이 PLC에서 직접 서버를 구축하는 형태로 제품을 출시하기 시작했다.[29] 지멘스는 전사적 통합 자동화 플랫폼인 TIA Portal-V16부터 SIMATIC S7-1200 CPU의 PLC에서 OPC-UA 서버를 직접 구축할 수 있도록 지원하고 있다.

따라서 이번 장에서는 빔-엔진 장치에 대한 현실 세계의 물리 시스템과 디지털 세계의 가상 시스템을 SIMATIC S7-1200 CPU에 내장된 OPC-UA 기능을 활용하여 상호 간에 통신과 정보 교환이 가능해지도록 디지털 트윈의 네트워크 구축 과정을 실습으로 학습한다.

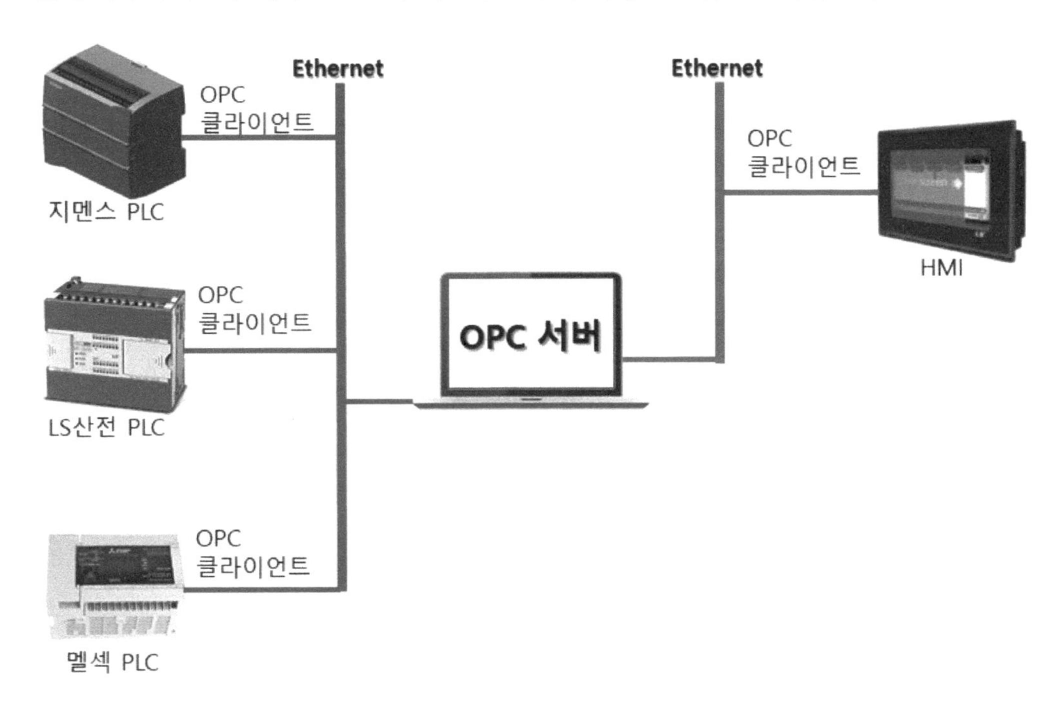

[그림 3-1] OPC 구축에 의한 PLC와의 통신 연결 시 구성도

DIGITAL TWIN

02 S7-1200 CPU - OPC UA 서버

본 교재에서의 OPC UA 통신은 TIA Portal V16부터 제공하는 펌웨어 버전 V4.4 이상인 SIMATIC S7-1200 CPU에서 지원하는 OPC UA 서버를 사용한다. [그림 3-2]와 같이 S7-1200 CPU가 OPC UA 서버로 지정되어, 클라이언트와 이더넷으로 연결되고, TCP/IP를 통해 통신한다.

OPC UA 클라이언트의 액세스를 위해 OPC UA 서버는 공유될 PLC 태그 및 기타 정보를 노드 형태로 정의한다. 이렇게 정의된 노드들은 상호 연결되어 하나의 네트워크를 형성한다. 이 노드들의 네트워크에 대한 PLC 태그는 OPC UA 서버 인터페이스를 통해 OPC UA 클라이언트에 송수신될 주소 공간에 저장되고, 읽기 및 쓰기 액세스가 활성화된다. [30]

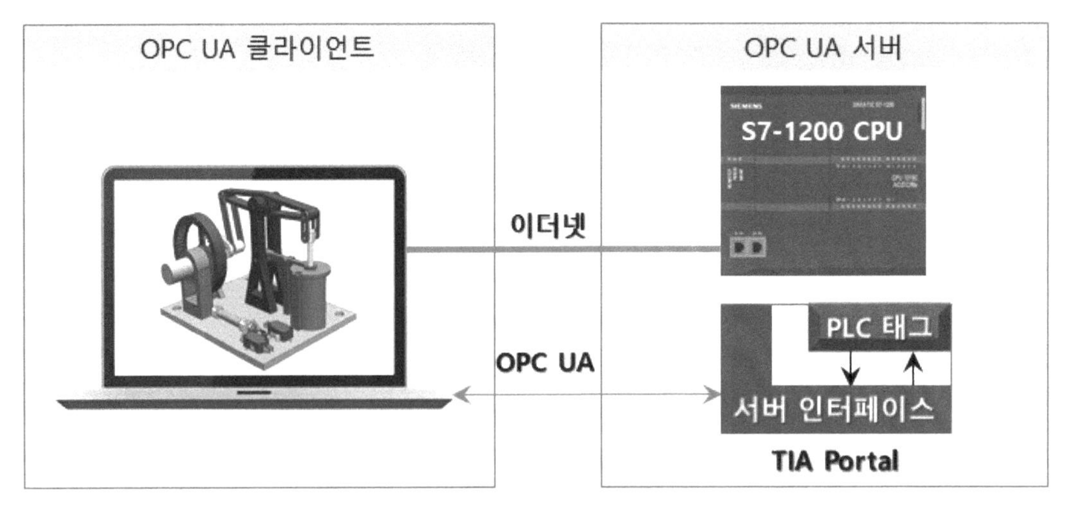

[그림 3-2] S7-1200 CPU의 OPC UA 통신을 위한 구성 요소

2.1 OPC UA 서버 설정

1) TIA Portal에서 새로운 프로젝트를 생성한다.

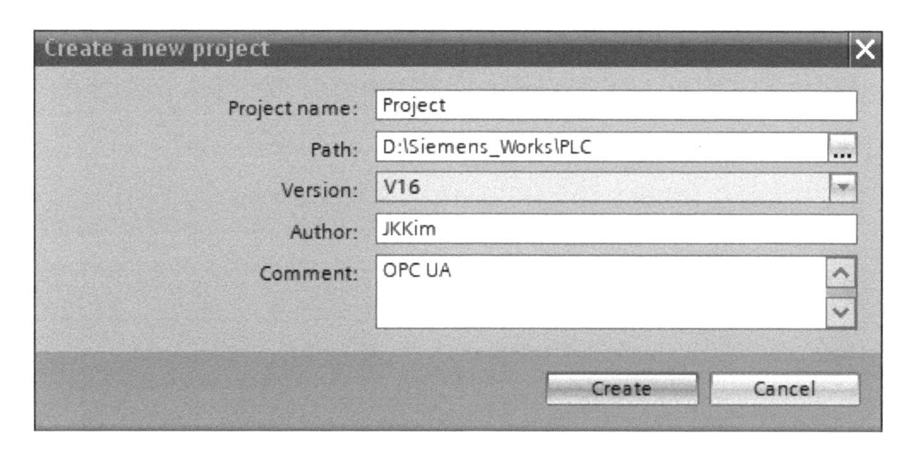

2) 장치 설정에서 CPU 1215C AC/DC/RLY V4.4를 추가한다. 만약 동일한 CPU 모델이 아닌 SIMATIC 제품군의 다른 S7-1200 CPU 모델이더라도 펌웨어 버전 V4.4를 대안으로 사용할 수도 있다.

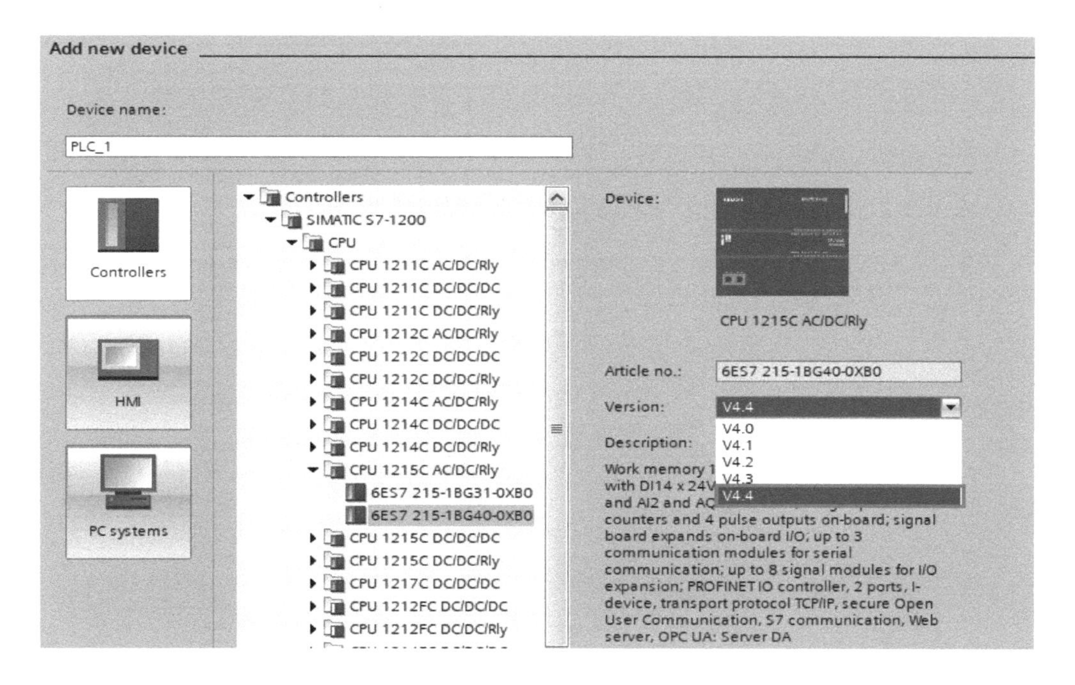

3) 기본 설정으로 S7-1200 CPU의 OPC UA 서버는 보안상의 이유로 활성화되지 않는다. 따라서 OPC UA 클라이언트는 S7-1200 CPU에 읽기 및 쓰기 권한이 없다. OPC UA 서버를 활성화하려면 다음의 순서대로 CPU를 설정하여야 한다. 먼저 프로젝트 트리에 있는 [Device configuration]에서 [S7-1200 CPU]를 선택하고, CPU의 [Properties]에서 [OPC UA] → [Server] → [Activate OPC UA server]를 활성화하고, 서버 주소 [192.168.0.1:4840]를 확인한다.

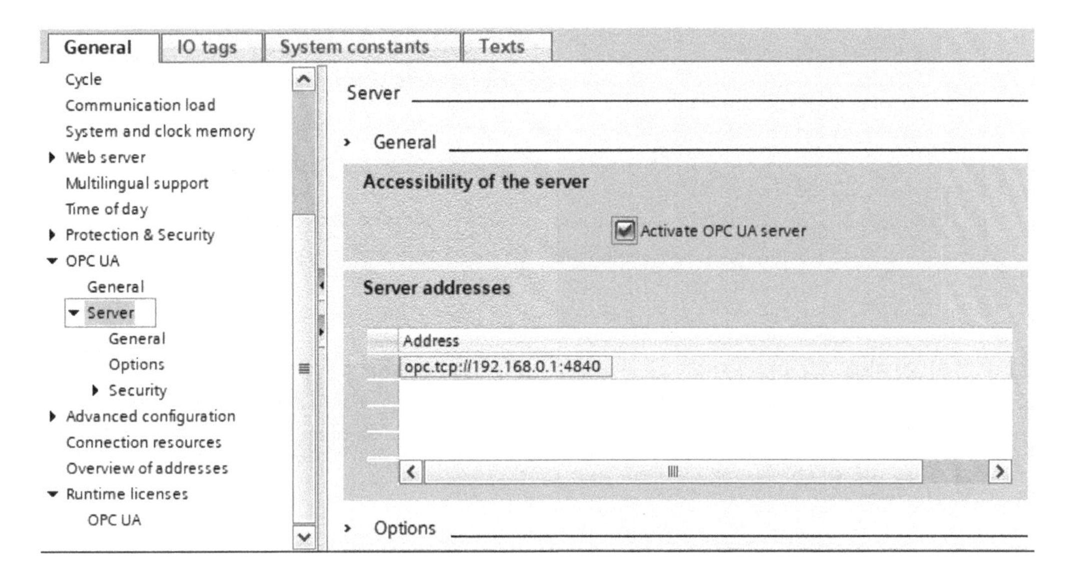

4) [Security] → [Server certificate] 메뉴로 이동하여 서버 인증서를 확인한다. 만약 서버 인증서가 없다면 새로운 인증서를 [Add new]를 클릭하여 생성한다.

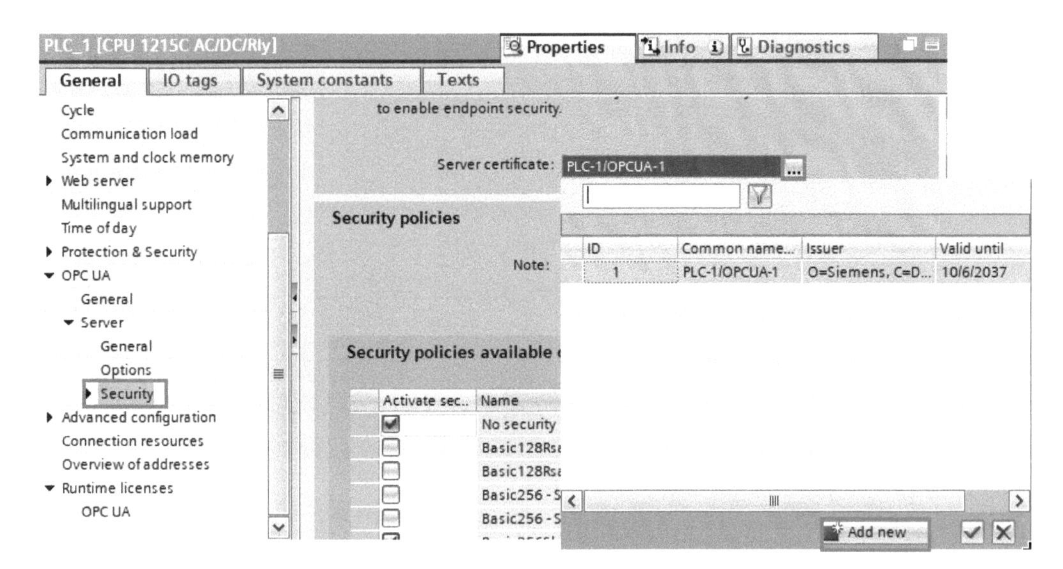

5) 다음과 같이 요구 파라미터들을 설정한다.

6) [Runtime licenses]로 이동 → [drop-down menu]에서 [SIMATIC OPC UA S7-1200 basic]을 선택

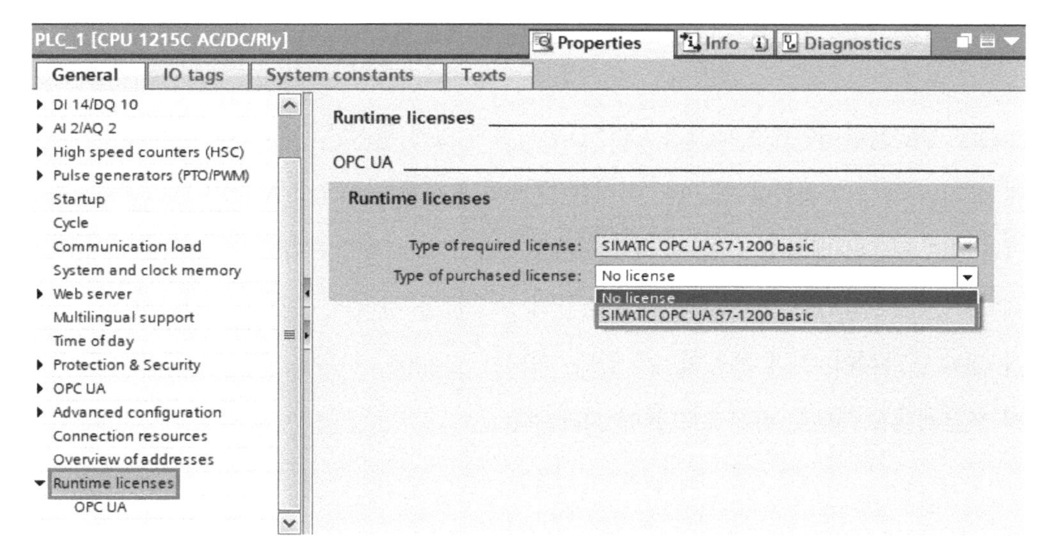

7) 다음으로는 Project의 하드웨어와 소프트웨어를 컴파일한다. 이렇게 하려면 [Project] 내비게이션에서 PLC_1 [CPU 1215C AC/DC/Rly]를 선택 → 마우스 오른쪽 버튼을 클릭하여 [Compile] 선택 → [Hardware and software (only changes)를 클릭한다.

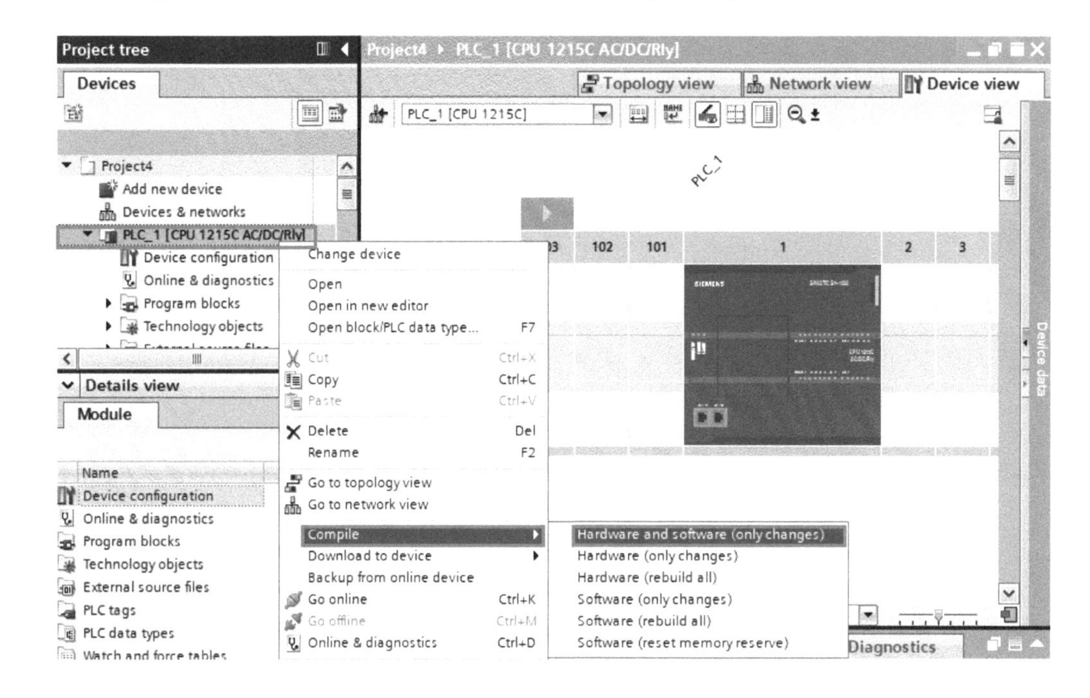

2.2 OPC UA 서버 인터페이스 정의하기

OPC UA 클라이언트는 태그가 OPC UA 서버에 의해 활성화된 경우에만 태그에 대한 읽기 및 쓰기의 액세스 권한을 가진다. 이러한 태그의 활성화는 OPC UA 서버 인터페이스를 통해 PLC 태그 및 DB 태그를 S7-1200 CPU에 OPC UA 노드로 할당해야만 가능하다. 즉 서버 인터페이스는 CPU의 OPC UA 서버 주소 공간의 노드들을 하나의 유닛으로 결합하여 특정 정보가 OPC 클라이언트에게 제공되도록 한다. 이러한 S7-1200 CPU의 OPC UA 서버는 TIA portal의 프로젝트를 CPU로 다운로드할 때 시작된다.

활성화된 OPC UA 서버는 CPU가 "STOP"으로 전환되더라도 계속 작동한다. 즉 클라이언트가 PLC 태그값을 요청하면 CPU가 "STOP"으로 전환되거나 "STOP"으로 설정되기 전의 값을 현재값으로 받고, OPC UA 서버에 값을 쓰는 경우 OPC UA 서버는 해당값을 수락한다. 그러나 사용자 프로그램이 "STOP" 상태에서 실행되지 않기 때문에 CPU는 값을 처리하지 않는다. 반면에 OPC UA 클라이언트는 CPU의 OPC UA 서버에서 STOP 시에 기록된 값을 읽을 수 있다.

OPC UA 서버 인터페이스를 통해 PLC 태그 및 DB 태그를 OPC UA 노드로 설정하는 방법은 다음과 같다.

1) [Project] 내비게이션에서 PLC_1 [CPU 1215C AC/DC/Rly] → [OPC UA communication] 선택 → [Server interfaces] → [Add new server interface] 클릭하면 Add new server interface 창이 나타난다. [Server Interface]를 선택하고, Name을 지정한다. [Default: Server Interface_1] → [OK] 클릭

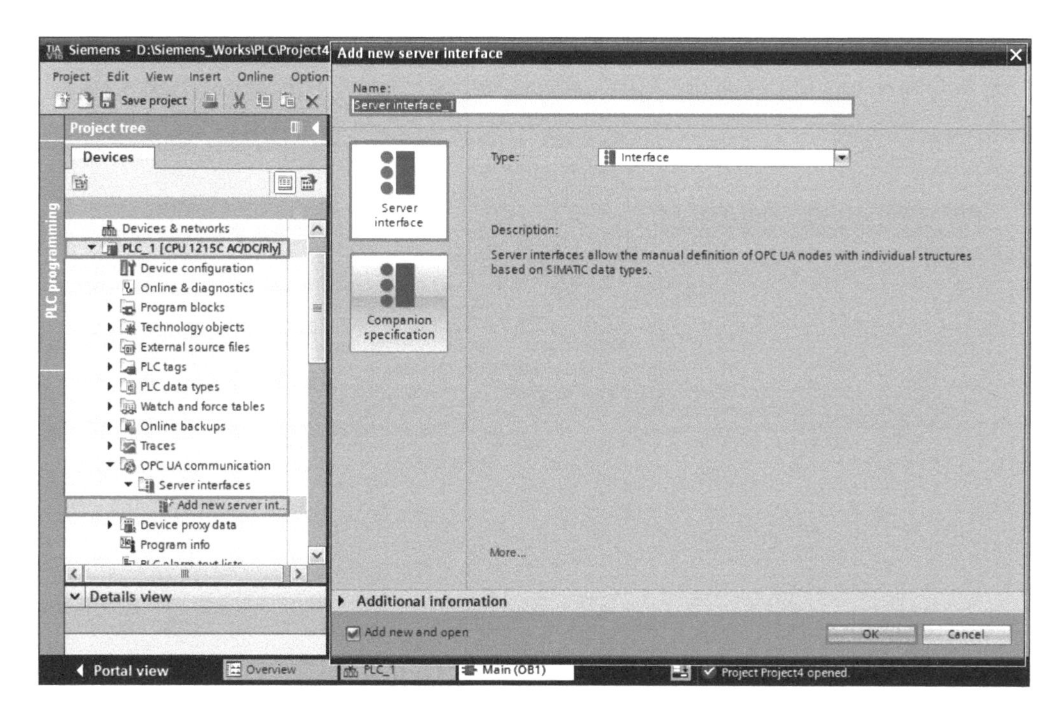

2) Drag & Drop을 사용하여 OPC UA elements에 있는 PLC 태그나 DB 태그를 OPC UA 서버 인터페이스에 다음과 같이 할당한다.

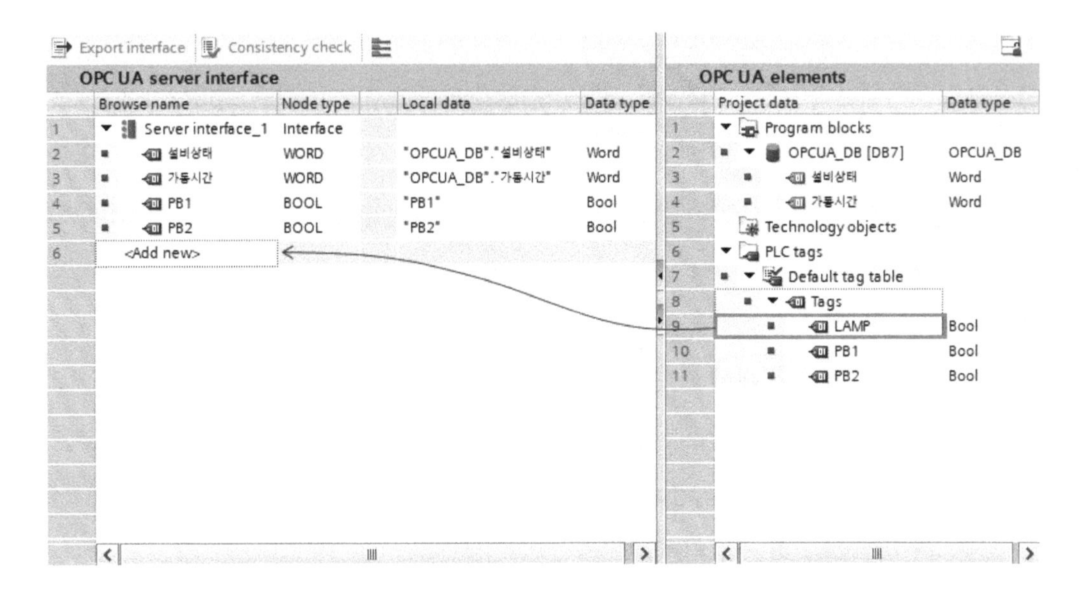

3) 프로젝트에서 PLC_1 [CPU 1215C AC/DC/Rly]를 선택하고 마우스 오른쪽 버튼을 클릭 → [Compile] → [Hardware and Software (Only changes)] 클릭하여 컴파일한다.

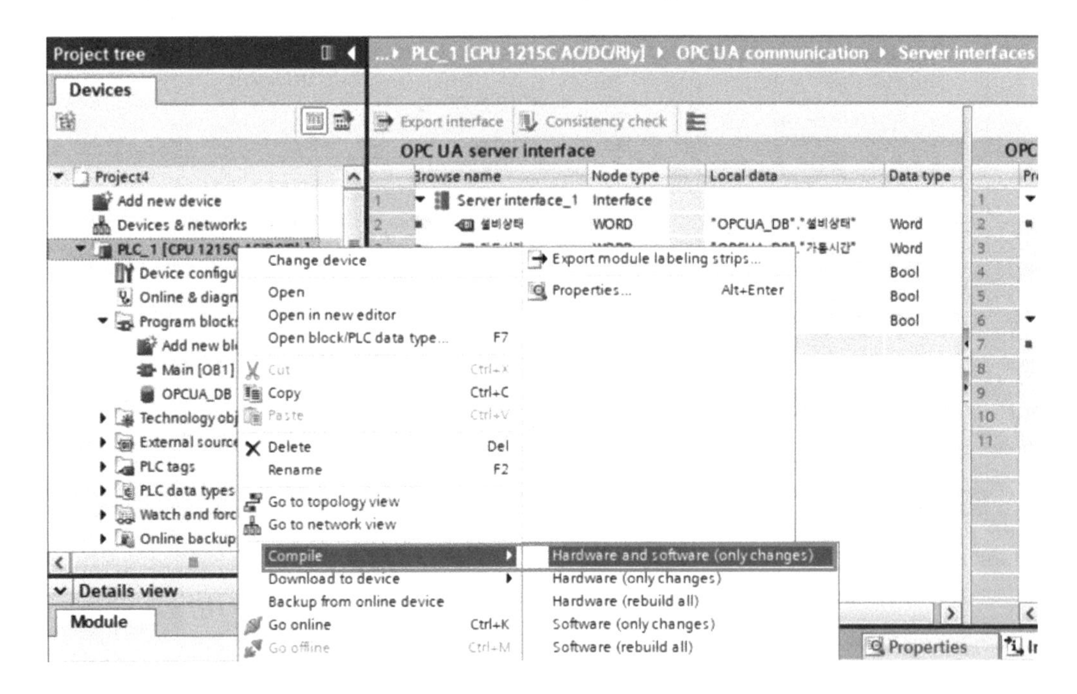

03 PLC와 MCD 간의 통신 연결

MCD(Mechatronics Concept Designer), 메카트로닉스 개념 설계자 모델을 다양한 종류의 실제 혹은 가상의 자동화 컨트롤러에 연결하여 제조설비의 기구 특성 검증 및 제어 응답 특성 평가를 위한 시뮬레이션을 수행할 수 있다.

본 교재에서는 OPC UA 통신 프로토콜을 활용하여 S7-1200 CPU의 PLC와 빔-엔진 장치의 MCD 모델 간에 제어 변수를 매핑하고, 서로 데이터를 교환하기 위한 MCD의 외부 통신 설정 및 모델 생성을 통한 시험 운전 방법들을 설명한다.

이러한 PLC와 빔-엔진 장치의 MCD 간의 통신 연결은 [그림 2-54]에 나타낸 네트워크 구성과 같다.

다음의 [그림 3-3]은 PLC와 MCD 간 OPC UA 통신 연결에 의한 작동원리를 보여 준다. 신호 어댑터(Signal adapter) 명령어로 파라미터(Parameter)를 정의할 때 신호를 포함하여 정식(Formula)화할 수 있다. 입력 신호 혹은 출력 신호를 포함하는 신호 어댑터를 생성하면 물리 내비게이터(Physics navigator)에 신호 객체가 생성된다.

이러한 신호 객체를 OPC UA 서버에 신호 매핑(Signal mapping)을 사용하여 연결할 수 있다. 신호 매핑 명령으로 외부 신호(Ext_Signal)와 MCD 신호(MCD_Signal)를 수동으로 매핑하거나 매핑을 해제할 수 있고, MCD에서 제어하는 신호와 외부에서 제어하는 신호를 지정할 수도 있다. MCD에서는 다음의 프로토콜 유형을 매핑할 수 있다.

- MATLAB

- OPC DA
- OPC UA
- PLCSIM Adv
- Profinet
- SHM, TCP, UDP

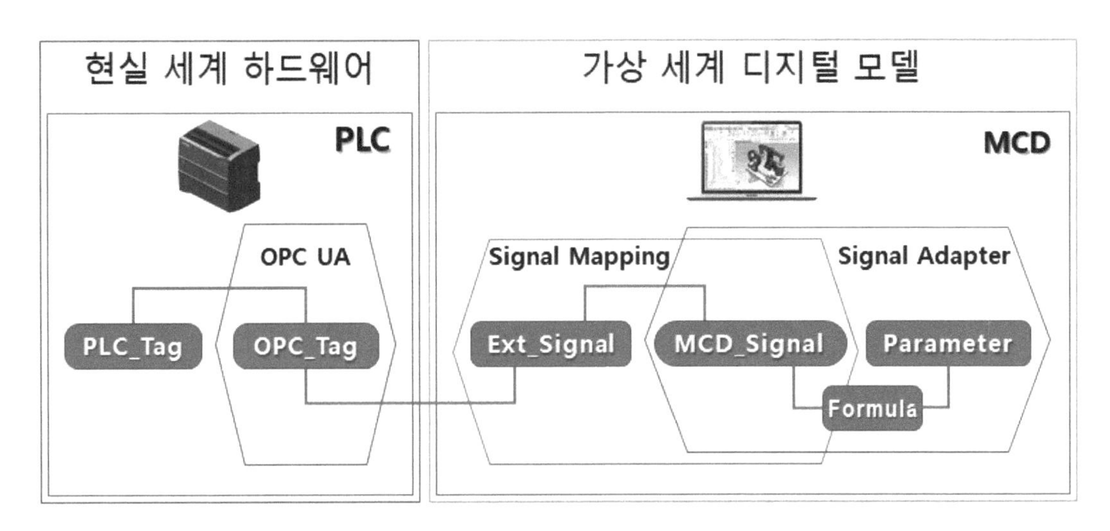

[그림 3-3] OPC UA 서버를 활용한 PLC와 MCD 간 통신 연결 (출처: Siemens)

3.1 빔-엔진(Beam-Engine) 장치의 OPC UA 서버 인터페이스 설정

2장의 8절 "빔-엔진 장치의 제어 및 모니터링"에서 빔-엔진 장치의 제어를 위한 PLC 프로그램을 살펴보았다. 이 절에서는 빔-엔진 장치의 PLC와 MCD 모델 간의 데이터 교환을 위한 OPC UA 서버 인터페이스의 DB 태그와 PLC 태그를 살펴본다.

첫 번째로 DB 태그의 설비 상태를 OPC UA 노드로 지정한다. 이 값은 가상 세계의 빔-엔진 장치에 대한 MCD 모델의 신호 어댑터에서 모터의 운전 시작과 정지를 제어하는 외부 입력 신호로 사용한다.

두 번째로 PLC 태그 Y1을 OPC UA 노드로 할당한다. Y1은 공압 실린더의 전·후진을 제어하기 위한 방향 제어 밸브의 편측 솔레노이드 코일이다. 가상 v세계의 MCD 모델에서 공압 실린더의 동작을 제어하기 위한 입력 신호로 사용된다.

세 번째로 PLC 태그 NX_LS0을 OPC UA 노드로 설정한다. 이 값은 디지털 빔-엔진의 MCD 모델에서 피스톤의 왕복운동을 감지하기 위한 센서의 ON/OFF 신호를 나타낸다. 이 신호는 MCD에서 PLC 쪽으로 보내는 출력 신호로 사용된다.

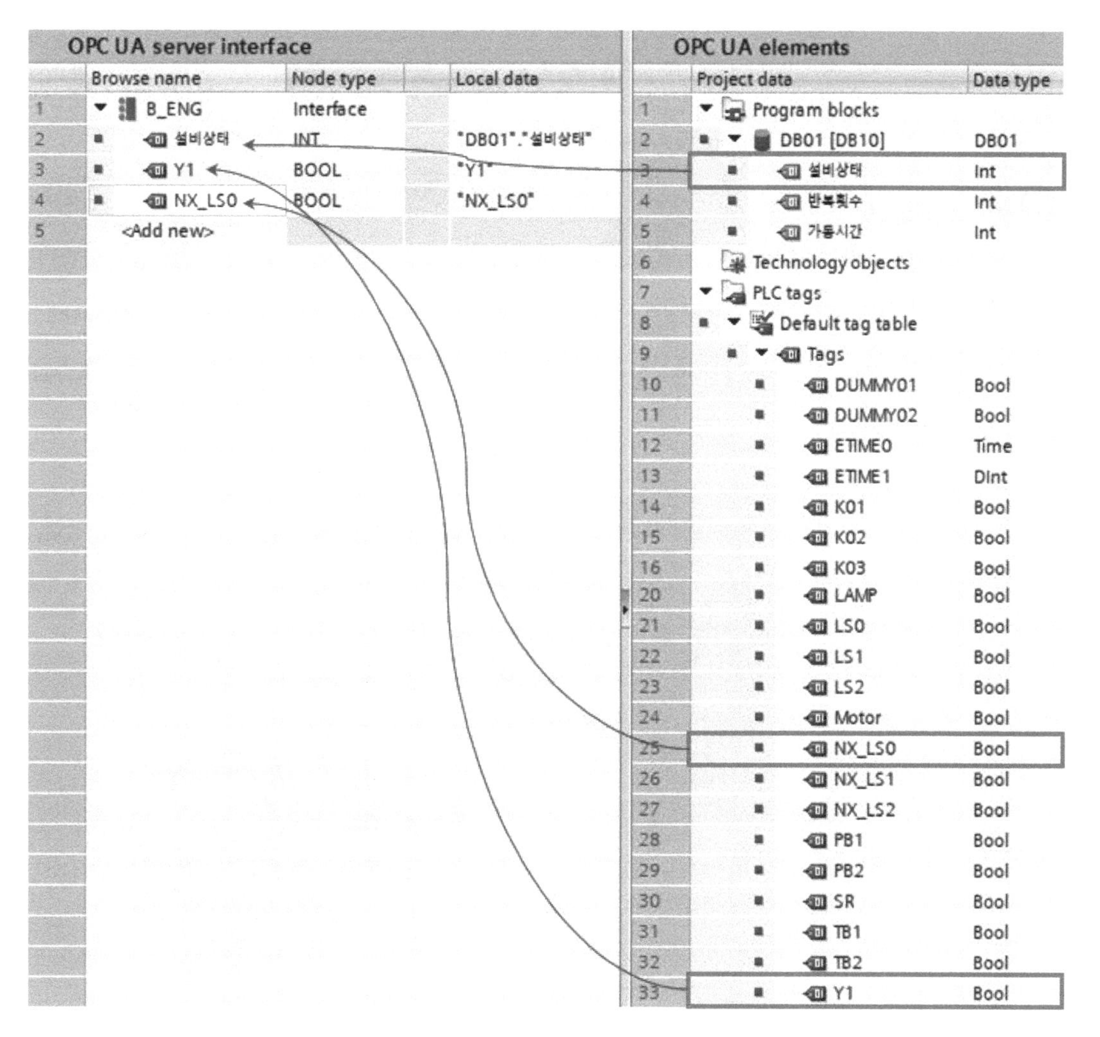

[그림 3-4] 빔-엔진 장치의 OPC UA 통신을 위한 PLC 태그 및 DB 태그

3.2 빔-엔진(Beam-Engine) 장치 MCD 모델의 통신 설정

본 교과 과정의 Part I-3장 2.6절 "빔-엔진 장치의 메카트로닉스 시뮬레이션"에서 빔-엔진 장치의 MCD 모델을 정의하였다. 본 절에서는 빔-엔진 장치의 MCD 모델이 OPC UA 통신으로 외부 장치와 연결되어 서로 간에 정보와 데이터를 주고받을 수 있도록 설정하는 과정을 학습한다. OPC 통신 프로토콜을 사용하려면 신호 어댑터를 사용하여 MCD 신호를 생성하고, 새 서버 추가 옵션과 함께 외부 신호 구성 명령을 사용하여 인터페이스를 구성한 다음, 신호 매핑 명령을 사용하여 신호를 매핑해야 한다.

이처럼 실행하기 위해서는 먼저 Part I-3장의 2.6절에서 빔-엔진 장치의 구동 메커니즘에 대한 설계 검증을 위해서 정의된 [런타임 동작 방식]의 [ExpressionBlock(1)]을 비활성화시킨다. 그리고 [순서 편집기]에서 [Root] 하위에 있는 [오퍼레이션] 01M_Speed, 02P_Valve 그리고 03P_Valve를 비활성화시켜, MCD 시뮬레이션 내에서 가상의 빔-엔진 장치를 제어하는 구성 요소들을 모두 제거한다.

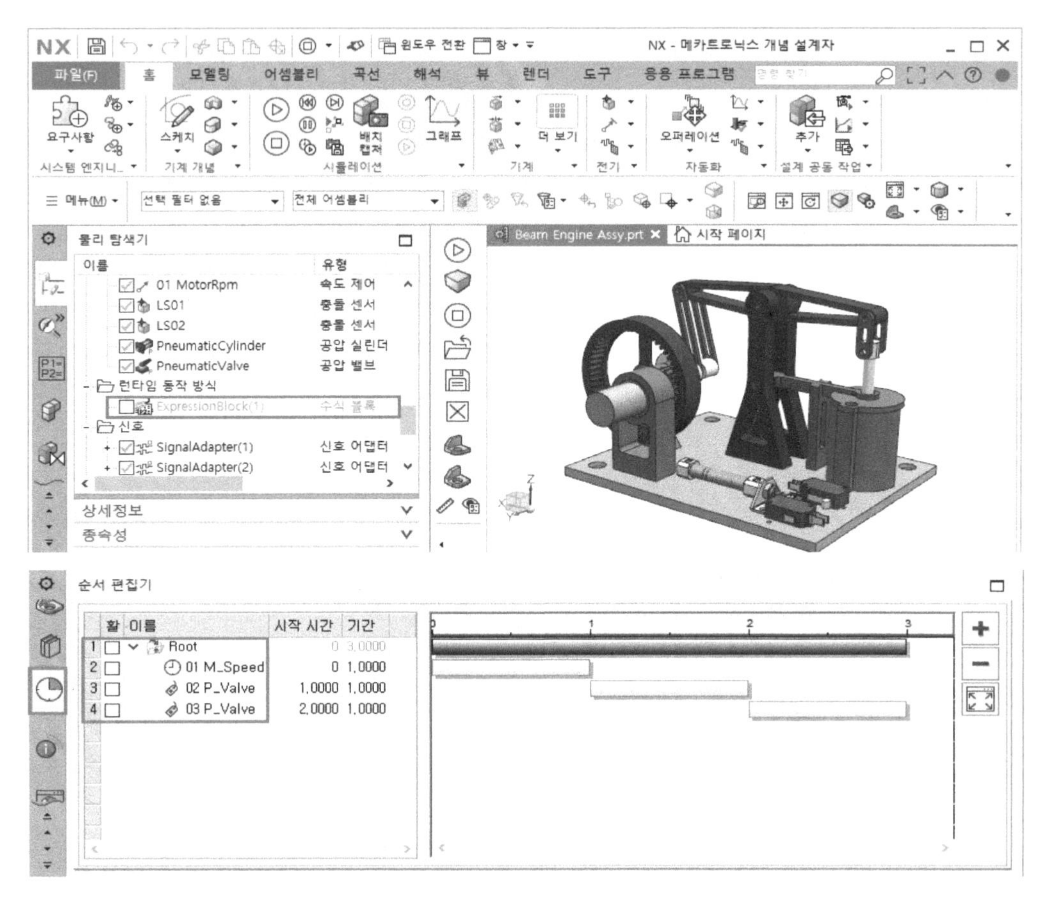

3.2.1 OPC UA 외부 신호 구성

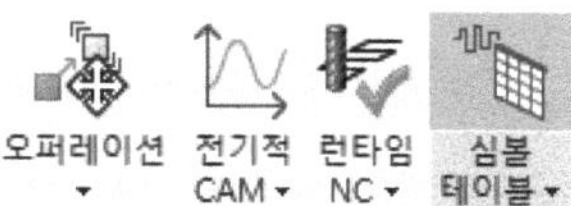

MCD 신호가 OPC UA로 PLC와 통신을 할 수 있도록 먼저 외부 신호를 구성한다.

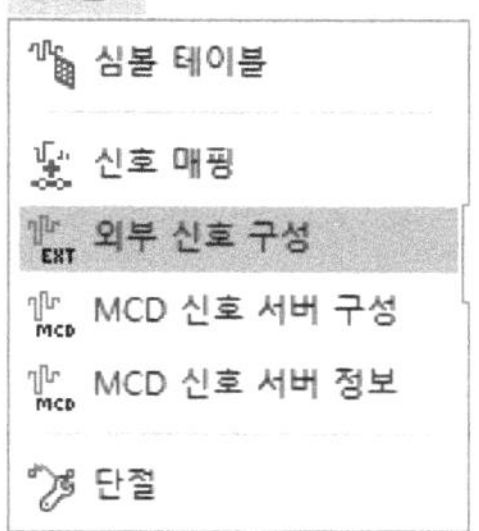

① [홈] 탭 → [자동화 그룹] → [외부 신호 구성]을 선택한다.

② [OPC UA] 탭의 [서버 정보] 그룹에서 새 서버 추가 아이콘을 클릭

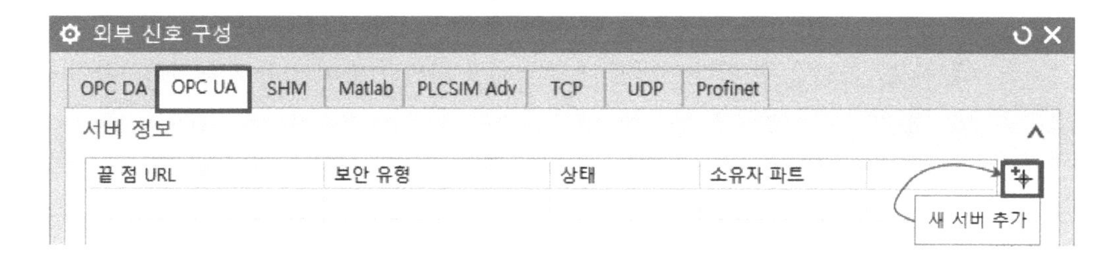

③ [끝 점 URL] 창에 MCD가 검색 끝점에 액세스하는 데 사용하는 SIMATIC S7-1200 CPU의 OPC UA 서버 네트워크 주소를 다음과 같이 입력한 다음에 Enter 키를 누른다.

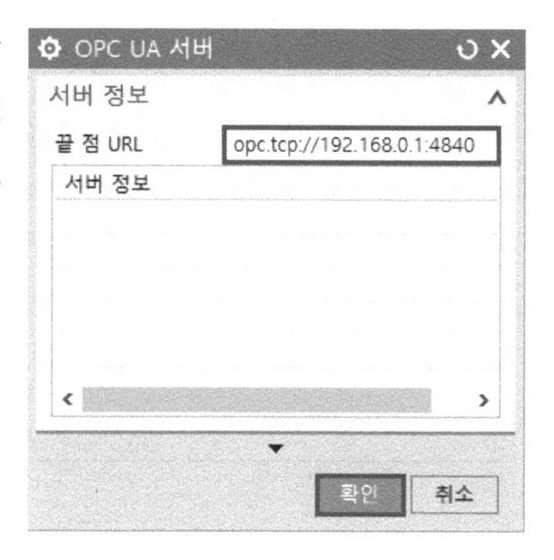

192.168.0.1:4840

④ [OPC UA 서버] 창에서 [확인]을 클릭한다.

⑤ [서버 정보] 테이블에 사용 가능한 OPC UA 서버 정보가 업데이트된다. [서버 정보] 테이블에서 연결할 서버를 선택하고, [확인]을 클릭한다.

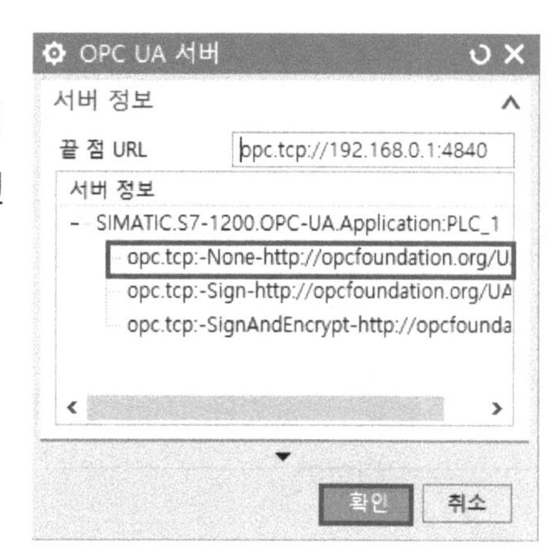

⑥ [태그]에 사용 가능한 모든 태그가 표시된다. 테그 표시 테이블에서 [OPC UA 서버] → [ServerInterfaces] → [B_ENG] 클릭하면, 3.1절 "빔-엔진 장치의 OPC UA 서버 인터페이스 설정"에서 "B_ENG" 인터페이스에 정의한 "설비 상태", "Y1" 그리고 "NX_LS0"의 태그가 표시됨을 확인할 수 있다. 3개의 태그에 대한 확인란에 체크 표시를 하고, [확인]을 클릭하여 외부 신호 구성을 완료한다.

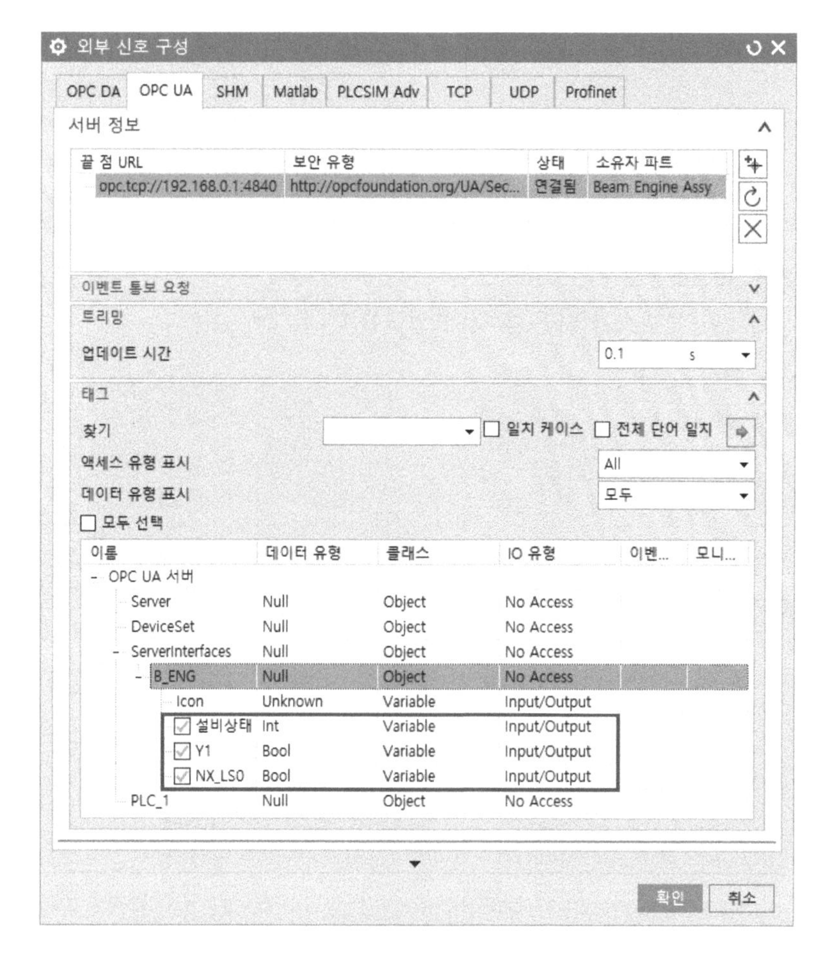

3.2.2 MCD 신호 어댑터 생성

신호 어댑터 명령을 사용하여 내부 혹은 외부 신호를 포함하는 공식을 정의할 수 있다. 신호 어댑터 생성을 위해 [홈] 탭 → [전기 그룹] → [신호 어댑터] 클릭한다.

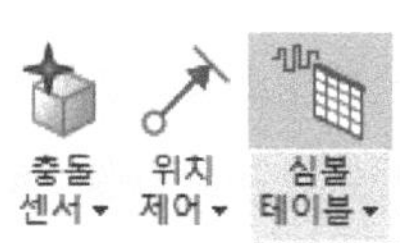

1) **모터의 운전 제어를 위한 신호 어댑터 작성**

PLC의 빔-엔진 시스템에서 운전 시작 혹은 운전 정지 버튼 스위치를 누르거나 HMI의 시작과 정지 터치 버튼을 클릭할 때, 가상의 디지털 MCD 모델의 빔-엔진 장치가 구동하고 정지할 수 있도록 외부 신호와 연결된 모터 운전 제어를 위한 신호 어댑터를 작성한다.

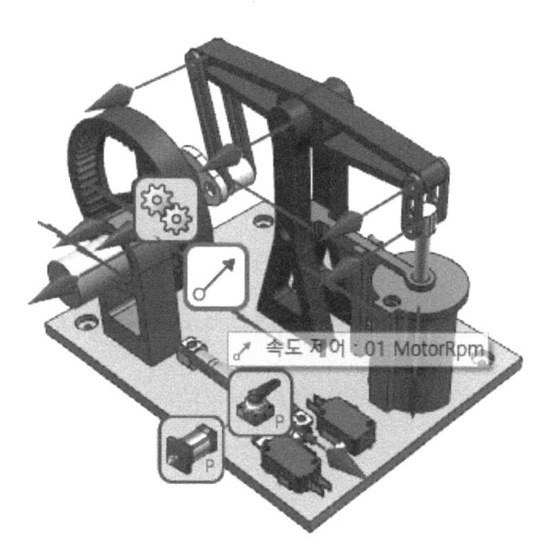

① **물리 개체 선택**: 신호 어댑터에 추가하려는 파라미터가 포함된 물리 개체를 선택할 수 있다. 모터 운전 제어를 위한 신호 어댑터를 작성하기 위해 속도 제어 액추에이터로 지정한 01 MotorRpm을 선택한다.

② **매개변수 이름**: 선택한 물리 개체의 파라미터를 표시한다. 속도 제어 액추에이터로 정의된 01 MotorRpm의 속도를 파라미터로 지정한다.

③ **매개변수 추가**: [Add] 아이콘을 클릭하여 [매개변수 이름] 목록에서 선택한 파라미터를 매개변수 테이블에 추가한다. 매개변수 테이블은 추가된 매개변수와 해당 속성값을 모두 표시하고, 해당 값을 매개변수 테이블에서 변경할 수 있다.

④ **신호 추가**: [Add] 아이콘을 클릭하여 신호 테이블에 신호를 추가할 수 있다.

⑤ 신호 테이블은 테이블에 추가된 신호의 모든 속성값을 확인할 수 있고, 해당 속성값을 변경할 수 있다. 모터 운전 제어 신호 어댑터는 모터의 운전 시작과 정지를 위한 신호 어댑터이다. 따라서 PLC의 OPC UA 서브 인터페이스에서 정의된 DB 태그의 "설비 상태"에 따라 운전 시작과 정지를 제어할 수 있도록 설정되어야 한다. 먼저 신호의 이름을 "Motor_ON_OFF"로 변경한다.

⑥ PLC의 DB 태그에서 정의된 "설비 상태"의 데이터 유형이 정수이므로 "Motor_ON_OFF" 신호도 데이터 유형의 속성값을 정수로 변경하여 두 파라미터의 데이터 유형을 일치시킨다.

⑦ 가상의 빔-엔진 장치의 디지털 MCD 모델은 현실 물리 세계의 PLC 제어 상태와 동일하게 운전이 제어되어야 한다. 따라서 PLC의 "설비 상태"에 대한 "1" 또는 "0"의 운전 정보를 OPC UA 통신을 통해 입력 신호로 받아들여야 한다.

⑧ 매개변수 테이블과 신호 테이블의 [할당 대상]에 있는 확인란을 클릭하여 선택하면 매개변수와 신호를 공식 테이블에 추가할 수 있다.

⑨ 공식에서 Parameter_1을 마우스로 클릭하여 선택한다.

⑩ 공식 입력창에 "If Motor_ON_OFF = 1 then 972 else 0"을 입력한다. 이것은 OPC UA 통신으로 PLC의 "설비 상태"를 입력 신호로 받아들인 "Motor_ON_OFF"의 정숫값이 "1"이면 모터의 회전 속도가 972 [°/s]로 되어 구동을 시작하고, "0"이면 0 [°/s]로 속도값이 설정되어 정지되도록 제어한다.

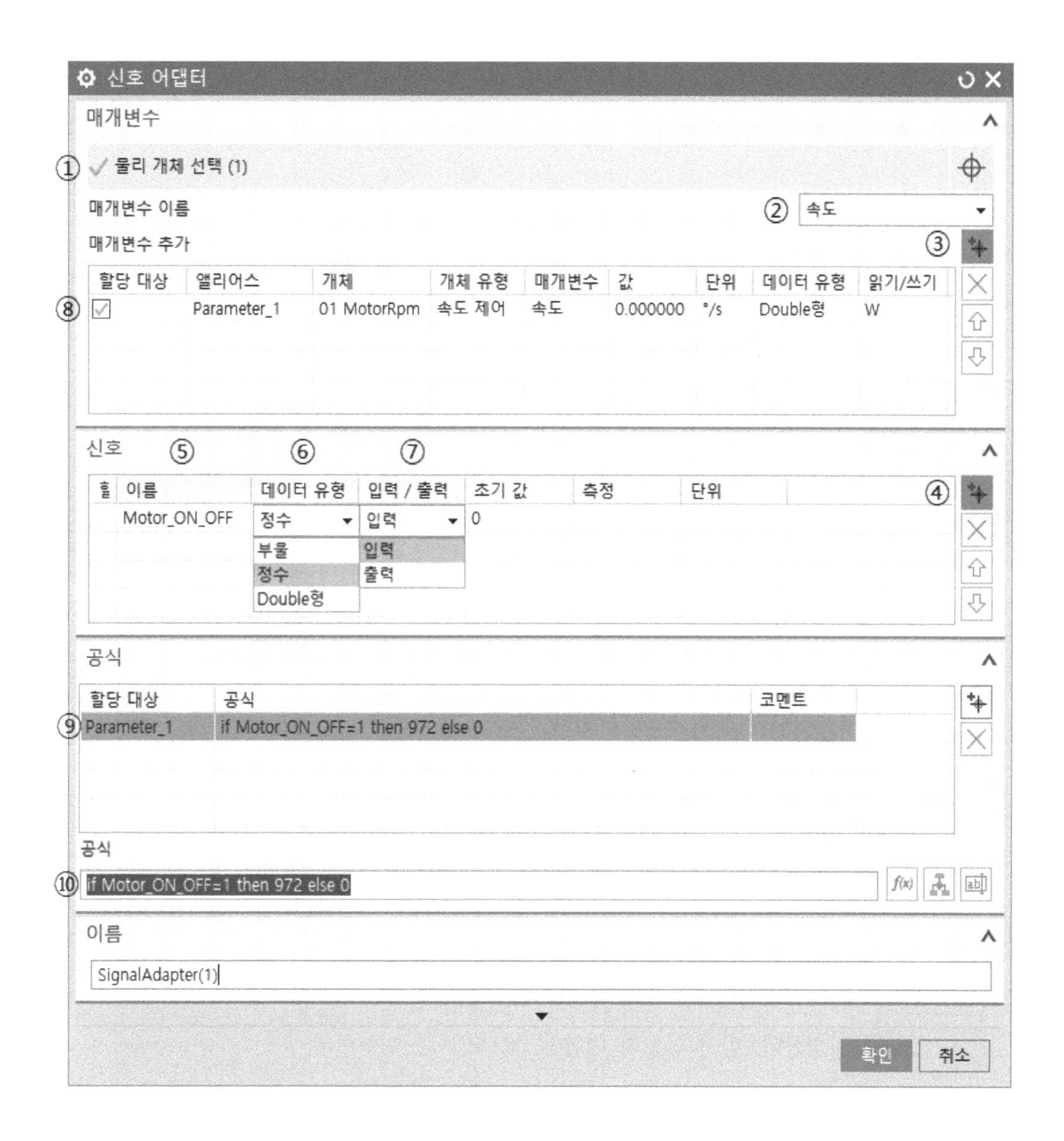

2) 공압 실린더의 운전 제어를 위한 신호 어댑터 작성

빔-엔진 장치에서 공압 실린더의 전진과 후진 운동을 제어하는 것은 편솔-방향 제어 밸브이다. 편측 솔레노이드 코일의 여자에 의해 밸브의 제어 위치가 전환되어 실린더가 전진하게 되고, 소자 시에는 반대편에 장착된 탄성 스프링에 저장되어 있든 탄성 복원력에 의해 제어 위치가 후진 모드로 전환되어 후진하게 된다.

이처럼 PLC가 공압 실린더를 제어하는 것은 바로 솔레노이드 코일 Y1의 ON/OFF 여부를 신호로 처리하는 것이다. 가상 디지털 MCD 모델의 공압 실린더를 제어하기 위해서

PLC의 Y1 신호를 OPC UA 통신으로 입력 신호로 받아들이고, 이 신호와 연결된 신호 어댑터를 작성하여 공압 실린더의 운전을 제어한다.

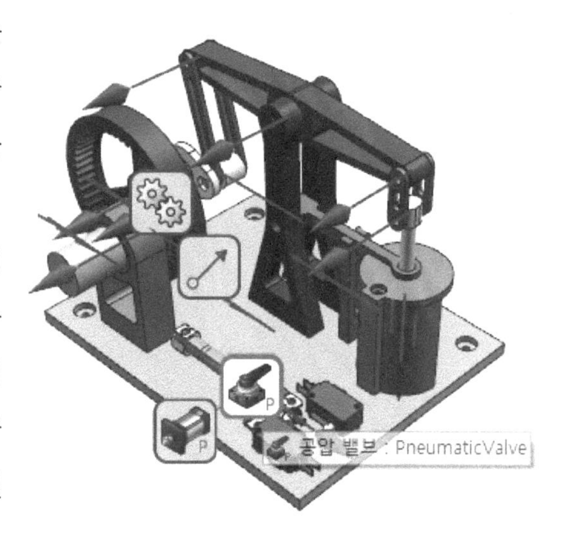

① **물리 개체 선택**: 공압 실린더 제어를 위한 신호 어댑터를 작성하기 위해 공압 밸브 액추에이터로 지정한 PneumaticValve를 선택한다.

② **매개변수 이름**: 선택한 물리 개체의 파라미터를 표시한다. 공압 밸브 액추에이터로 정의된 PneumaticValve의 입력 압력을 파라미터로 지정한다. 공압 밸브의 입력 압력값이 1이면 전진 모드이고, −1이면 후진 모드가 된다.

③ **매개변수 추가**: [Add] 아이콘을 클릭하여 [매개변수 이름] 목록에서 선택한 공압 밸브의 입력 압력을 매개변수 테이블에 추가한다.

④ **신호 추가**: [Add] 아이콘을 클릭하여 신호 테이블에 신호를 추가할 수 있다.

⑤ 공압 실린더의 운전 제어를 위한 신호 어댑터는 PLC의 OPC UA 서브 인터페이스에서 정의된 PLC 태그의 "Y1" 신호에 따라 디지털 MCD 모델의 공압 실린더가 제어될 수 있도록 작성한다. 먼저 신호의 이름을 "CYL_F"로 변경한다.

⑥ OPC UA 서브 인터페이스의 PLC 태그에서 정의된 Y1의 데이터 유형이 부울(Bool)이므로 "CYL_F" 신호도 데이터 유형의 속성값을 부울로 변경하여 두 파라미터의 데이터 유형을 일치시킨다.

⑦ 현실 세계의 빔-엔진 장치에 대한 공압 실린더의 전·후진에 대한 PLC의 "Y1" 출력 제어 신호는 "True" 혹은 "False" 신호이다. 이러한 ON/OFF의 부울 신호를 OPC UA 통신을 통해 입력 신호로 받아들여야 한다.

⑧ 매개변수 테이블의 [할당 대상]에 있는 확인란을 클릭하여 선택하면 매개변수를 공식 테이블에 추가할 수 있다.

⑨ 공식에서 Parameter_2를 마우스로 클릭하여 선택한다.

⑩ 공식 입력창에 "If CYL_F = true then 1 else -1"을 입력한다. 이것은 OPC UA 통신으로 읽어들인 PLC의 "Y1" 신호에 따라 공압 밸브의 입력 제어값을 나타내는 파라미터 "CYL_F"이 결정되도록 한다. "Y1 = True (ON)"이면 "CYL_F = 1"이 되고 "Y1 = False (OFF)"이면 "CYL_F = -1"이 되어 공압 실린더의 전진과 후진 동작을 제어한다.

3) 빔-엔진 장치의 피스톤 왕복운동 감지를 위한 센서의 신호 어댑터 작성

2장 8절에서 실습한 현실 물리 세계의 빔-엔진 장치에는 피스톤의 왕복운동 횟수를 계측하기 위한 센서가 장착되어 있고, HMI에서 그 계측 결과에 대한 반복 횟수를 카운팅하여 실시간으로 모니터링할 수 있게 제작되어 있다. 그리고 3장 2.6절에서 실습한 가상의 빔-엔진 장치에 대한 디지털 MCD 모델의 제작 과정에서 충돌 센서를 사용하여 실린더의 누적 왕복운동 횟수를 계측하였다.

이처럼 가상의 MCD 모델에 있는 충돌 센서와 현실 세계의 PLC 제어기 간에 OPC UA로 서로 연동시켜 현실 세계의 센서를 대체하여 HMI의 모니터링 시스템에서 피스톤의 왕복운동을 카운팅할 수 있도록 MCD의 신호 어댑터를 작성한다.

① **물리 개체 선택**: 피스톤의 수직 왕복운동을 계측하기 위한 센서를 신호 어댑터로 작성하기 위해 충돌 센서 01 LimitSwitch를 선택한다.

② **매개변수 이름**: 선택한 물리 개체의 파라미터를 표시한다. 충돌 센서의 매개변수로 트리거됨을 지정한다.

③ **매개변수 추가**: [Add] 아이콘을 클릭하여 [매개변수 이름] 목록에서 선택한 충돌 센서의 트리거됨을 매개변수 테이블에 추가한다.

④ **신호 추가**: [Add] 아이콘을 클릭하여 신호 테이블에 신호를 추가할 수 있다.

⑤ 빔-엔진 장치의 피스톤 왕복운동 감지를 위한 센서의 신호 어댑터는 PLC의 OPC UA 서브 인터페이스에서 정의된 PLC 태그의 "NX_LS0" 신호에 가상의 MCD 모델의 충돌 센서에서 감지한 부울 신호를 전달하여 현실 물리 세계의 피스톤 왕복운동 횟수를 모니터링할 수 있도록 구성한다. 이때 MCD 충돌 센서의 신호 이름을 "NX_SENSOR"로 지정한다.

⑥ PLC 태그에서 정의된 "NX_SR0"의 데이터 유형이 부울(Bool)이므로 "NX_SENSOR" 신호도 데이터 유형의 속성값을 부울로 정의한다.

⑦ 가상 세계의 빔-엔진 장치에서 피스톤의 수직 왕복운동을 충돌 센서를 활용하여 감지하고 그 감지 신호를 OPC UA 통신을 통해 현실 물리 세계의 PLC 제어기에 전달하여 HMI의 터치스크린에 피스톤의 운동 횟수를 모니터링할 수 있도록 MCD의 출력 신호

를 PLC 제어기로 쪽으로 내보내야 한다.

⑧ 신호 테이블의 [할당 대상]에 있는 확인란을 클릭하여 선택하면 신호를 공식 테이블에 추가할 수 있다.

⑨ 공식에서 NX_SENSOR를 마우스로 클릭하여 선택한다.

⑩ 공식 입력창에 "If Parmater_1 = true then true else false"을 입력한다. 이것은 충돌 센서의 "트리거됨" 파라미터값이 true이면, 즉 피스톤이 감지되면, "NX_SENSOR"의 부울값이 true로 출력되고, OPC UA 통신을 통해 "NX_LS0"의 값을 true라고 전달하게 된다. 만약 "트리거됨" 파라미터값이 false이면 "NX_SENSOR"의 부울값은 false가 되고, PLC 제어기의 "NX_LS0" 값 또한 false가 된다.

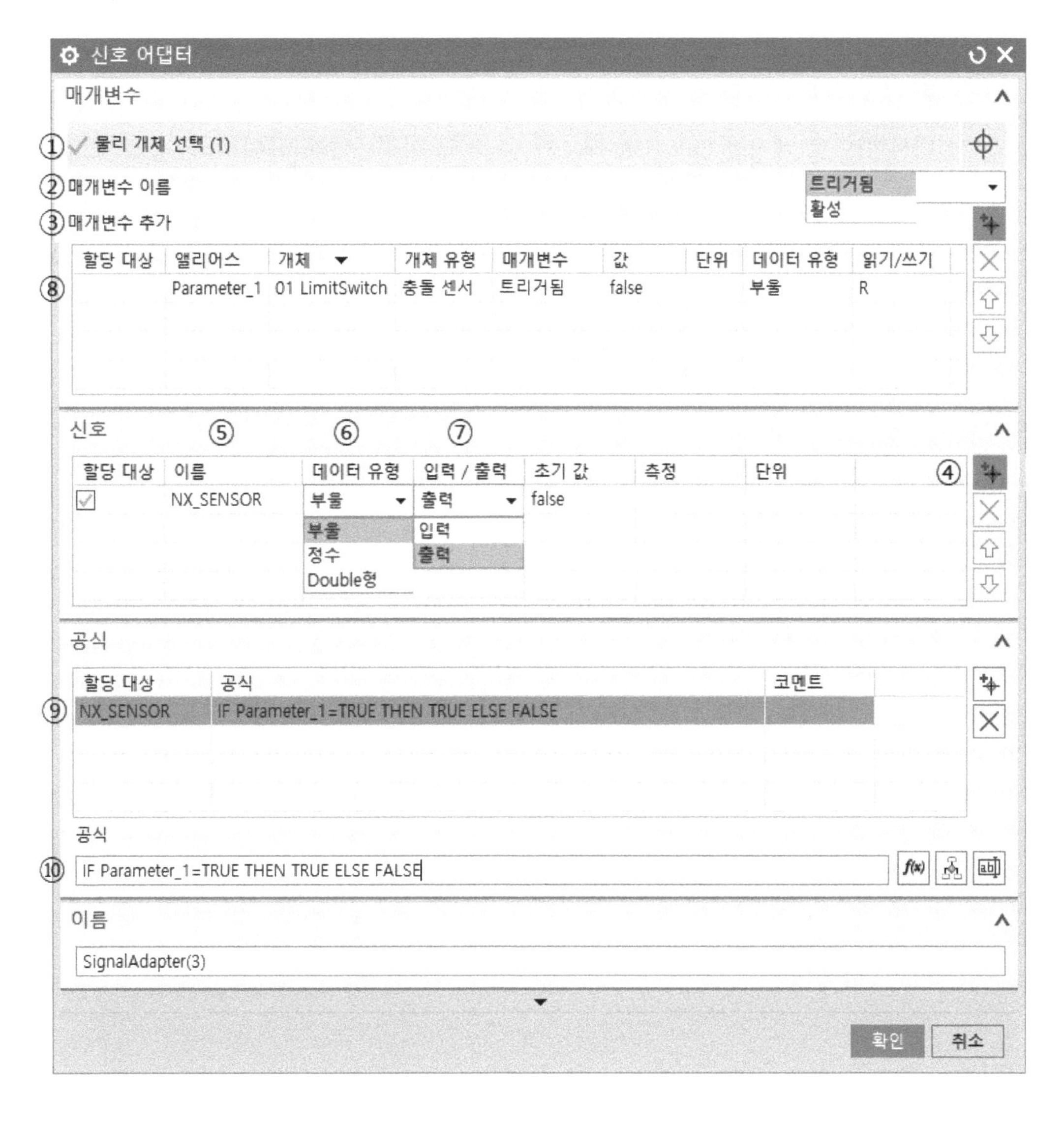

3.2.3 MCD 신호 매핑

3.1절에서 빔-엔진 장치에 대한 OPC UA 서버 인터페이스의 DB 태그와 PLC 태그를 정의하였고, 3.2.1절에서 OPC 프로토콜로 MCD와 PLC 간의 통신 설정을 완료하였으며, 3.2.2절에서 빔-엔진 장치에 대한 MCD 모델의 신호 어댑터 작성을 완료하였다.

이번에는 PLC 제어기의 외부 신호와 MCD 신호가 서로 OPC UA 통신을 통해 데이터와 정보를 공유할 수 있도록 신호를 매핑하는 과정을 살펴본다. MCD 신호 매핑을 위해 [홈] 탭 → [자동화 그룹] → [신호 매핑]을 선택한다.

① 외부 신호 유형 그룹의 유형 목록에서 [OPC UA]를 선택한다.

② [선택사항]으로 매핑할 OPC UA 태그가 없을 때 설정을 클릭하여 외부 신호 구성 대화상자를 열고 OPC UA 서버를 설정할 수 있다.

③ [신호] 테이블에는 OPC UA 서버 구성에 포함된 [MCD 신호]와 [외부 신호]가 표시된다. [MCD 신호]의 리스트에는 [신호 어댑터]에서 정의한 3개의 신호가 표시되고, [외부 신호]의 리스트에는 [OPC UA 서버 인터페이스]에서 정의한 3개의 태그가 표시된다.

④ [자동 매핑 수행]을 클릭하면 [MCD 신호] 리스트와 [외부 신호] 리스트에 표기된 동일한 이름을 가진 신호들을 자동으로 일치시켜 [신호 매핑] 작업이 이루어진다.

⑤ [신호]를 수동으로 매핑하려면 다음의 절차를 수행한다.

a. [외부 신호] 목록 테이블에서 매핑할 외수 신호를 선택한다.

b. [MCD 신호] 목록 테이블에서 선택한 [외부 신호]에 매핑하려는 [MCD 신호]를 선택한다.

c. 두 목록 테이블 사이에 있는 [신호 매핑] 아이콘을 클릭한다.

Motor_ON_OFF	SignalAdapter(1)	입력	↔	설비상태	입력 / 출력	정수
CYL_F	SignalAdapter(2)	입력	↔	Y1	입력 / 출력	부울
NX_SENSOR	SignalAdapter(3)	출력	↔	NX_LS0	입력 / 출력	부울

⑥ [매핑된 신호] 그룹에서 신호가 올바르게 연결되어 있고, 신호의 입력과 출력 방향이 의도한 방향과 일치하는지 확인한다.

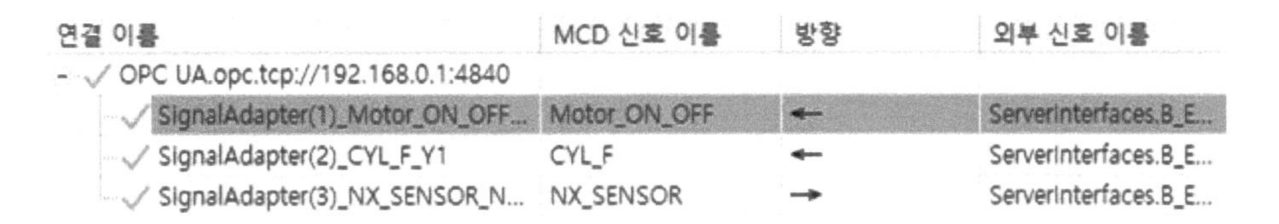

⑦ 매핑된 신호의 연결을 삭제하려면 [매핑된 신호] 그룹에서 삭제할 신호를 선택한 다음 [중단] 아이콘을 클릭한다.

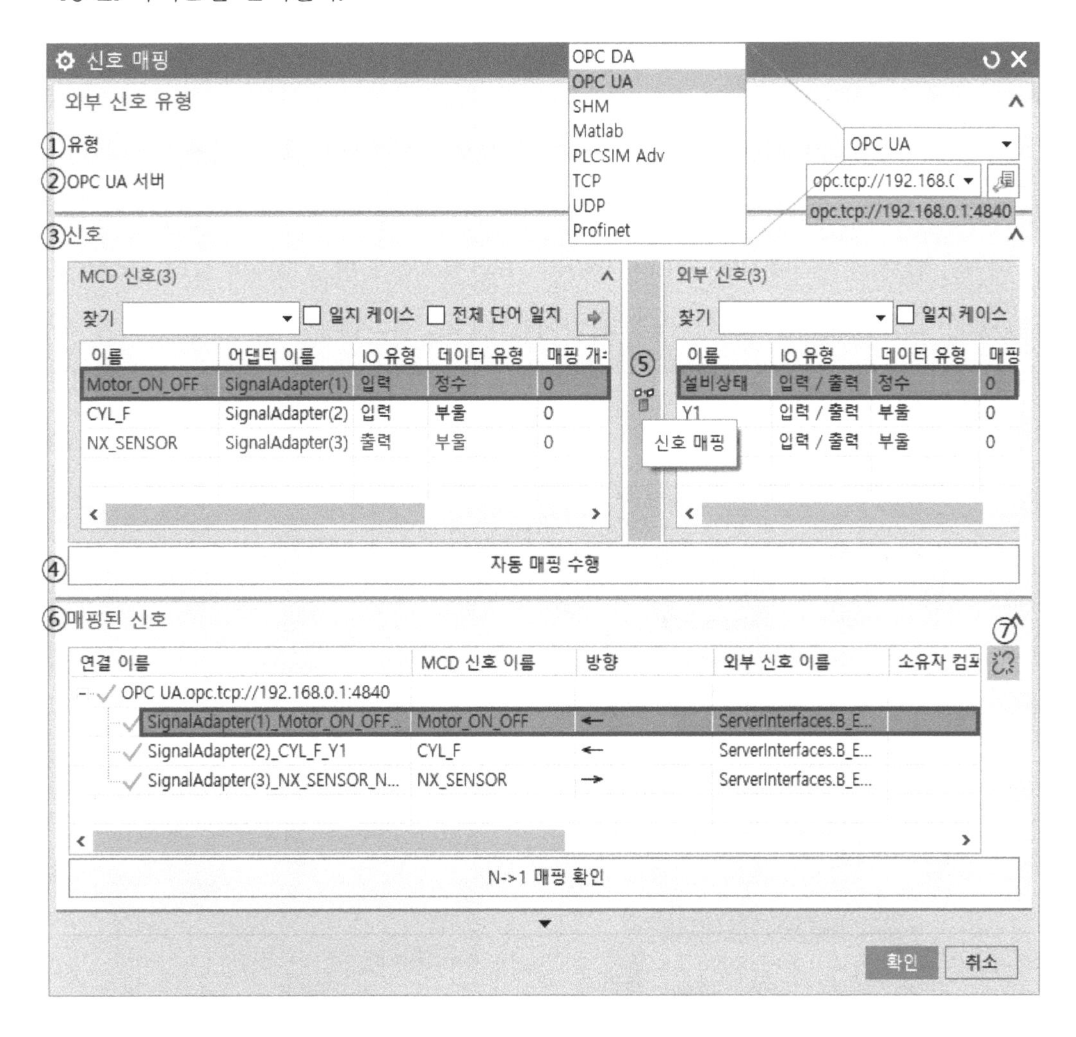

3.3 빔-엔진(Beam-Engine) 장치의 디지털 트윈 완성

본 교과에서는 빔-엔진 장치의 3D CAD 모델에 기반을 둔 메카트로닉스 시뮬레이션 기술을 활용하여 설비의 메커니즘을 검증하였고, 설계 타당성을 확인하였다. 이러한 내용은 디지털트윈을 구현하기 위한 기술 단계에서 1단계로 현실 세계의 물리 시스템을 사이버 공간의 가상 시스템으로 복제하는 과정이다. 즉 물리 세계의 빔-엔진 장치와 똑같이 사이버 공간에서의 가상 시스템을 제작하여 사전 시뮬레이션이 완성된 단계를 말한다.

그리고 디지털트윈을 구현하기 위한 기술 수준의 2단계는 현실 세계의 물리 시스템과 사이버상의 가상 시스템을 네트워크로 연결하여 실시간으로 모니터링하는 단계를 말한다. 본 교과에서는 빔-엔진 장치에 대한 실제 현실 세계의 물리 시스템을 제작하여 PLC를 활용한 제어 방법과 HMI를 사용한 모니터링 과정을 실습하였고, 실제 현실 세계의 물리 시스템과 디지털 공간의 가상 시스템을 OPC UA 통신 프로토콜로 연결하는 디지털트윈의 구축 과정을 학습하였다.

이처럼 빔-엔진 장치에 대한 사이버 공간의 가상 시스템과 현실 세계의 물리 시스템이 OPC UA 통신 프로토콜로 연결된 디지털트윈 상태에서 가상 시스템의 MCD 시뮬레이션의 재생 버튼을 클릭한 다음, 물리 시스템의 HMI 터치에서 시작 터치 버튼을 클릭하면, 가상 시스템의 빔-엔진 장치와 물리 시스템의 빔-엔진 장치가 동일한 사이클로 구동되는 것을 볼 수 있다. 그리고 HMI 화면에 피스톤의 수직 왕복운동 횟수와 가동 시간이 실시간으로 모니터링되고, 터치 버튼을 사용하여 장치의 운전을 제어할 수 있음을 확인할 수 있다.

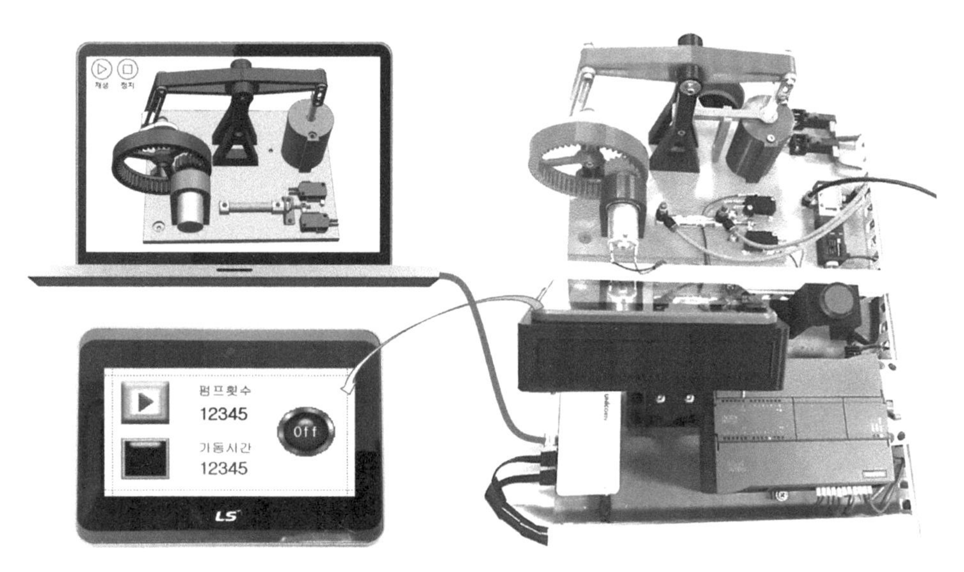

[그림 3-5] 디지털트윈을 통한 제어 및 모니터링

참고문헌

[1] Markets and Markets, "Digital Twin Market by End User, and Geography - Forecast to 2023," Aug. 2017.

[2] T. Uhlemann, C. Lehmann & R. Steinhilper, "The Digital Twin," Realizing the Cyber-Physical Production System for Industry 4.0, The 24th CIRP Conference on Life Cycle Engineering, 335-340, 2017

[3] J. K. Kim, & C. S. Lee, "Angular Position Error Detection of Variable Reluctance Resolver using Simulation-based Approach," Int. J. Auto. Tech., Vol. 14, No. 4, pp. 651-658, 2013.

[4] J. K. Kim, & C. S. Lee, "Co-Simulation Approach for Analyzing Electric-Thermal Interaction Phenomena in Lithium-Ion Battery," IJPEM-GT, Vol. 2, No. 3, pp. 255-262, 2015.

[5] 김진광, "소형 크래인의 지능형 공유압 자동화 시스템과 동강성 평가를 위한 통합 시뮬레이션," 한국동력기계공학회지, 제22권, 제5호, pp. 69-75, 2018.

[6] E. Negri, L. Fumagalli & M. Macci, A Review of the Roles of Digital Twin in CPS-based Production Systems, FAIM2017, 939-948, 2017.

[7] M. S. Choi & D. Park, "A Study on the Architecture of CPS-based Advanced Process Control System, Korea Association of Information Systems, 2017 Fall Conference of the KAIS, pp. 212-217, 2017.

[8] G. Noh & D. Park, "A Study on Data Management System for Improving the Efficiency of Digital Twins, orea Association of Information Systems, 2017 Fall Conference of the KAIS, 202-205, 2017.

[9] Gartner, "Use the IoT Platform Reference Model to Plan Your IoT Business Solutions," 2016.

[10] GE, "iiot-platform, Predix," (www.ge.com)

[11] Dassault Systèmes, "3DEXPERIENCE® platform," (www.3ds.com)

[12] ANSYS, "Twin Builder," (www.ansys.com)

[13] Siemens, "PLM Software," (www.plm.automation.siemens.com)

[14] 김진광, 고해주, 박기범, "변형체-강체 다물체 해석을 이용한 초중량물 핸들링로봇의 평가," 한국정밀공학회지, 제27권, 4호, pp. 46-52, 2010.

[15] R. J. Sabersky, A. J. Acosta, and E. G. Hauptmann, "Fluid flow: A First Course in Fluid Mechanics (3rd ed.)," Macmillan, 1989.

[16] 허준영, "유공압기초실습," 강의록 및 실습교재, 2009.

[17] 김철재, "유동압시스템 제어 및 실습," 한국기술교육대학교출판부, 2018.

[18] 정완보, "실전에 강한 PLC," 한빛아카데미, 2015.

[19] 정완보, "기초부터 시작하는 PLC," 한빛아카데미, 2018.

[20] Siemens, "Manual: SIMATIC S7-1200 Easy Book," 2015.

[21] Siemens, "System Manual: SIMATIC S7-1200 Programmable controller V4.4," 2019.

[22] Siemens, "TIA Port Module 041-101: WinCC Basic with KTP700 and SIMATIC S7-1200," 2018.

[23] LS Electric, "XGT PANNEL eXP Series 사용설명서," 2020.

[24] 조경호, "스마트팩토리 시스템에서 OPC UA 적용," 계장기술(www.procon.co.kr), 2017-9월호, pp. 82-90. 2017.

[25] W. Mahnke, S, H. Leitner, and M. Damm, "OPC Unified Architecture," Springer Science & Business Media, 2009.

[26] https://opcfoundation.org

[27] 심재윤, 이준경 "스마트팩토리 망에서 DPI와 자기 유사도 기술 기반의 OPC-UA 프로토콜 게이트웨이 융합 보안 기술," 정보보호학회논문집, 제26권, 5호, pp. 1305-1311, 2016.

[28] 이용수, 정종필 "스마트 제조를 위한 AAS와 OPC UA 기반 설비 모니터링 시스템의 설계 및 구현," 한국인터넷방송통신학회지, 제21권, 2호, pp. 41-47, 2021.

[29] 장철구, "IIoT 통신을 위한 표준 솔루션 'OPC UA'," 계장기술(www.procon.co.kr), 2018-2월호, pp. 100-105. 2018.

[30] "OPC UA Access to S7-1200 PLC via modeled OPC UA Server Interface," https://support.industry.simens.com/cs/ww/en/view/109781701

4차산업혁명시대
스마트팩토리 구현을 위한
디지털 트윈

PART II
S7-1200 PLC를 활용한 물리 시스템과 네트워크 구축

2022년 3월 1일 1판 1쇄 인 쇄
2022년 3월 7일 1판 1쇄 발 행

지 은 이 : 김 진 광

펴 낸 이 : 박 정 태

펴 낸 곳 : **광 문 각**

10881
파주시 파주출판문화도시 광인사길 161
광문각 B/D 4층
등 록 : 1991. 5. 31 제12-484호
전 화(代) : 031-955-8787
팩 스 : 031-955-3730
E-mail : kwangmk7@hanmail.net
홈페이지 : www.kwangmoonkag.co.kr

ISBN : 978-89-7093-722-9 93560

값 : 22,000원